U0094594

机器人喷涂CFD数值模拟

陈　雁　陈文卓　陈诗明
胡　俊　周　聂　著

重庆大学出版社

内容提要

本书是陆军勤务学院喷涂机器人研究团队在CFD数值模拟领域多年研究成果的总结。它系统阐述了机器人喷涂CFD数值模拟的基本理论和方法,包括:空气喷涂雾化模型及求解,空气喷涂雾化特性,空气喷涂成膜模型及求解,圆弧面喷涂成膜数值模拟与特性,球形面喷涂成膜数值模拟与特性等。

本书可供从事喷涂机器人及喷涂技术等研究的科研人员、相关专业的研究生或本科高年级学生参考。

图书在版编目(CIP)数据

机器人喷涂CFD数值模拟 / 陈雁等著. -- 重庆 : 重庆大学出版社, 2023.5

ISBN 978-7-5689-3646-0

Ⅰ. ①机… Ⅱ. ①陈… Ⅲ. ①喷漆机器人—数值模拟 Ⅳ. ①TP242.3

中国版本图书馆CIP数据核字(2022)第258179号

机器人喷涂CFD数值模拟
JIQIREN PENTU CFD SHUZHI MONI
陈 雁 陈文卓 陈诗明 胡 俊 周 聂 著
策划编辑:范 琪
责任编辑:文 鹏 版式设计:范 琪
责任校对:关德强 责任印制:张 策
*
重庆大学出版社出版发行
出版人:饶帮华
社址:重庆市沙坪坝区大学城西路21号
邮编:401331
电话:(023)88617190 88617185(中小学)
传真:(023)88617186 88617166
网址:http://www.cqup.com.cn
邮箱:fxk@cqup.com.cn(营销中心)
全国新华书店经销
重庆升光电力印务有限公司印刷
*
开本:720mm×1020mm 1/16 印张:17.25 字数:247千
2023年5月第1版 2023年5月第1次印刷
ISBN 978-7-5689-3646-0 定价:98.00元

前　言

喷涂机器人是目前智能制造中应用最为广泛的工业机器人之一。机器人喷涂具有能适应恶劣环境、作业效率高、喷涂质量好、节约涂料、保护环境和喷涂工人健康等显著优点。但是机器人喷涂 CFD 数值模拟研究还少有人尝试,其原因是喷涂机理和喷涂模型复杂,模型数值求解计算量极大,实验验证困难等。

面对这个难题,陆军勤务学院喷涂机器人研究团队一直坚持在这个领域进行不懈的研究和探索。经历艰辛与努力、挫折与进展、失败与成功,团队不断成长,也在该领域取得了一些有益的积累、突破和进展。回顾历史和国内外目前研究现状,深感有必要较完整地针对机器人喷涂 CFD 数值模拟问题,将团队多年来在该领域的研究思想、理论方法、成果做一系列的总结、归纳和提高,因此撰写本书,以期益于同行的深入研究,为青年科技人员提供研究与学习参考,并促进喷涂机器人的发展和应用。

本书是团队负责承担的国家自然科学基金、中国博士后科学基金和重庆市教委等项目研究成果的系统总结(复杂形面空气喷涂成膜机理及规律研究,编号 51475469;复杂曲管冗余机器人喷涂运动规划研究,编号 2012M512093;喷涂机器人涂料雾化机理及特性研究,编号 KJZD-M201912901)。研究团队的张伟明教授、黎波博士、姜俊泽博士、李江博士、管金发博士、何少炜硕士、张钢硕士、潘海伟硕士、周爽硕士和杨桂春硕士等与作者合作完成了相关研究课题,在此深表谢意!

本书涉及的研究工作,得到了国家自然科学基金委员会、中国博士后科学基金会、重庆市教育委员会和陆军勤务学院的大力支持,在此一并表示衷心感谢!

限于作者水平,书中定有不少疏漏、不足乃至错误,恳请读者和专家批评指正!

著　者

2022 年 12 月于重庆

目　录

1 绪 论

1.1 研究背景

喷涂机器人是目前智能制造中应用最为广泛的工业机器人之一。机器人喷涂具有能适应恶劣环境、作业效率高、喷涂质量好、节约涂料、保护环境和喷涂工人健康等显著优点。

先进的机器人智能喷涂以涂层厚度要求、喷涂工件形面 CAD 模型和喷枪涂料沉积简化模型等，通过离线规划得到喷枪轨迹，再以喷雾传输和喷雾撞击成膜 CFD(计算流体动力学)模型和涂料雾化后的初始喷雾流场，进行涂层厚度 CFD 数值模拟验证及修正喷枪轨迹，最后利用机器人喷涂工艺参数用于生产性喷涂，其简要过程如图 1.1 所示。

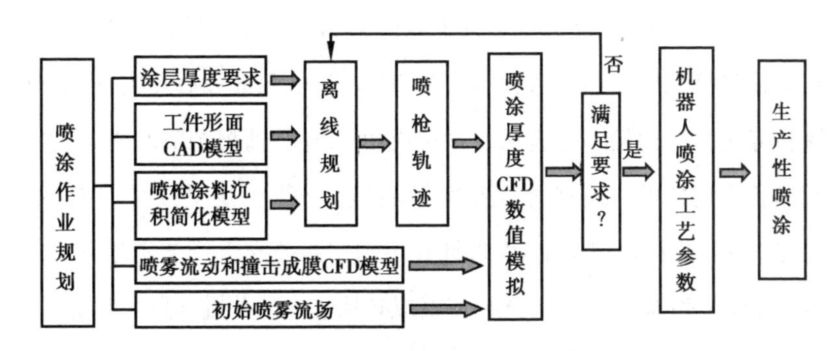

图 1.1　机器人智能喷涂简要过程

喷涂机器人大量应用于工业喷涂防护涂料和吸波涂料等。在机器人智能喷涂中需要解决两大工程和科学问题[1,2]：

一是具有狭窄喷涂空间或形状变化剧烈等特性的特殊形面喷涂质量差。由于对喷涂雾化机理及规律认识不足，无法设置时变的喷涂雾化参数来建立理想初始喷雾流场，出现了涂层厚度均匀性差（过薄达不到设计性能，过厚则浪费涂料及影响装备机动性和载弹量等）、颗粒、流痕和橘皮等涂层缺陷，导致产品不合格、生产成本增加和生产周期加长等。由于特殊形面的特殊性、差异性、变化性和空间限制性，涂料雾化参数必须随形面实时合理变化，以形成所需的时变初始喷雾流场，满足不同形面的高质量喷涂需求。特殊形面的喷涂特性对选择合理喷涂参数和优化机器人喷涂轨迹具有重要意义。

二是喷涂全过程 CFD 数值模拟问题。空气喷涂过程按时间先后顺序分为涂料雾化过程和喷雾成膜过程，如图 1.2 所示。涂料雾化过程是利用高压空气冲击涂料流，使其变成微小液滴，即连续涂料流破碎成大量离散小液滴、形成初始喷雾流场的过程。该过程的主要目的是获得理想的初始喷雾流场，流场涉及空气相速度、压力分布和涂料相速度、压力、体积分数分布。喷雾成膜过程是初始喷雾流场中的离散小液滴随气流运动到工件表面，并撞击黏附于工件表面或湿膜表面形成涂膜的过程，包括喷雾传输和涂料沉积两个过程。喷雾成膜过程的主要目的是获得均匀的涂料膜，这与喷雾流场中涂料液滴的法向速度和切向速度紧密相关，且受喷涂距离和壁面形状的影响。喷涂全过程 CFD 数值模拟包括涂料雾化和喷雾成膜两个过程的 CFD 模拟，目前只能较好地实现喷雾成膜模拟。涂料雾化后的初始喷雾流场是喷雾成膜 CFD 数值模拟的基础，现在通常采用实验测量得到数据。现有的喷涂雾化模型过于简化，局限性大，导致人们对涂料雾化的机理及规律认识不足，模拟计算出的初始喷雾流场与实际有一定差异。涂料雾化建模是喷涂全过程 CFD 数值模拟必须解决的关键问题。喷雾成膜 CFD 模拟也是喷涂全过程 CFD 数值模拟必须解决的关键问题，现已可较好实现。

因此，针对广泛应用的空气喷涂进行“机器人喷涂 CFD 数值模拟研究”，建

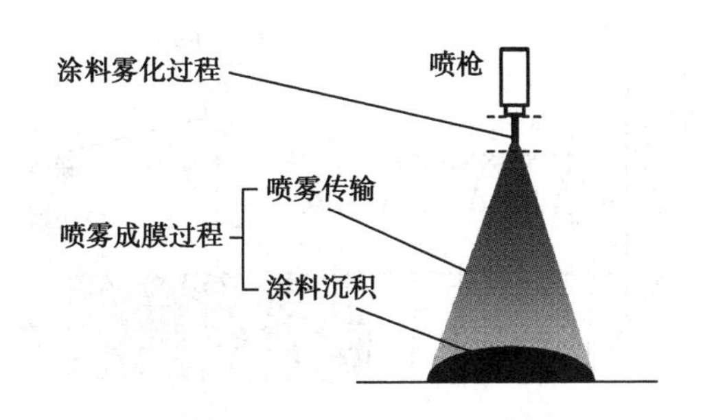

图 1.2 空气喷涂过程

立涂料雾化、喷雾传输和撞击成膜模型,深入探索空气喷涂涂料雾化和成膜机理,揭示雾化和成膜规律,对解决特殊形面涂层质量控制难题和实现喷涂全过程 CFD 数值模拟具有重要意义,将促进喷涂机器人在机械、汽车、船舶、航空、石化、家具、家电等行业的进一步应用。

1.2 研究现状

许多研究者都对喷涂成膜模型的建立和成膜数值模拟进行了研究,其研究方法可以分为两类:经验函数数值模拟[2-36]和 CFD 数值模拟[37-73]。

1.2.1 喷涂经验函数数值模拟

经验函数涂料成膜模型的建立过程为:假定在 t 时刻,喷枪的位姿参数为 $a(t)$,在被喷壁面的任意一点 $(x,y,h(x,y))$ 的涂料沉积速率服从某一函数 $f(a(t),x,y,h(x,y))$。现有研究的沉积模型都是基于平面和等距离喷涂,而且喷枪轴线与工件表面垂直,所以涂料沉积率函数仅含有两个自变量 x 和 y,故而又称为二维模型,如图 1.3 所示。当喷枪匀速直线运动时,涂料沉积速率函数沿着路径方向积分,可得到一维模型。二维和一维模型中的参数可通过实验的方法拟合得到。根据涂料沉积范围的不同,沉积模型分为无限范围成膜模型和有限范围成膜模型。

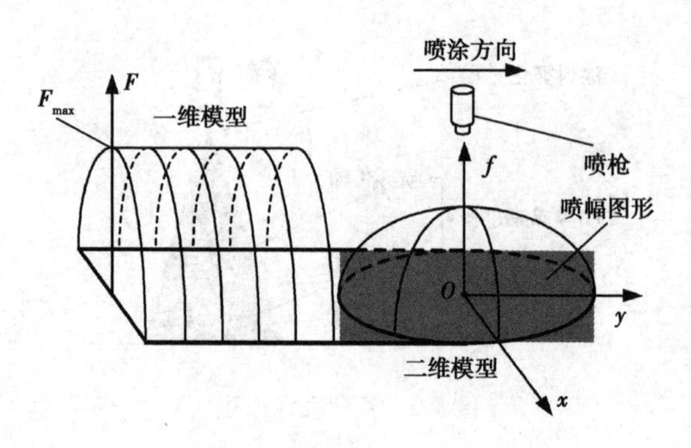

图 1.3　喷涂成膜二维模型和一维模型

1）无限范围成膜模型

无限范围模型的特点是只有当壁面上点的位置距离喷枪无限远的时候，该点的涂膜厚度才为零。它的优点是可以直接得到积分函数，节省计算时间，获得的代价函数非常光滑，运用非线性规划算法求解能够提高算法的收敛性。成膜模型按函数形式可以分为柯西分布模型、高斯分布模型以及多高斯分布模型。

Antonio[9]研究喷涂机器人的轨迹规划问题所采用的柯西分布模型为

$$f(x,y)=\frac{f_{max}}{(1+x^2)(1+y^2)} \tag{1.1}$$

式中，f_{max}为最大厚度，x 和 y 为平面上的坐标。

高斯分布模型[6-8]比柯西分布模型更接近涂层实际分布。喷幅图形为椭圆形，涂层厚度分布描述为

$$f(x,y)=f_{max}\exp\left(-\frac{1}{2}\left[\left(\frac{x}{\sigma_x}\right)^2+\left(\frac{y}{\sigma_y}\right)^2\right]\right) \tag{1.2}$$

式中，f_{max}为最大厚度，x 和 y 为平面上的坐标，σ_x 和 σ_y 为高斯分布模型的系数。

在上述模型基础上，Zhou 等[35]在建立喷涂机器人轨迹规划系统中采用多高斯模型：

$$f(x,y)=\sum_{i=1}^{n}f_i\exp\left(-\frac{1}{2}\left[\left(\frac{x}{\sigma_{ix}}\right)^2+\left(\frac{y}{\sigma_{iy}}\right)^2\right]\right) \tag{1.3}$$

式中,f_{max}为最大厚度,x 和 y 为平面上的坐标,n 为多高斯模型中高斯函数的个数。理论上,当 n 趋于无穷大时,多高斯模型将会更加精确。但是 n 越大,计算越复杂,计算效率越低。综合计算效率和计算精度,他们采用了三个高斯模型叠加建立喷涂成膜模型。

Conner 等[15-17]采用了两个高斯模型进行叠加建立多高斯模型。其中一个高斯模型为旋转一维偏置高斯方程,另一个为二维中心高斯模型。

2)有限范围成膜模型

与无限范围模型不同,在有限范围模型中,涂料沉积速率在有限的喷锥之外的范围的值为 0。有限范围模型比无限范围模型更符合实际情况,前人提出了分段函数分布模型[3, 11],三角函数分布模型[10]、椭圆分布模型[4, 5]、抛物线分布模型[14]、β 分布模型[12, 13]。其中,β 分布模型在前人研究中被广泛采用。

Balkan 和 Arikan[12]针对动态喷涂平面涂层厚度分布提出了 β 分布模型:

$$F(x) = F_{max}\left(1 - \frac{4x^2}{w^2}\right)^{\beta-1} \tag{1.4}$$

式中,F_{max}为动态喷涂平面涂层厚度最大值,w 为涂膜宽度,β 为涂层形状系数。

张永贵[25]等建立了针对椭圆形涂层的椭圆双 β 分布模型:

$$f(x,y) = f_{max}\left(1 - \frac{x^2}{a^2}\right)^{\beta_1-1}\left[1 - \frac{y^2}{b^2(1 - x^2/a^2)}\right]^{\beta_2-1}$$

$$-a \leqslant x \leqslant a \quad -b(1 - x^2/a^2)^{1/2} \leqslant y \leqslant b(1 - x^2/a^2)^{1/2} \tag{1.5}$$

$$f(x,y) = f_{max}\left(1 - \frac{y^2}{b^2}\right)^{\beta_2-1}\left[1 - \frac{x^2}{a^2(1 - y^2/b^2)}\right]^{\beta_1-1}$$

$$-b \leqslant y \leqslant b \quad -a(1 - y^2/b^2)^{1/2} \leqslant x \leqslant a(1 - y^2/b^2)^{1/2} \tag{1.6}$$

式中,f_{max}为最大涂层厚度,a 和 b 分别为椭圆形涂层的长轴和短轴长度,β_1 和 β_2 为该模型的两个形状系数。

以上的涂膜厚度分布模型都是针对平面喷涂建立的,这些模型用于平面可以取得较好的预测效果,但是无法直接应用于复杂曲面喷涂,故下文将介绍一种基于经验函数的曲面涂层厚度仿真模型。

Sheng 等[18-22]提出将简单曲面划分成很多块,将这些块视为平面,采用平面成膜模型计算其涂层厚度,这种方法对于简单的大面积小曲率曲面比较适用,但不适用于复杂曲面的涂层厚度计算。

Conner 等[15-17]、曾勇等[27-29]和 Xia 等[30]考虑了形面因素对涂膜厚度的影响,通过建立相关模型,得到曲面某一点的涂膜厚度。目前,这种计算曲面上的涂膜厚度,通常是根据曲面的几何特征,使用平面成膜模型推导曲面上涂膜厚度分布,如图 1.4 所示。其本质上都是以平面喷涂成膜模型为基础,使用投影的方法得到任意曲面上的涂膜厚度。这些方法忽略了形面因素对喷雾流场的影响,没有从机理上研究喷涂成膜,因此,得到的曲面上的涂膜厚度与实际有较大的偏差。

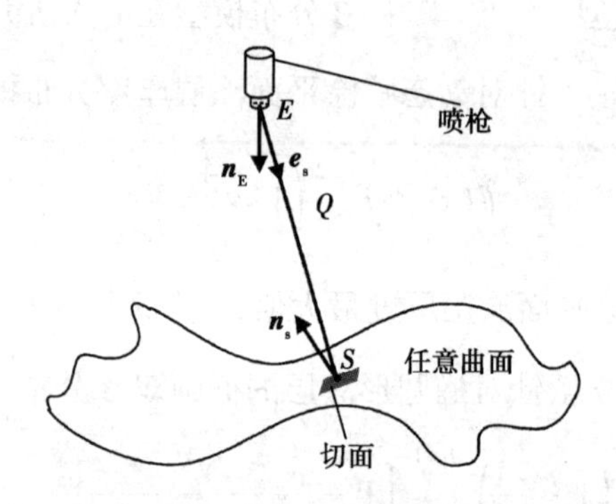

图 1.4　基于经验函数法的简单曲面涂膜厚度计算示意图

基于经验函数的成膜模型没有考虑被喷涂曲面对涂料成膜过程的影响,没有从本质机理上来研究喷涂过程及成膜特性,不适宜于复杂形面涂层厚度仿真计算,会导致机器人喷涂复杂形面轨迹规划不合理和不能准确计算涂层厚度,这也是机器人喷涂复杂形面出现较大涂层厚度偏差的原因。正因如此,美国采用高精度机器人喷涂战机外表面时,也仅有 75%~85%[54]的涂层厚度在检验指标范围内。

1.2.2 喷涂 CFD 数值模拟

1）喷涂雾化 CFD 数值模拟

(1) 建立初始喷雾流场的方法

空气喷涂时，涂料雾化过程是从喷嘴中心射出的涂料被离散成许多分散小液滴的过程。研究表明，在喷嘴下游的某一位置，涂料被充分雾化成具有稳定初始速度和粒径分布的涂料液滴[39]。喷涂成膜 CFD 模型的研究者主要采用两种方法建立雾化后的初始喷雾流场。

一种方法基于实验。常用的测量实验仪器为测量液滴相的相位多普勒分析仪（Phase Doppler Analyzer, PDA）和激光多普勒分析仪（Laser-Doppler Anemometry, LDA），以及测量气相流场的皮托管。Hicks 等[39]，Im[40, 41]等，Domnick 等[48-50]以及 Ye 等[51-56]直接将实验数据作为喷雾流场的初始条件，然而这种方法不太灵活，因为一旦喷枪的作业参数改变了，就需要重新做昂贵且复杂的实验。为了解决这一问题，Rundqvist 等[57-59]提出基于实验可以拟合出一套以液滴尺寸、速度分布和空气速度分布为因变量，以涂料流量、气体流量为自变量的函数。然而这种方法对不同的喷枪缺乏适应性，因为一种喷枪的拟合函数并不适用于另一种喷枪。

另一种方法是基于雾化理论建立雾化过程的数学模型。Fogliati 等[45]采用了一种欧拉模型，即 VOF（Volume of Fluid）模型，来对喷嘴附近涂料射流在破碎之前的变形和速度进行仿真分析，并假定射流在最细的部分破碎成与该部分射流具有相同速度的液滴，且它们的尺寸服从 Rosin-Rammler 分布。

(2) 涂料雾化过程数值模拟的 CFD 方法

涂料雾化过程是空气喷涂非常关键的基础准备过程，决定着喷雾成膜过程的成膜质量和喷涂效率。但由于空气冲击涂料过程的复杂性、瞬变性和难以预测性，应用到实际工程中的雾化数值模拟研究成果还十分有限，仍需要更深入开展空气喷涂雾化特性研究。目前,雾化过程的数值模拟方法主要分为两大类:简单工程模型和准直接数值模拟。

简单工程模型主要指经验或半经验的雾化公式(如液滴直径分布经常采用 Rosin-Rammler 分布和 log-normal 分布等)和简化理论分析模型(如 TAB 模型[74,75])。这些模型的优点是计算量小,便于与喷雾流场耦合计算,但这类模型过度简化问题,其普适性和精度一般较差,计算结果的准确度受人为因素影响很大。

简单工程模型被 Fogliati 等[45]最早应用于空气喷涂涂料雾化研究,三维数值模拟中液滴直径采用 Rosin-Rammler 经验分布,得到了简单的涂料三维破碎过程和涂膜厚度分布。但该研究结果无法计算出涂料流雾化后颗粒大小的三维空间分布,采用的 Rosin-Rammler 分布不能适用于所有性能的涂料和各种雾化条件。随后,Andersson 等[75]利用 TAB(Taylor Analogy Breakup)模型进行涂料雾化数值模拟研究,能够预测部分工况的涂料液滴尺寸分布。TAB 模型把液滴的运动类比为弹簧振子运动,按照经验假设确定了液滴破碎的临界条件和颗粒尺寸分布,但只适用于液滴速度很低的情况。

准直接数值模拟是采用界面捕捉技术直接识别液体的雾化过程,由于界面捕捉和湍流等方面的模拟依然采用模型来封闭,故称为准直接数值模拟。根据界面捕捉方法,准直接数值模拟可分为两类[76]:一类是 Lagrange 追踪法,如 MAC(Marker and Cell)法、Front Tracking 法和 PIC(Partical in Cell)法等;另一类是 Euler 追踪法,如 LS(Level Set)法和 VOF(Volume of Fluid)法。

简单工程模型对雾化影响因素考虑得不够全面,所得到的经验公式和数学模型过于简单,在计算准确度和精确度上都十分欠缺。对于准直接数值模拟,由于雾化过程包含复杂多变液相的破碎和聚合两个过程,Lagrange 追踪法需要在喷雾流场中设置大量的捕捉点,从而会造成计算量过大且计算精度较低,因此不适合将其运用到雾化机理及规律的研究当中;而 Euler 追踪法则是包含一系列特征函数,通过计算这些函数的特征变量在气液两相流场输运过程中的变化来捕捉流场中涂料雾化的物理参数,从而获悉喷雾流场的形态特征。

此外,也有学者认为准直接数值模拟计算过大,提出了多尺度数值模拟,但该方法在尺度划分和模型建立上还有待进一步完善和论证。因此,多数研究者采用 Euler 追踪法对雾化过程进行数值模拟。

Euler 追踪法中 LS 法存在质量守恒难以保证这一致命缺陷,因此,在计算过程中能够严格保证质量守恒的 VOF 法往往是研究雾化过程的常用方法。VOF 法在确定自由面时引入了流体和网格体积比函数 F,通过追踪流体变化而非自由液面上质点运动来实现界面捕捉,且能够处理自由面的非线性现象。该方法由 Hirt 和 Nichols[77] 提出,经过 Noh[78]、Youngs[79]、Ubbink[80]、Dendy[81] 等学者的不断发展和完善,VOF 法在计算时间、计算精度和存储量等方面都取得了很大的改进,在雾化研究领域更是应用广泛。

Fontes 等[82]针对不同韦伯数下液体射流喷雾的形成过程,采用 VOF 法求解射流液柱与液柱初始破碎前气流之间的湍流作用,结果表明在韦伯数较小的情况下,液滴速度分布和液滴质量分数分布偏差更小。Chekifi 等[83]基于 VOF 法对油水界面进行跟踪,研究了受限通道中各项流动参数和通道尺寸对水滴形成方式、产生频率和粒径的影响,表明 VOF 法是一种有效模拟受限通道中水滴形成的数值模拟方法。Liu 等[84]将空化模型与多相流 VOF 模型进行改进,重新构建了液相和气相体积分数输运方程和动量方程,在 OpenFOAM 中模拟了柴油机喷管内的汽蚀现象和喷管的初始破碎过程,并通过实验验证了计算模型的有效性。此外,Kazimardanov[85]、Bravo[86]、范华[87]、夏敏[88]等学者也采用该方法对不同液体的雾化特性进行了数值模拟研究。

(3)雾化数值模拟的湍流模型

空气喷涂雾化过程中气液两相处于湍流状态,湍流问题是空气喷涂涂料雾化研究中的又一难点。现有的湍流数值模拟方法主要有三种:直接数值模拟[89,90](DNS)、雷诺平均模拟[91, 92](RANS)和大涡数值模拟[93,94](LES)。

直接数值模拟是指一种精确的湍流数值模拟方法,不需要建立湍流模型,采用数值计算直接求解流动的控制方程。但由于湍流是一种在空间和时间上的不规则流动,其尺度覆盖十分广泛,想要获得所有尺度的流动信息,需要很高的空间和时间分辨率,也就是需要巨大的计算机内存和耗时很长的计算量。目前计算机的性能还达不到该方法的要求,只在一些低雷诺数的简单湍流中开展研究,还不能作为复杂湍流运动的模拟方法。

雷诺平均模拟是工程中广泛应用的湍流数值模拟方法。该方法将流动的质量、动量和能量输送方程进行统计平均后建立模型,即与雷诺应力息息相关。雷诺平均模型不需要计算各种尺度的湍流脉动,只计算平均运动,因此其空间分辨率要求低,计算工作量小。该模型只能提供湍流的时均信息,其雷诺应力主要与大尺度脉动相关,对于部分工程问题可获得较好的结果。但正是由于该模型采用了时均的方法,计算时不可避免地会丢失流场中的很多细节,这对深入研究空气喷涂涂料雾化特性是远远不够的。

大涡数值模拟是一种介于直接数值模拟和雷诺平均模拟的湍流数值预测方法,其主要思想是:根据不同尺度湍流脉动在输运和耗散中作用的不同,利用滤波函数将小尺度湍流从控制方程中过滤出去,针对大尺度湍流直接求解流动控制方程,而对过滤出来的小尺度湍流建立亚格子模型求解。所谓小尺度,习惯上是指小于计算网格的尺度。大涡数值模拟最早由气象学家 Smagorinsky[95] 提出,并建立了 Smagorinsky 亚网格尺度模型。后来被逐渐应用到流体运动的工程研究当中,经过 Germano[96]、Rutland[97]、Lilly[98]、Kim[99]、Piomelli[100] 等众多学者的不懈努力,动态 Smagorinsky 模型、动态结构模型、混合系数模型、K 模型、近壁亚格子模型等一系列计算模型相继被提出,并随着计算机的发展,大涡数值模拟逐渐成为研究雾化特性的主流方法。

Wadekar 等[101] 采用大涡模拟(LES)方法模拟气体流动,采用标准拉格朗日喷雾模型模拟液相流动,对 40~150 MPa 的喷油压力范围内的燃油喷雾进行了研究,结果表明高喷油压力增加了燃油穿透长度,显著减小了液滴尺寸。Yu 等[102] 利用 VOF 模型和大涡模拟方法研究了不同长短轴比椭圆孔口喷嘴的燃油雾化过程,并与圆形喷嘴进行对比,分析了不同长短轴比对喷雾轴向转换的影响。Umemura 等[103]在大涡仿真框架下,建立了一种物理封闭、不需要对实验数据进行逐项参数整定的湍流雾化模型,利用该模型详细描述了亚网格尺度(subgrid-scale,SGS)的雾化特性,并用实验证实了该模型能较好地再现柴油机的湍流喷雾特性。此外,Shinjo[104]、Hindi[105]、王赓[106]、张旭[107]等研究者也利用大涡模拟对不同液体破碎过程和雾化特性进行了研究。

尽管研究者们利用大涡模拟做了大量的雾化特性研究,但将该方法应用到空气喷涂雾化过程研究的成果十分少见。相比于直接数值模拟和雷诺平均模拟,利用大涡模拟方法研究空气喷涂雾化过程具有明显的优点:一是对空间分辨率的要求远小于直接数值模拟,大幅降低了数值模拟计算量和计算时间;二是在现有的计算机条件下,可模拟较高雷诺数和较复杂的湍流运动;三是可获得比雷诺平均模拟更多的湍流信息,具有更高的普适性,例如大尺度的速度和压力脉动,这些动态信息对于深入研究空气喷涂雾化特性是非常重要的。

2)喷涂成膜 CFD 数值模拟

(1)喷涂成膜 CFD 数值模拟方法

在喷雾传输过程中,由雾化过程产生的涂料液滴在高速空气的驱动下,射向被喷工件表面。该过程可描述为动量和质量在两相中相互传递的紊流流动。描述液滴—气体两相流的方法有两种:欧拉—拉格朗日法和欧拉—欧拉法。

采用欧拉—拉格朗日法建模时,气相被处理为连续相,在欧拉坐标系下直接求解,涂料液滴则被视为离散相,在拉格朗日坐标系下求解,液滴相的紊流过程可用随机轨道模型进行描述[68]。Fogliati 等[45]、Ye 等[55, 56]和 Osman 等[60, 61]采用双向耦合的方法,在建模过程中考虑了两相间的相互作用。

Chen 等[63-69]采用欧拉—欧拉法建模。用该法建模时,把液滴通过空间或时间平均处理成连续相,认为液滴相与空气相在空间中共同存在且相互渗透,两相都在欧拉坐标系下处理。该方法的优势在于可以完整地考虑液滴相的各种湍流输运过程,计算结果可以给出液滴相在空间分布的详细信息,能够满意地给出液滴对气体的影响,也能较好地描述液滴在气流中的湍流混合过程。其液滴相的求解方法同气相一样,可以用统一的数值方法,计算量比欧拉—拉格朗日模型小,可以为工程问题所接受[108-112]。

在液滴沉积过程中,一些小液滴在喷雾传输过程中随着空气相的流动而飘散出去,没有撞击黏附于被喷工件的表面。另外一些涂料液滴撞击于工件表面,并沉积形成液膜。涂料液滴撞击工件表面有四种模式[109]:黏附模式、反弹模式、伸展模式和飞溅模式。液滴撞击目标表面的结果与液滴速度、入射角度、表面张力、表面湿度等因素相关。

研究者通过实验[38]或通过 CFD 仿真[44]发现撞击壁面的液滴几乎不会发生反弹或飞溅,其原因是涂料液滴的表面张力较小而黏附较高。所以,可以简单地认为撞击目标表面的涂料液滴都沉积其上。这样,壁面涂膜厚度仅与近壁面液滴垂直壁面的法向速度有关,涂料沉积速率可通过记录涂料撞击工件表面的位置及其质量流量求得。

(2)动态喷涂仿真

在实际工业生产中,喷枪通常在机器人操作臂的带动下,沿着规划好的轨迹进行喷涂作业。研究者采用了两种方法对动态喷涂涂层厚度仿真计算进行研究,一种方法是对静态涂膜增长率沿喷涂路径积分[50, 53, 55, 70],另一种方法是采用动网格模型进行 CFD 仿真[54, 69, 71, 72]。

对于匀速喷涂规则工件表面的情况,采用对静态涂膜增长率进行积分是一种更为简单的方法。但是该方法将会放大静态涂层厚度中的局部小误差,故而在得到的动态涂层厚度会产生较大误差。另外,由于复杂形面会导致静态涂层分布变化,故该方法无法应用于复杂曲面。

动网格法是通过定义流体域中发生运动的边界及其运动方式,基于网格更新算法以实现计算中网格的动态变化,用来解决流场形状由于边界运动随时间改变的问题。它可以采用三种动网格模型[109, 112]:局部重构模型(Local Remeshing)、铺层模型(Layering)和弹性光顺模型(Spring Smoothing)。Ye[54]针对动态喷涂模拟,分别采用前两种方法进行仿真分析,发现局部重构模型的效果更好,但其研究仍然存在较大误差。Toljic 等[71, 72]采用弹性光顺模型结合局部重构模型计算了动态涂层厚度,但没有通过实验验证。

综上所述,基于经验函数的成膜模型旨在建立涂料沉积速率或涂层厚度分布的显式方程,未从喷涂流场角度进行成膜研究,因此计算复杂形面误差很大。此外,其所建立的经验公式只适用于固定的喷涂参数,如果实际工程要求喷涂参数发生改变,必须要重新做实验并拟合新的经验公式。采用 CFD 方法进行建模,对喷涂过程的本质机理研究,可以建立更为精确的计算涂层厚度的数学模型。而且,只要建立了合理的 CFD 模型,当喷涂参数发生改变时,也不需要重复做很多实验,所以该方法更具适用性。因此,机器人喷涂 CFD 数值模拟是喷涂数值模拟研究的发展趋势。

1.3 本书内容

"机器人喷涂 CFD 数值模拟"采用 CFD 方法建立空气喷涂模型,对涂料雾化过程和成膜过程进行数值模拟,并研究其特性。

1)空气喷涂雾化模型及求解

根据空气喷枪的工作原理和液体涂料的雾化过程,采用 VOF 方法建立空气—涂料的界面捕捉模型,同时基于大涡数值模拟建立两相湍流模型。采用有限体积法对计算域进行网格节点划分,保证网格节点变量在控制体积内守恒,并基于交错网格对控制方程进行离散化处理,最后利用 SIMPLEC 算法对离散控制方程进行数值求解。基于喷嘴模型建立空气喷涂的二维几何模型,并对其进行网格划分和网格有效性验证;设置初始条件和边界条件,对空气喷涂雾化过程进行二维数值模拟,并对其结果进行正确性检验。构建空气喷涂三维雾化模型,并对其进行网格划分和网格有效性验证,最后进行喷涂成膜三维数值模拟。

2）空气喷涂雾化特性

对无涂料加载下的中心气相流场和辅助气相流场的扩展过程进行二维数值模拟后，对比分析不同气相流场的速度分布特性和压力分布特性；对有涂料加载下的中心喷雾流场和辅助喷雾流场的扩展过程进行数值模拟，对比分析不同喷雾流场的速度分布特性、压力分布特性和涂料相分布特性。对无涂料加载下的中心气相流场、辅助气相流场和扇面气相流场的扩展过程进行三维数值模拟，对比分析不同气相流场的速度分布特性和压力分布特性；对有涂料加载下的中心喷雾流场、辅助喷雾流场和扇面喷雾流场的扩展过程进行数值模拟，对比分析不同喷雾流场的速度分布特性、压力分布特性和涂料相分布特性。

3）空气喷涂成膜模型及求解

将喷涂成膜分为喷雾传输过程和碰撞黏附过程，采用欧拉—欧拉法，建立由两相流喷雾传输模型、液滴沉积模型构成的涂料成膜模型。结合流体域运动模型，建立动态喷涂涂料成膜模型。针对空气喷涂流场域特征，提出合适的网格方法，基于有限体积法离散喷涂成膜模型控制方程，使用合理的数值解法求解离散方程，最后通过结果处理显示流场数据和涂膜厚度分布数据。利用提出的数值模拟方法，计算平面喷涂的喷雾流场特性和涂膜厚度分布，通过平板喷涂实验验证模型和方法的准确性。分析平面喷涂喷雾流场特性、液滴沉积特性以及动态喷涂涂膜特性。

4）圆弧面喷涂成膜数值模拟与特性

针对沿母线和周向喷涂圆弧面外壁和内壁，求解喷涂成膜模型，通过与平面喷涂对比，分析不同方式喷涂不同半径圆弧面的涂料成膜特性，研究不同喷枪移动速度对圆弧面喷涂涂膜厚度的影响。

5）球形面喷涂成膜数值模拟与特性

针对球形面外壁和内壁喷涂，求解喷涂成膜模型。通过与平面喷涂对比，分析不同半径球形面的喷涂成膜特性。研究不同喷枪移动速度以及不同纬度动态喷涂对球形面喷涂涂膜厚度的影响。

2 空气喷涂雾化模型及求解

本章针对空气喷涂雾化过程，选取恰当的流体动力学方法对涂料在空气冲击作用下的破碎过程和气液两相的湍流运动进行建模，为空气喷涂雾化过程数值模拟和特性分析奠定基础；针对建立的喷涂雾化模型，对现阶段常用的数值求解方法进行对比分析，选出最合适的数值求解方法进行模型求解。

2.1 空气喷涂物理过程

空气喷枪是喷涂作业中最重要和最复杂的喷涂部件，主要由枪身、喷嘴、扳机、两大进口和三大调节阀组成，如图 2.1 所示。其中，喷嘴是空气和涂料的出口，涂料雾化就是在喷嘴出口附近区域内完成的；扳机是空气喷枪的开关，控制着枪身中空气通道和涂料通道的开闭；两大进口分别指空气进口和涂料进口，空气进口一般与空压机相连，涂料进口与涂料壶或者涂料泵相连；三大调节阀分别为空气压力调节阀、涂料流量调节阀和喷幅调节阀，分别控制着空气喷出压力、涂料喷出流量和喷雾流场喷幅。

喷嘴是空气喷枪的核心部件，主要由空气和涂料的输送组件和空气帽组成。其中，空气帽是喷嘴最重要的组成部分，其结构直接决定了涂料雾化效果，与喷涂作业的喷涂效率和涂料利用率都息息相关。空气帽呈牛角形状，主要包括涂料孔、中心雾化孔、辅助雾化孔和扇面控制孔，如图 2.2 所示。其中，涂料孔在空气帽正中心；中心雾化孔呈环状，在涂料孔外的同心圆上；辅助雾化孔分布

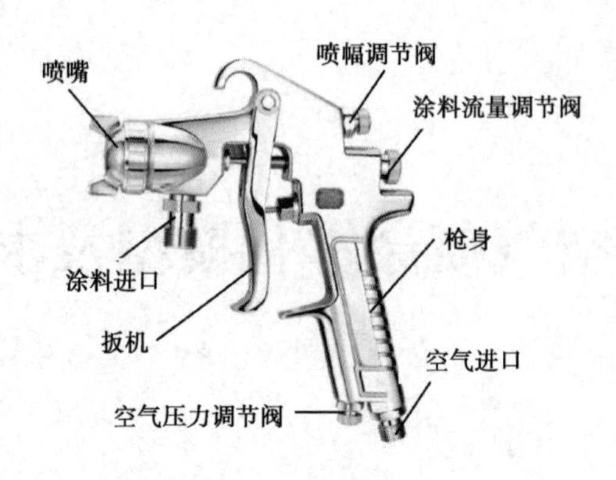

图 2.1　空气喷枪

在中心雾化孔外围两侧;扇面控制孔分布于两端的牛角结构口上。在喷涂作业时,液体涂料从涂料孔喷出,中心雾化空气、辅助雾化空气和扇面控制空气分别从中心雾化孔、辅助雾化孔和扇面控制孔喷出。

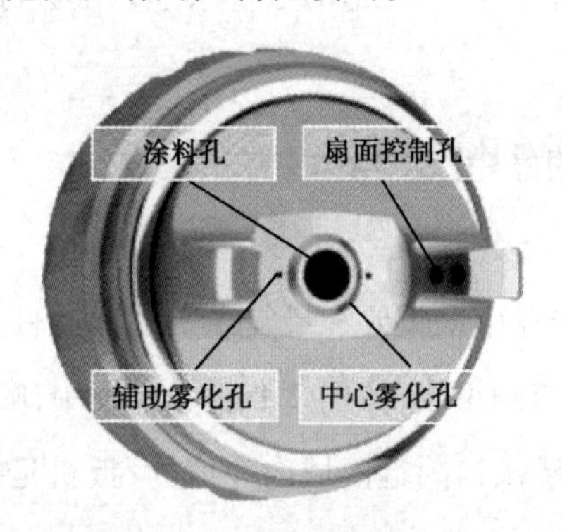

图 2.2　空气帽

喷涂物理过程可以分成涂料雾化过程和涂料成膜过程,如图 2.3 所示。雾化过程是涂料射流在中心雾化孔喷出的压缩空气的扰动作用下破碎形成小液滴的过程。雾化过程的结果为涂料成膜过程的数值模拟计算提供液滴的边界条件。

涂料成膜过程包括喷雾传输过程和液滴沉积过程。喷雾传输过程是雾化涂料液滴随气流运动至壁面的过程。涂料液滴在运动过程中主要受到气体拽力的影响,在靠近喷嘴的区域,气体通过拽力向液滴传递较大的动量;拽力的影响是相互的,在远离喷嘴的区域,气相也会受到涂料液滴的反向作用力。喷雾

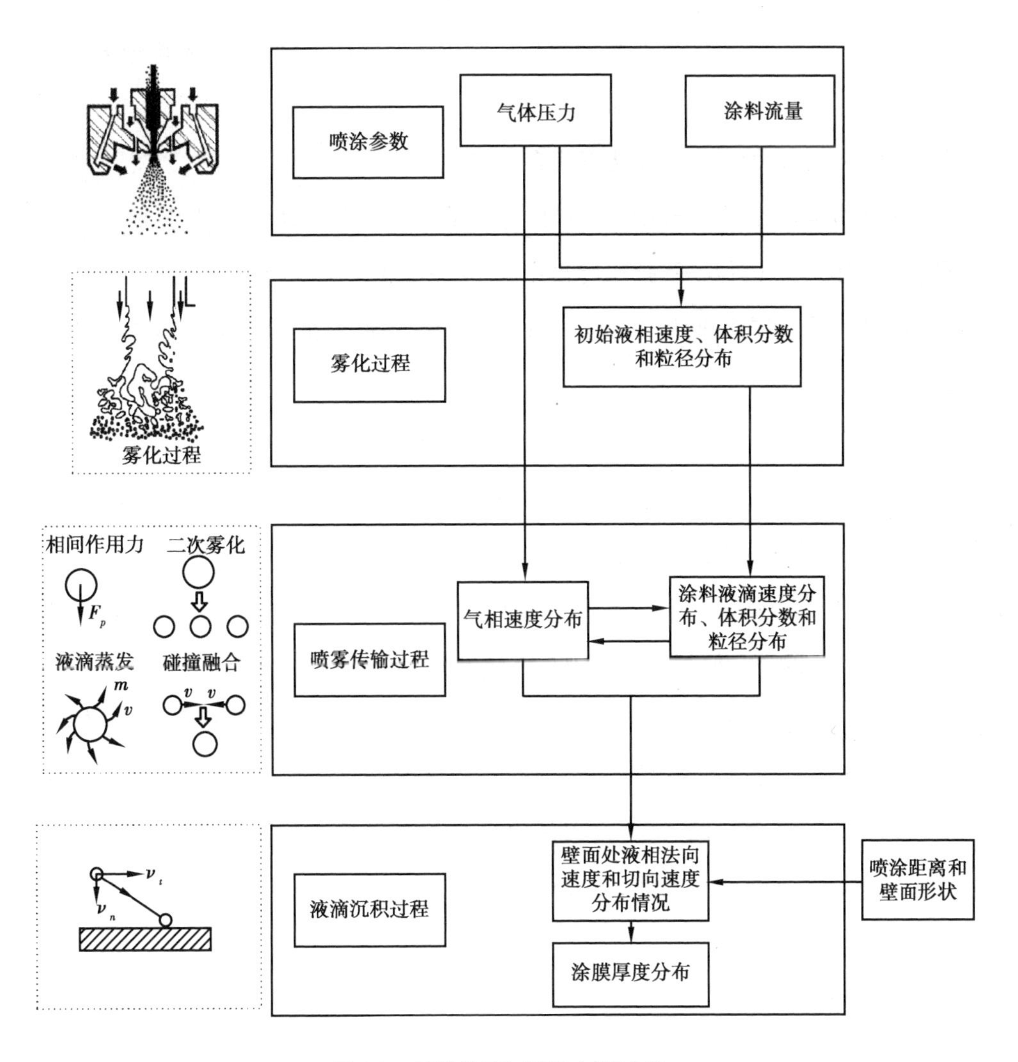

图 2.3　喷涂物理过程和过程参数

传输过程中液滴也会被二次雾化成更小的多个液滴，多个液滴也会融合成较大液滴。但早期的研究表明，由于高度的湍流混合作用，液滴粒径分布与距离喷嘴的位置无关[39]，所以这些过程在涂料成膜建模中可以忽略。此外，涂料液滴中的挥发性有机物也会蒸发，但由于空气喷涂在室温下进行且涂料液滴从喷嘴到达壁面一般仅需 1 ms 左右，所以涂料向空气的组分输运过程也可以在涂料成膜模型的建立中忽略。

液滴沉积过程是涂料液滴撞击并黏附在被喷壁面上的过程,液滴在壁面处速度的法向分量影响壁面处涂膜厚度增长速率,沿壁面的切向速度提供液膜初始速度并使液滴偏离壁面无法沉积在壁面。

涂料成膜过程实现液滴—气体两相流的方法有两种:欧拉—拉格朗日法和欧拉—欧拉法。欧拉—欧拉法建模中,把喷雾流场内涂料液滴视为拟流体,认为液滴相和气相在空间中共同存在且相互渗透,各相都在欧拉坐标系下处理计算。

采用欧拉—拉格朗日法建模时,气相被处理为连续相,在欧拉坐标系下直接求解,涂料液滴则被视为离散相,在拉格朗日坐标系下求解。欧拉—拉格朗日法的适用条件为液滴体积分数很小时,由于靠近喷嘴出口的液滴数量巨大,需要设置相当多数量的初始液滴才能保证计算精确。此外,欧拉—拉格朗日法要求网格足够细密,使每个网格中有数量足够多的液滴[112]。

欧拉—欧拉法是一种更为普适的多相流建模方法。它对液相体积分数没有要求,可以有效地描述大批涂料液滴与空气的相互作用,完整地考虑液相的各种湍流输运过程,计算结果可以给出液滴相在空间分布的详细信息,也能较好地描述液滴在气流中的湍流混合过程。

2.2 喷涂雾化模型

2.2.1 界面捕捉模型

空气喷涂雾化过程涉及空气相和涂料相的混合,在对雾化过程进行数值模拟时,首要解决的问题就是如何识别空气与涂料的交界面。因此,必须建立相应的界面捕捉模型来准确识别空气与涂料的交界面,从而得出空气和涂料在整个雾化空间的各自分布。

1）界面区分

本书采用 VOF 方法来建立界面捕捉模型，该方法是在欧拉网格体系中的界面追踪方法，可以通过求解一组动量方程，在整个区域内跟踪每一种流体的体积分数，从而对两种或两种以上的流体耦合进行建模。该方法主要应用在雾化或射流破裂预测[113,114]、液体中气泡运动[115,116]、任何气液界面的稳态或瞬态跟踪[117,118]等方面。它的使用必须建立在有两种或两种以上的流体且不互相渗透的基础之上，空气喷涂涉及空气和液体涂料，两者在雾化过程中相互混合，但不相互渗透，属于 VOF 方法的应用范围。

采用 VOF 方法建立的模型中，每个流体相都会以体积分数为变量的形式存在于模型的每一步数值计算中。每个控制体都是由所有流体相体积分数构成的有机整体，控制体所表示的体积分数为各流体相体积分数之和的平均值。因此，可以据此对空气和涂料的混合过程进行界面区分。

对于给定的控制体，要么表示某一单独的流体相，要么表示两种及两种以上流体的混合相，这主要取决于控制体中的体积分数值。空气喷涂雾化过程涉及空气和涂料两个流体相，定义 φ_g 表示空气相的体积分数，定义 φ_l 表示涂料相的体积分数。根据 VOF 方法中体积分数的表示方式，对于雾化空间的任一控制体，存在以下三种情况：

①$\varphi_g=1$，即 $\varphi_l=0$，控制体中只有空气相，不含涂料相。

②$0<\varphi_g<1$，即 $0<\varphi_l<1$，控制体中既有空气相，又含涂料相。

③$\varphi_l=1$，即 $\varphi_g=0$，此时控制体中只有涂料相，不含空气相。

交界面的追踪是通过求解单相或多相的体积分数连续性方程实现的。对于空气喷涂雾化过程，空气相和涂料相的连续性方程分别为：

$$\frac{\partial}{\partial t}(\varphi_g\rho_g)+\nabla\cdot(\varphi_g\rho_g\boldsymbol{v}_g)=S_g+\dot{m}_{lg}-\dot{m}_{gl} \tag{2.1}$$

$$\frac{\partial}{\partial t}(\varphi_l\rho_l)+\nabla\cdot(\varphi_l\rho_l\boldsymbol{v}_l)=S_l+\dot{m}_{gl}-\dot{m}_{lg} \tag{2.2}$$

式中，t 表示时间(s)，ρ_g 和 ρ_l 分别表示空气和涂料的密度(kg/m^3)，$\boldsymbol{v}_g$ 和 $\boldsymbol{v}_l$ 分别表示空气相和涂料相的速度矢量(m/s)，S_g 和 S_l 分别表示空气相和涂料相的质量源，$\dot{m}_{lg}$表示从涂料相到空气相的质量转移，$\dot{m}_{gl}$表示从空气相到涂料相的质量转移。

对于雾化空间的任一控制体，空气相的质量分数 φ_g 和涂料相的质量分数 φ_l 存在以下约束条件：

$$\varphi_g + \varphi_l = 1 \tag{2.3}$$

采用隐式方程对体积分数进行离散化处理，则式(2.1)和式(2.2)变为

$$\frac{\varphi_g^{n+1}\rho_g^{n+1} - \varphi_g^n\rho_g^n}{\Delta t}V + \sum_f (\rho_g^{n+1}V_g^{n+1}\varphi_{g,f}^{n+1}) = V(S_g + \dot{m}_{lg} - \dot{m}_{gl}) \tag{2.4}$$

$$\frac{\varphi_l^{n+1}\rho_l^{n+1} - \varphi_l^n\rho_l^n}{\Delta t}V + \sum_f (\rho_l^{n+1}V_l^{n+1}\varphi_{l,f}^{n+1}) = V(S_l + \dot{m}_{gl} - \dot{m}_{lg}) \tag{2.5}$$

式中，n 表示当前时间步的计算，$n+1$ 表示下一时间步的计算，V 表示控制体体积，φ_g^{n+1} 表示控制体在第 $n+1$ 个时间步的空气相体积分数，ρ_g^{n+1} 表示在第 $n+1$ 个时间步的密度，V_g^{n+1} 表示在第 $n+1$ 个时间步的空气体积通量，其余以此类推。

从式(2.4)和式(2.5)可以看出，当前时间步的体积分数是当前时间步其他物理量的函数，其求解需通过对时间步的联合迭代进行。

2）界面插值

在 VOF 方法中，对于控制体的相关方程，需要计算流体相通过控制体表面的对流通量和扩散通量，并与控制体内部的源项保持平衡。空气和涂料的交界面会穿过大量控制体。对于被穿过的控制体，需要将其划分成两个子控制体，即只含空气的子控制体和只含涂料的子控制体，如图 2.4 所示。控制体的划分可采用 VOF 方法中的几何重构法对气液界面进行标准插值，当控制体远离交界面时，直接利用标准插值方法获得控制体表面的对流通量和扩散通量；当控制体处于交界面之上时，对交界面进行几何重构，再利用插值方法获得对流通量和扩散通量。

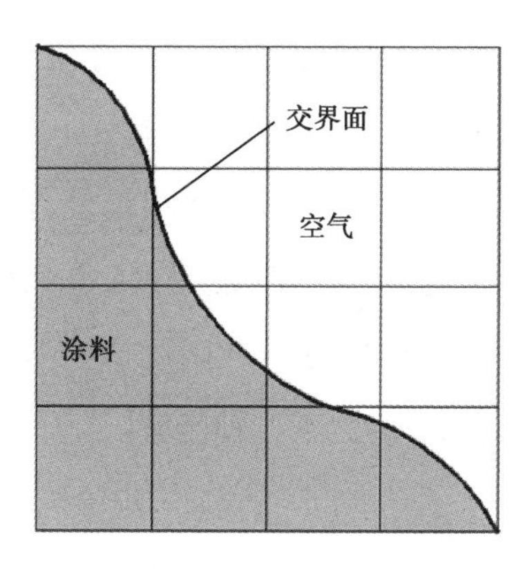

图 2.4　真实交界面形状

几何重构采用分段线性的方法表示空气与涂料之间的交界面，即假定空气与涂料之间的交界面在每个控制体内都有一个线性斜率，并用该线性斜率来计算通过控制体表面的流体平流通量，如图 2.5 和图 2.6 所示。该方法具有很高的精确性，且适用于非结构网格，但如果网格尺寸过大（图 2.5），所得到的控制体内部线性斜率精确性会有所降低，这会直接增大通过控制体表面的流体平流通量计算误差。因此，几何重构需要小尺寸网格来增强其精确性（图 2.6）。

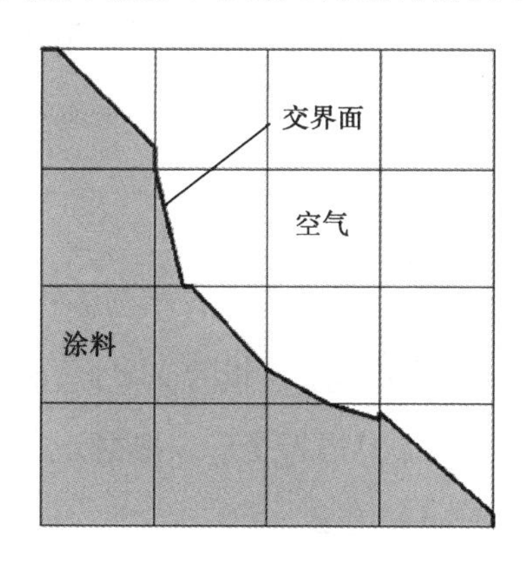

图 2.5　大尺寸网格交界面形状

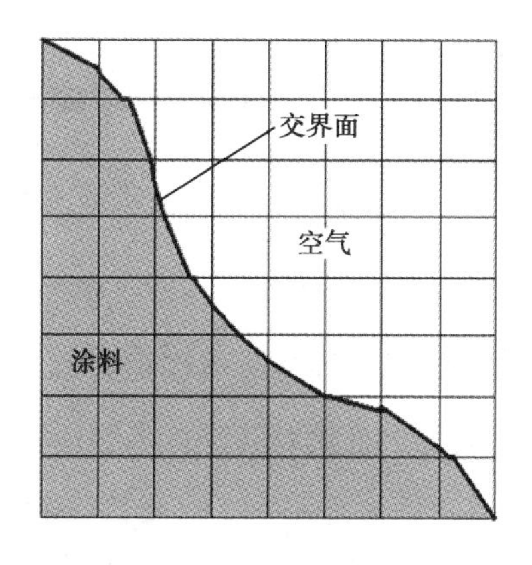

图 2.6　小尺寸网格交界面形状

3）控制方程

为了简化和求解模型，在空气—涂料两相流场中，将空气和涂料视作密度不变的不可压缩流体，将涂料按牛顿流体处理。在空气喷涂过程中，涂料雾化时间极短(约 10 ms),流动过程中的传热现象可忽略。因此,只对空气相和涂料相耦合过程中的质量守恒和动量守恒进行分析。

空气喷涂雾化过程涉及空气与涂料的两相耦合,在输运方程中,其属性是由每个控制体中各组分所决定的。在雾化过程中,空气相和涂料相的体积分数随时间 t 和位置 P 不断改变,设其体积分数函数 $\varphi(P,t)$ 。根据体积分数函数的数值,可将空气喷涂雾化空间分为以下三种区域:

$$\varphi(P,t)=\begin{cases}1 & \text{纯涂料区}\\ 0<\varphi<1, & \text{空气涂料混合区}\\ 0 & \text{纯空气区}\end{cases} \tag{2.6}$$

在空气—涂料两相流场中,每个控制体的密度与控制体中所含空气相和涂料相的体积分数紧密相关,结合式(2.3),密度可表示为:

$$\rho=\varphi_l\rho_l+(1-\varphi_l)\rho_g \tag{2.7}$$

在空气喷涂作业中,环境温度始终保持不变,因此忽略空气喷涂雾化过程中的传热现象,只对空气相和涂料相耦合过程中的质量守恒和动量守恒进行分析,不建立能量守恒方程。将空气和涂料都视为不可压缩流体,因此,对于体积分数函数 $\varphi(P,t)$,质量守恒方程表达式为:

$$\frac{\partial\varphi}{\partial t}+(\boldsymbol{v}\cdot\nabla)\varphi=0 \tag{2.8}$$

该式表明了对流作用在空气喷涂雾化过程中空气相和涂料相的体积分数,故也可将式(2.8)称为对流输运方程。但在空气相和涂料相的交界面,$\varphi(P,t)$ 并不连续,无法直接对其进行求导运算,需对式(2.8)进行变形。根据公式

$$\nabla\cdot(\boldsymbol{v}\varphi)=\varphi(\nabla\cdot\boldsymbol{v})+(\boldsymbol{v}\cdot\nabla)\varphi \tag{2.9}$$

将其代入式(2.8)中,得质量守恒方程的最终形式,即:

$$\frac{\partial\varphi}{\partial t}+\nabla\cdot(\boldsymbol{v}\varphi)=\varphi(\nabla\cdot\boldsymbol{v}) \tag{2.10}$$

式中,当表示空气相质量守恒时,$\varphi=\varphi_g$;当表示涂料相质量守恒时,$\varphi=\varphi_l$。

对于动量守恒方程,VOF 方法是在整个雾化计算区域内对一个动量方程进

行求解,得到的压力场和速度场是空气相和涂料相之间的耦合。动量守恒方程表达式如下:

$$\frac{\partial}{\partial t}(\rho \boldsymbol{v}) + \nabla \cdot (\rho \boldsymbol{v}\boldsymbol{v}) = - \nabla p + \nabla \cdot [\mu(\nabla \boldsymbol{v} + \nabla \boldsymbol{v}^{T})] + \rho g + \boldsymbol{F} \tag{2.11}$$

式中,p 表示空气相和涂料相共有的压力(Pa),$\boldsymbol{F}$ 表示向量拽力。

对于向量拽力 $\boldsymbol{F}$,由于喷涂过程中,气液两相耦合流场中的涂料液滴可视为球体,且涂料密度远大于空气密度,因此,当式(2.11)表示涂料相的动量守恒方程时,向量拽力$\boldsymbol{F}_l$ 可表示为:

$$\boldsymbol{F}_l = \frac{\rho_l \varphi_l}{\boldsymbol{\tau}_l}(\boldsymbol{v}_g - \boldsymbol{v}_l) \tag{2.12}$$

式中,$\boldsymbol{\tau}_l$ 表示涂料相松弛时间(s)。

同理,当式(2.11)表示空气相的动量守恒方程时,向量拽力$\boldsymbol{F}_g$ 可表示为:

$$\boldsymbol{F}_g = \frac{\rho_g \varphi_g}{\boldsymbol{\tau}_g}(\boldsymbol{v}_l - \boldsymbol{v}_g) \tag{2.13}$$

式中,$\boldsymbol{\tau}_g$ 表示空气相松弛时间(s)。

4)表面张力

空气喷涂雾化过程即空气冲击连续的液体涂料破碎的过程,涂料破碎是因为空气对涂料的冲击力大于涂料的表面张力。涂料的表面张力是由于涂料中分子间的吸引力而产生的,它只作用于涂料表面,平衡着表面上径向向内的涂料分子间引力和径向向外的压强梯度力,维持着涂料的原始状态。在 VOF 方法中,加入表面张力可以使动量守恒方程增加一个源项,考虑到表面张力始终沿着液体涂料表面的特殊性,并且只考虑垂直于界面的力,则存在如下关系式:

$$p_l - p_g = \boldsymbol{\sigma}\left(\frac{1}{R_l} + \frac{1}{R_g}\right) \tag{2.14}$$

式中,p_l 和 p_g 分别表示交界面两侧涂料相和空气相各自的压力(Pa),R_l 和 R_g 分别表示在正交方向上涂料相和空气相的交界面曲率半径(m)。

交界面曲率是根据单位法向量的散度来定义的,即:

$$\kappa = \nabla \cdot \hat{n} \tag{2.15}$$

式中,κ 表示交界面曲率;$\hat{n}$ 表示单位法向,其表达式为:

$$\hat{n} = \frac{n}{|n|} \tag{2.16}$$

式中,n 表示交界面法向,是流体相体积分数的梯度,即:

$$n = \nabla \varphi \tag{2.17}$$

根据散度定理,表面上的力可表示为体积力,即动量方程的源项,其形式如下:

$$f = \sum_{i<j} \sigma_{ij} \frac{\varphi_i \rho_i \kappa_j \nabla \varphi_j + \varphi_j \rho_j \kappa_i \nabla \varphi_i}{\frac{1}{2}(\rho_i + \rho_j)} \tag{2.18}$$

雾化过程只涉及空气和涂料两个流体相,此时,

$$\kappa_i = -\kappa_j \tag{2.19}$$

$$\nabla \varphi_i = -\nabla \varphi_j \tag{2.20}$$

则,式(2.18)变为:

$$f = 2\sigma_{ij} \frac{\rho \kappa_i \nabla \varphi_i}{\rho_i + \rho_j} \tag{2.21}$$

式(2.21)表明表面张力源项与平均密度 ρ 成正比。

2.2.2 湍流模型

雾化过程中,空气和涂料都处于湍流状态,其湍动能的传递主要在于大尺度的湍流脉动(湍流涡),而小尺度的湍流脉动则不断耗散湍动能。为提高计算效率、减少存储量,采用大涡模拟对雾化过程进行建模,即只对大尺度脉动进行直接数值计算,而对于小尺度脉动则通过单独建模予以数值模拟。因此,需要对空气和涂料的湍流脉动尺度进行区分,即对雾化过程中涉及的湍流变量进行平均运算(即过滤),将相应的湍流变量分成大尺度分量和亚格子尺度分量。

1）滤波函数

对于任意的湍流变量 $\alpha(\boldsymbol{x},t)$，基于喷涂雾化空间对其进行空间上的平均，得到大尺度的平均分量 $\overline{\alpha}(\boldsymbol{x},t)$，其定义式为：

$$\overline{\alpha}(\boldsymbol{x},t) = \int_M \overline{\alpha}(\boldsymbol{x},t)\ G(\boldsymbol{x},\boldsymbol{x}')\ \mathrm{d}\boldsymbol{x}' \tag{2.22}$$

式中，M 为喷涂雾化空间，$G(\boldsymbol{x},\boldsymbol{x}')$ 为空间滤波函数，$\boldsymbol{x}$ 表示滤波后在大尺度空间中的坐标，$\boldsymbol{x}'$ 表示喷涂雾化空间中的坐标。滤波函数的作用就是将大尺度涡和小尺度涡区分开来。由此可得剩余部分 $\alpha'(\boldsymbol{x},t)$ 为：

$$\alpha'(\boldsymbol{x},t) = \alpha(\boldsymbol{x},t) - \overline{\alpha}(\boldsymbol{x},t) \tag{2.23}$$

需要注意的是：大尺度的平均分量 $\overline{\alpha}(\boldsymbol{x},t)$ 不为零。

在采用有限体积法对喷涂雾化空间进行离散时，其自身已带有过滤作用，即直接在控制域上对湍流变量进行平均，具表达式为：

$$G(\boldsymbol{x},\boldsymbol{x}') = \begin{cases} \dfrac{1}{V}, \boldsymbol{x}' \in M \\ 0, \boldsymbol{x}' \notin M \end{cases} \tag{2.24}$$

式中，V 表示喷涂雾化空间的体积。

利用滤波函数式（2.24）对式（2.22）进行平均运算，则式（2.22）变为：

$$\overline{\alpha}(\boldsymbol{x},t) = \frac{1}{V}\int_M \overline{\alpha}(\boldsymbol{x},t)\ \mathrm{d}\boldsymbol{x}' \tag{2.25}$$

2）湍流方程

在整个雾化过程中，由于喷涂操作空间温度保持恒定，因此在建立空气和涂料的湍流方程时不考虑能量守恒方程，仅建立质量守恒方程和动量守恒方程。利用滤波函数对 N-S 方程进行处理，可得湍流质量守恒方程表达式为：

$$\frac{\partial \overline{u_i}}{\partial x_i} = 0 \tag{2.26}$$

湍流动量守恒方程表达式为：

$$\frac{\partial \bar{u}_i}{\partial t}+\frac{\partial \overline{u_i u_j}}{\partial x_j}=-\frac{1}{\rho}\frac{\partial \bar{p}}{\partial x_j}+\nu\frac{\partial^2 \bar{u}_i}{\partial x_i x_j} \tag{2.27}$$

式中,ν 表示涂料的运动黏度(m^2/s)。

令$\overline{u_i u_j}=\bar{u}_i\bar{u}_j+(\overline{u_i u_j}-\bar{u}_i\bar{u}_j)$,则式(2.27)变为:

$$\frac{\partial \bar{u}_i}{\partial t}+\frac{\partial \bar{u}_i\bar{u}_j}{\partial x_j}=-\frac{1}{\rho}\frac{\partial \bar{p}}{\partial x_i}+\nu\frac{\partial^2 \bar{u}_i}{\partial x_i x_j}+\frac{\partial(\bar{u}_i\bar{u}_j-\overline{u_i u_j})}{\partial x_j} \tag{2.28}$$

此时,动量守恒方程具有与雷诺方程类似的表达形式,最右端含有亚格子应力的表达式,即

$$\bar{\tau}_{ij}=\bar{u}_i\bar{u}_j-\overline{u_i u_j} \tag{2.29}$$

亚格子应力是小尺度脉动与大尺度湍流运动脉动之间的动量输运表达。式(2.29)中,$\overline{u_i u_j}$属于未知量,可通过式(2.23)进行求解,可得:

$$u_i(\boldsymbol{x},t)=\bar{u}_i(\boldsymbol{x},t)+u_i'(\boldsymbol{x},t) \tag{2.30}$$

则

$$\begin{aligned}\overline{u_i u_j}&=\overline{[\bar{u}_i(\boldsymbol{x},t)+u_i'(\boldsymbol{x},t)][\bar{u}_j(\boldsymbol{x},t)+u_j'(\boldsymbol{x},t)]}\\&=\overline{\bar{u}_i(\boldsymbol{x},t)\,\bar{u}_j(\boldsymbol{x},t)}+\overline{\bar{u}_i(\boldsymbol{x},t)\,u_j'(\boldsymbol{x},t)}\\&\quad+\overline{u_i'(\boldsymbol{x},t)\,\bar{u}_j(\boldsymbol{x},t)}+\overline{u_i'(\boldsymbol{x},t)\,u_j'(\boldsymbol{x},t)}\end{aligned} \tag{2.31}$$

式(2.31)中,右边第一项可以通过 $\bar{u}_i(\boldsymbol{x},t)$ 直接进行计算;后三项皆涉及 $u_i'(\boldsymbol{x},t)$,还必须构建相应的封闭亚格子模型进行求解。

3)亚格子模型

亚格子模型主要用于对空气相和涂料相的湍流控制方程进行封闭,便于方程的离散求解。事实上,亚格子模型和 RANS 模型类似,都是建立在 Boussinesq 假设[119]之上,即认为由湍流脉动所造成的附加应力与层流运动应力类似,也可用 Boussinesq 涡黏性系数和时均应变率的乘积进行表示。由此可得亚格子应力的表达式为:

$$\tau_{ij}=\frac{1}{3}\tau_{kk}\delta_{ij}-2\mu_t\bar{S}_{ij} \tag{2.32}$$

式中，τ_{kk}表示亚格子应力中的各向同性部分；δ_{ij}表示张量中的柯氏符号，也称单位张量；μ_t 表示亚格子湍流动力黏度，也称涡黏性系数；$\overline{S}_{ij}$表示应变速率张量，其定义式为：

$$\overline{S}_{ij} = \frac{1}{2}\left(\frac{\partial \overline{u}_i}{\partial x_j} + \frac{\partial \overline{u}_j}{\partial x_i}\right) \tag{2.33}$$

对于可压缩流体相而言，亚格子应力可看成偏应力和各向同性应力之和，即：

$$\tau_{ij} = \frac{1}{3}\tau_{kk}\delta_{ij} + \tau_{ij} - \frac{1}{3}\tau_{kk}\delta_{ij} \tag{2.34}$$

式中，右边第一项为各向同性应力，右边后两项合称偏应力。

而对于不可压缩的涂料相而言，往往将含有 τ_{kk}的项忽略或者将其归入过滤的压力中。

亚格子湍流动力黏度 μ_t 采用 Smagorinsky-Lilly 模型[120-122]进行处理，1967 年 Lilly[123]在气象学家 Smagorinsky 提出的 Smagorinsky 模型[124]的基础上，利用 Kolmogorov's 5/3 定律计算出了 Smagorinsky 常数 C_s 的理论值，Smagorinsky 常数 C_s 计算公式如下：

$$C_s = \frac{1}{\pi}\left(\frac{3C_K}{2}\right)^{-3/4} \tag{2.35}$$

尽管 C_s 不是一个恒定的数值，但 C_s 取 0.1 时，对于绝大部分流动来说是一个易于湍流方程求解和收敛的理想数值，包括空气喷涂过程中的空气涂料两相流动。在 Smagorinsky-Lilly 模型中，亚格子湍流动力黏度 μ_t 表达式为：

$$\mu_t = \rho L_s^2 |\overline{S}| \tag{2.36}$$

式中，$|\overline{S}|$的计算公式为$|\overline{S}| \equiv \sqrt{2\overline{S}_{ij}\overline{S}_{ij}}$，$L_s$ 表示亚格子混合长度，其表达式为：

$$L_s = \min(\mathrm{k}d, C_s\Delta) \tag{2.37}$$

式中，k 表示 von Kármán 常数，d 表示到最近壁面的距离，Δ 表示局部网格尺度，其计算公式为：

$$\Delta = V^{1/3} \tag{2.38}$$

式中,V表示计算单元的体积。

2.3 模型数值求解方法

2.3.1 控制方程离散方法

在对喷涂雾化模型进行求解之前,需要对计算域进行网格划分,即离散化处理。同时也必须相应地对喷涂雾化模型中的控制方程进行离散,使得控制方程、初始条件和边界条件能够与网格上的各个节点一一对应。经过计算流体力学多年的积累和发展,目前用于控制方程离散数值求解的方法主要有三种:有限差分法(Finite Difference Method)、有限元法(Finite Element Method)和有限体积法(Finite Volume Method)。

1)有限差分法

有限差分法是三种离散方法中最早的数值求解方法,其求解思想为:首先将计算域划分成有限个网格单元,利用这些网格单元交叉形成的节点来代替连续的计算域;然后针对任一变量f,利用差商替代关于变量f的偏微分方程中的微商,得到每个节点的代数方程;最后将这些代数方程整合成一个针对整个计算域的代数方程组,用来替代微分方程,通过求解代数方程组即可获得微分方程的近似解。以二维计算域为例,其正方形网格单元边长为l,如图 2.7 所示[125]。

图 2.7 中,P点的坐标为(x_i, y_j),在有限差分网格划分时,P点的横纵坐标值存在以下关系:

$$\begin{cases} x_i = il \\ y_j = jl \end{cases} \tag{2.39}$$

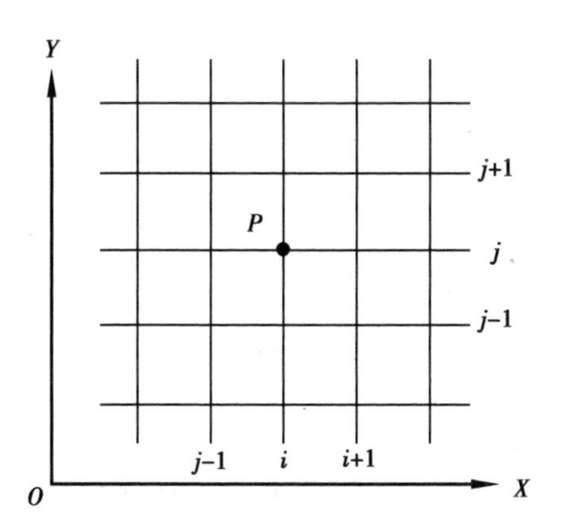

图 2.7　有限差分法网格

为便于分析，计算域中在点 P 的变量 $f(x_i, y_j)$ 可写成 $f_{i,j}$。于是，在 X 方向上，在 P 点对变量 $f_{i,j}$ 进行泰勒展开，得：

$$f_{i+1,j} = f_{i,j} + \left(\frac{\partial f}{\partial x}\right)_{i,j} \cdot h + \frac{1}{2}\left(\frac{\partial^2 f}{\partial x^2}\right)_{i,j} \cdot h^2 + \frac{1}{6}\left(\frac{\partial^3 f}{\partial x^3}\right)_{i,j} \cdot h^3 + \frac{1}{24}\left(\frac{\partial^4 f}{\partial x^4}\right)_{i,j} \cdot h^4 + \cdots\cdots \tag{2.40}$$

由式(2.40)进行变形可得：

$$\left(\frac{\partial f}{\partial x}\right)_{i,j} = \frac{1}{h}(f_{i+1,j} - f_{i,j}) + \frac{1}{2}\left(\frac{\partial^2 f}{\partial x^2}\right)_{i,j} \cdot h + \frac{1}{6}\left(\frac{\partial^3 f}{\partial x^3}\right)_{i,j} \cdot h^2 + \frac{1}{24}\left(\frac{\partial^4 f}{\partial x^4}\right)_{i,j} \cdot h^3 + \cdots\cdots \tag{2.41}$$

化简得：

$$\left(\frac{\partial f}{\partial x}\right)_{i,j} = \frac{1}{h}(f_{i+1,j} - f_{i,j}) + O(h) \tag{2.42}$$

式中，$O(h)$ 表示和 h 同级甚至比 h 更高阶的量级，忽略高阶项可得差商替代微商的数学表达式，即：

$$\left(\frac{\partial f}{\partial x}\right)_{i,j} = \frac{1}{h}(f_{i+1,j} - f_{i,j}) \tag{2.43}$$

上式称为有限差分法的向前差分式，除了向前差分式，有限差分法还有向

后差分式和中心差分式,其表达式分别为:

$$\left(\frac{\partial f}{\partial x}\right)_{i,j} = \frac{1}{h}(f_{i,j} - f_{i-1,j}) \tag{2.44}$$

$$\left(\frac{\partial f}{\partial x}\right)_{i,j} = \frac{1}{2h}(f_{i+1,j} - f_{i-1,j}) \tag{2.45}$$

Y 方向的差分形式与 X 方向差分形式类似,即在 j 上进行变动。

有限差分法构造的差分方程组形式相对简单,但利用差商替代微商所求得的结果只是微分方程在数学上的近似解,并不能体现微分方程中各项在实际问题中所代表的物理含义,无法反映各项的物理特征。目前,该方法常用于求解抛物形微分方程和双曲形微分方程。对于空气喷涂雾化过程中的控制方程,有效成分法的求解准确性不如有限体积法。

2)有限元法

有限元法是在极值原理(加权余量法或变分思想)和插值逼近的基础之上,将有限差分法中离散求解的思想融入变分逼近函数和整体积分运算的计算过程中进行方程求解,具有很强的普适性[126]。其基本思想就是分块近似,即将一个连续的计算域划分成有限个简单的微小计算单元;然后基于插值逼近的方法,在每个单元内构造一个相对简单的解析函数来无限逼近所求微分方程;根据极值原理,微分方程的求解问题就变成各单元的插值函数求解问题,对所有单元的极值做求和运算得到整个计算域的极值;最后利用所求实际工程问题中已知的初始条件和边界条件,对由各单元组成的有限元方程组进行数值求解,最终求得微分方程的解。

有限元法的求解主要是通过“化整为零”和“集零为整”两大步完成,前者是划分单元,选取插值函数构造有限元方程;后者是将每个单元合为整体,求解有限元方程组。具体求解步骤如图 2.8 所示。

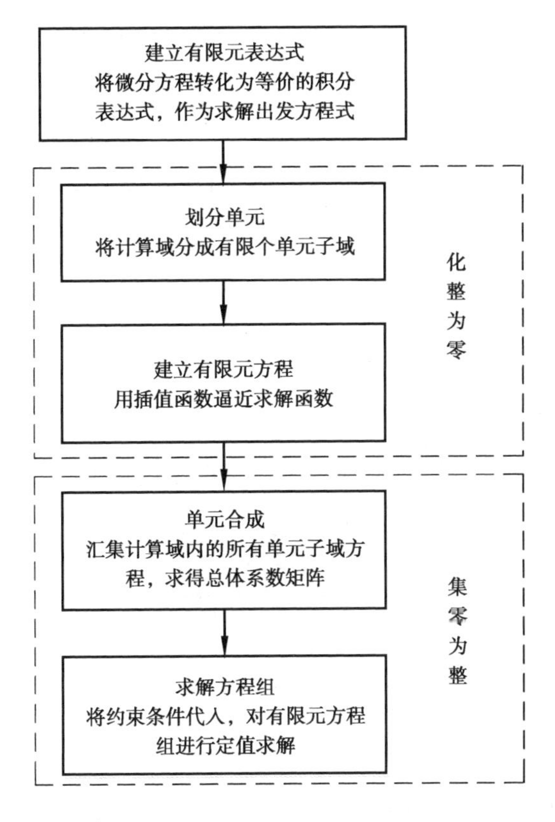

图 2.8 有限元法求解步骤

但是,有限元法也存在和有限差分法一样的弊端,有限元的离散方程也只是微分方程在数学上的近似,依然未体现微分方程中各项的物理特征,目前仅在椭圆形微分方程和固体力学中应用广泛。空气喷涂雾化过程的求解涉及质量和动量的守恒,有限元法对控制方程的求解准确性远不如有限体积法。

3)有限体积法

有限体积法[127]又称为控制体积法(Control Volume Method),是近年发展起来的一种微分方程离散方法。它的基本求解思想是:首先将求解的计算域划分成许多微小网格,同时产生大量网格节点,每个节点都包含于一个互不重复的控制体积;然后针对每个控制体积进行积分,得到含有多个网格节点变量的离散方程组;最后通过插值确定网格节点变量与相邻网格节点之间的关系,对离散方程组进行求解。该方法是一种介于有限差分法和有限元法的中间方法，能够在离散过程中保证变量在控制体积内守恒，因此在 CFD 中得到了极为广泛的应用。

控制体积的划分是有限体积法的核心，计算域中控制体积与网格节点之间的关系如图 2.9 所示(以二维计算域为例)。其中，节点、控制体积、界面和网格线合称计算域离散四要素。

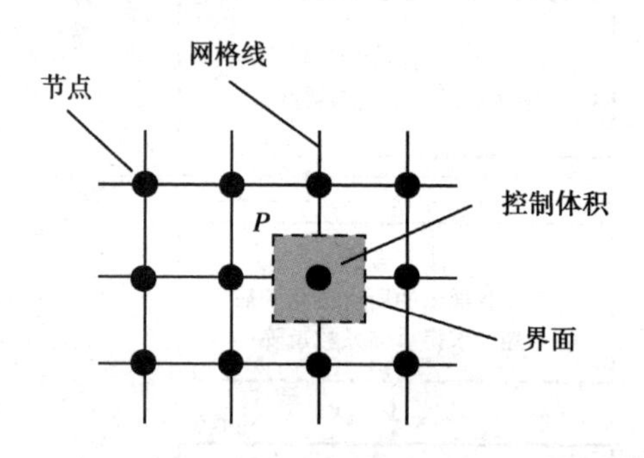

图 2.9　有限体积法网格

设节点 P 的控制体积为 ΔV，对于 P 点上的任意变量 f，通用控制方程在控制体积上积分有：

$$\int_{\Delta V} \frac{\partial(\rho f)}{\partial t} \mathrm{d}V + \int_{\Delta V} \mathrm{div}(\rho \boldsymbol{u} f)\ \mathrm{d}V = \int_{\Delta V} \mathrm{div}(\Gamma \cdot \mathrm{grad} f)\ \mathrm{d}V + \int_{\Delta V} S \mathrm{d}V \tag{2.46}$$

式中，Γ 表示广义扩散系数，S 表示广义源项。

Gauss 散度定理为：

$$\int_{\Delta V} \mathrm{div} \boldsymbol{F} \mathrm{d}V = \int_{A} \boldsymbol{n} \cdot F \mathrm{d}A \tag{2.47}$$

式中，$\boldsymbol{F}$ 表示某个矢量，$\boldsymbol{n}$ 表示控制体积表面的外法线方向的单位矢量。

根据 Gauss 散度定理可将式(2.46)中左端第二项和右端第一项转化为关于控制体积 ΔV 表面 A 的面积分，即：

$$\frac{\partial}{\partial t}\left(\int_{\Delta V} \rho f \mathrm{d}V\right) + \int_{A} \boldsymbol{n} \cdot (\rho \boldsymbol{u} f)\ \mathrm{d}A = \int_{A} \boldsymbol{n} \cdot (\Gamma \cdot \mathrm{grad} f)\ \mathrm{d}A + \int_{\Delta V} S \mathrm{d}V \tag{2.48}$$

式中，左端第一项为节点变量 f 随时间的变化量，左端第二项表示因控制体积边界对流作用而引起节点变量f的减少量；右端第一项表示因控制体积边界扩散作用而引起节点变量f的增加量，右端第二项为源项。由此可得控制方程在控制体积内的守恒关系式为：

$$f_{\text{时间变化量}} + f_{\text{对流减少量}} = f_{\text{扩散增加量}} + f_{\text{源产生量}} \tag{2.49}$$

当采用有限体积法求解稳态问题时，式(2.48)中节点变量f随时间的变化量这一项为零，此时式(2.48)变为：

$$\int_A \boldsymbol{n} \cdot (\rho \boldsymbol{u} f)\, \mathrm{d}A = \int_A \boldsymbol{n} \cdot (\Gamma \cdot \mathrm{grad} f)\, \mathrm{d}A + \int_{\Delta V} S \mathrm{d}V \tag{2.50}$$

当采用有限体积法求解瞬态问题时，式(2.48)中各项还需要对时间进行积分，以表示从t时刻到$t+\Delta t$时刻节点变量f的变化量，此时式(2.48)变为：

$$\int_{\Delta t} \frac{\partial}{\partial t}\left(\int_{\Delta V} \rho f \mathrm{d}V\right) \mathrm{d}t + \int_{\Delta t}\int_A \boldsymbol{n} \cdot (\rho \boldsymbol{u} f)\, \mathrm{d}A\mathrm{d}t = \int_{\Delta t}\int_A \boldsymbol{n} \cdot (\Gamma \cdot \mathrm{grad} f)\, \mathrm{d}A\mathrm{d}t + \int_{\Delta t}\int_{\Delta V} S\mathrm{d}V\mathrm{d}t \tag{2.51}$$

有限体积法不但能表示控制方程离散化处理时在数学上的近似，其守恒特性还可以体现控制方程中各项在实际问题中的物理特征，适用于研究空气喷涂雾化过程。因此，本书采用有限体积法对喷涂雾化模型进行求解。

2.3.2 交错网格

有限体积法是在控制体中及其网格节点上进行控制方程的离散和存储，从表面上看，这种处理方法高效便捷，但可能出现非均匀压力场变化与均匀压力场变化毫无区别的情况。下面以二维网格为例，针对2.2节喷涂雾化模型中涂料相的压力项进行详细说明。

图2.10表示压力在二维网格上的分布情况。设P点的压力为p，将动量方程中的压力项$-\nabla p$进行展开，得：

$$-\nabla p = -\left(\frac{\partial p}{\partial x} + \frac{\partial p}{\partial y}\right) \tag{2.52}$$

在X方向上，动量方程中的压力梯度为：

$$\frac{\partial p}{\partial x} = \frac{p_e - p_w}{\Delta x} = \frac{\frac{p_E - p_P}{2} - \frac{p_W - p_P}{2}}{\Delta x} = \frac{p_E - p_W}{2\Delta x} \tag{2.53}$$

式中,Δx 表示在 X 方向上的网格宽度。

同理,Y 方向上的压力梯度为:

$$\frac{\partial p}{\partial y} = \frac{p_N - p_S}{2\Delta y} \tag{2.54}$$

式中,Δy 表示在 Y 方向上的网格宽度。

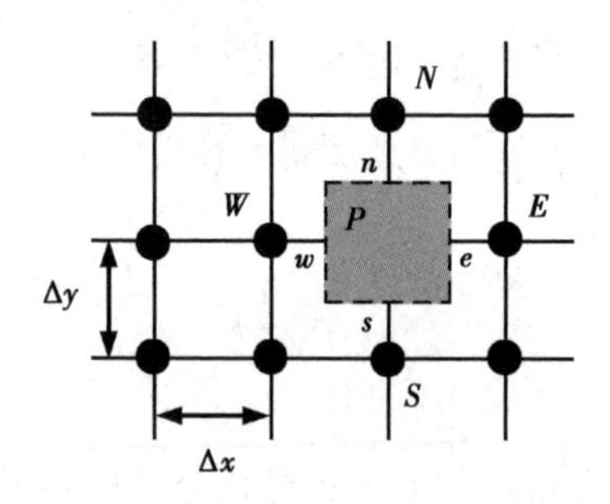

图 2.10 二维网格压力分布

但式(2.53)和式(2.54)中并不包含 P 点的压力值,将其代入式(2.52)中,发现压力梯度为零,说明这种常规网格无法处理非均匀压力场变化问题,需要对常规网格进行改进。

1)交错网格原理

交错网格就是专门针对前面所提到的非均匀压力场中压力梯度为零的问题,其主要思想是:将控制方程中的压力、密度等物理量的标量值存储在控制体积中心,而将速度、拽力等物理量的矢量值存储在错开半个网格宽度的控制体积中心,如图 2.11 所示。其中,图(a)表示原控制体积,图(b)表示 X 控制体积,图(c)表示 Y 控制体积。

在交错网格下,压力项在 X 方向上和 Y 方向上的梯度表达式分别为:

$$\frac{\partial p}{\partial x} = \frac{p_E - p_P}{\Delta x} \tag{2.55}$$

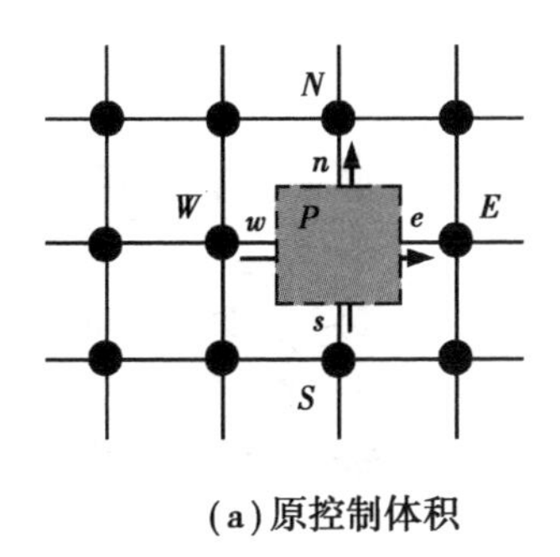

(a)原控制体积

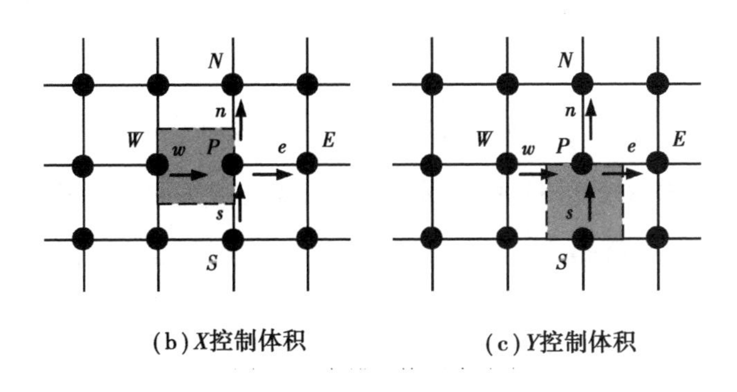

(b)X控制体积 (c)Y控制体积

图 2.11 交错网格压力分布

$$\frac{\partial p}{\partial y} = \frac{p_N - p_P}{\Delta y} \tag{2.56}$$

对比式(2.53)、(2.54)和式(2.55)、(2.56)可知,交错网格中的压力梯度是通过两个网格节点上的压差来表示,而不是采用两个节点之间的中间点压力来表示。这种表示方法成功地避免了压力梯度为零这类情况的出现,从而顺利解决了有限体积法在网格节点上进行控制方程的离散和存储可能出现压力梯度为零的问题。

2)控制方程离散

利用交错网格对原网格进行重新编号,如图 2.12 所示。

利用图 2.12 中的网格编号对涂料相动量方程进行离散,可得涂料相在 X 方向上的速度 u 在节点(i,J)上的表达式为:

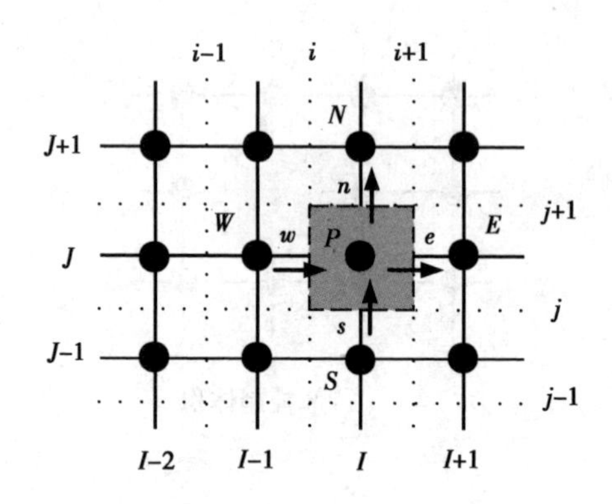

图 2.12　交错网格编号

$$a_{i,J}u_{i,J} = \sum a_{nb}u_{nb} + (p_{I-1,J} - p_{I,J})\,A_{i,J} + b_{i,J} \tag{2.57}$$

式中,$a_{i,J}$和 a_{nb}表示控制体积单位面积上的对流量与扩散量的组合,$A_{i,J}$表示控制体积单侧的表面积,$b_{i,J}$表示源项。

同理可得涂料相在 Y 方向上的速度 v 在节点(I,j) 上的表达式为:

$$a_{I,j}v_{I,j} = \sum a_{nb}v_{nb} + (p_{I,J-1} - p_{I,J})\,A_{I,j} + b_{I,j} \tag{2.58}$$

对涂料相质量守恒方程做同样的离散处理,有:

$$[(\rho uA)_{i+1,J} - (\rho uA)_{i,J}] + [(\rho vA)_{I,j+1} - (\rho vA)_{I,j}] = 0 \tag{2.59}$$

式(2.57)~(2.59)就是运用有限体积法对二维交错网格中的压力—速度耦合方程进行离散后的数学表达式。

2.3.3　压力—速度耦合算法

喷涂雾化模型控制方程是关于空气喷涂雾化过程中空气—涂料的压力和速度耦合方程,压力—速度耦合算法(Pressure-Velocity Coupling Algorithm)就是专门针对喷涂雾化模型控制方程的离散求解算法。采用合适的压力—速度耦合算法进行求解是分析涂料雾化过程中空气相和涂料相压力分布和速度分布的基础,对揭示空气喷涂雾化特性具有重大作用。

1) 压力—速度耦合算法

空气喷涂雾化过程属于气液两相流瞬态问题,常用的精确求解方法主要有两种:PISO 算法和 SIMPLEC 算法。

PISO 算法(Pressure Implicit with Splitting of Operators Algorithm),即基于算子分裂的压力隐式算法,该算法利用压力和速度修正量对压力修正方程进行二次修正,能够使离散方程快速收敛,且得到精确的计算结果。PISO 算法和 SIMPLEC 算法都需要选择合适的亚松弛因子来进行亚松弛迭代计算,以保证计算过程的稳定性。但在采用压力和速度修正量对压力修正方程进行二次修正时,控制方程在离散求解中的计算量大幅增加,并且需要更多的存储空间,特别是对于空气喷涂雾化过程求解的问题,湍流模型的精确求解需要高密度高质量网格和极小的时间步长,采用 PISO 算法并不是最好的选择。

SIMPLEC 算法(SIMPLE Consistent Algorithm)基于交错网格,成功解决了非均匀压力场变化与均匀压力场变化毫无区别的问题。该算法是在 SIMPLE 算法(Semi-Implicit Method for Pressure Linked Equations Algorithm)的基础上,对 SIMPLE 算法中速度修正方程中的忽略项进行改进,将四周相邻网格节点速度对原网格节点速度产生的影响考虑进来,成功弥补了 SIMPLE 算法中速度修正方程的不协调。该算法比原来的 SIMPLE 算法具有更快的收敛性和更好的数值解,与 PISO 算法相比,所需要的计算量和存储量更小,更适合求解高密度高质量网格和极小时间步长这类气液两相流问题。因此,上述的空气喷涂雾化模型将采用 SIMPLEC 算法进行求解。

2) SIMPLEC 算法求解过程

空气喷涂雾化过程求解涉及气液两相流的瞬变过程,SIMPLEC 算法求解瞬变问题是通过在稳态问题求解的基础上加上时间步长的循环进行求解。SIMPLEC 算法求解稳态问题是基于交错网格对控制方程的离散,即式(2.57)~(2.59)。

设空气喷涂雾化模型求解时的时间步长为 Δt,在喷涂时间为 t 时,求得的压力场、X 方向速度场、Y 方向速度场分别为 p^0、u^0、v^0,p^0、u^0、v^0 将作为下一个时间步长的初始值。在喷涂时间为 $t+\Delta t$ 时,假设初始压力场为 p^*,则 X 方向初始速度场 u^* 和 Y 方向初始速度场 v^* 可利用初始压力场基于交错网格的动量离散

方程式(2.57)和式(2.58)计算得出,即

$$a_{i,J}u_{i,J}^{*} = \sum a_{nb}u_{nb}^{*} + (p_{I-1,J}^{*} - p_{I,J}^{*})A_{i,J} + b_{i,J} \tag{2.60}$$

$$a_{I,j}v_{I,j}^{*} = \sum a_{nb}v_{nb}^{*} + (p_{I,J-1}^{*} - p_{I,J}^{*})A_{I,j} + b_{I,j} \tag{2.61}$$

通过初始压力场求出的 u^* 和 v^* 不一定满足连续性方程,需要对其进行修正。设压力修正量和速度修正量分别为 p'、u'、v',则修正后的压力和速度表达式分别为:

$$p = p^{*} + p' \tag{2.62}$$

$$u = u^{*} + u' \tag{2.63}$$

$$v = v^{*} + v' \tag{2.64}$$

由式(2.62)~(2.64)可知,求出修正量 p'、u'、v' 的值即可求得在该时间步长内最终收敛的压力场和速度场。修正量 p'、u'、v' 是可通过初始值 p^0、u^0、v^0 进行求解,这也是 SIMPLEC 算法的核心步骤。

(1)速度修正量

实际上,速度修正量可通过压力修正量进行表示。将初始值 p^0、u^0、v^0 代入式(2.57)和式(2.58)中,有:

$$a_{i,J}u_{i,J}^{0} = \sum a_{nb}u_{nb}^{0} + (p_{I-1,J}^{0} - p_{I,J}^{0})A_{i,J} + b_{i,J} \tag{2.65}$$

$$a_{I,j}v_{I,j}^{0} = \sum a_{nb}v_{nb}^{0} + (p_{I,J-1}^{0} - p_{I,J}^{0})A_{I,j} + b_{I,j} \tag{2.66}$$

式中,瞬态项已归入两式左端系数项和右端第三项进行处理。

将式(2.65)和式(2.66)分别减去式(2.60)和式(2.61),得:

$$a_{i,J}(u_{i,J}^{0} - u_{i,J}^{*}) = \sum a_{nb}(u_{nb}^{0} - u_{nb}^{*}) + [(p_{I-1,J}^{0} - p_{I-1,J}^{*}) - (p_{I,J}^{0} - p_{I,J}^{*})]A_{i,J} \tag{2.67}$$

$$a_{I,j}(v_{I,j}^{0} - v_{I,j}^{*}) = \sum a_{nb}(v_{nb}^{0} - v_{nb}^{*}) + [(p_{I,J-1}^{0} - p_{I,J-1}^{*}) - (p_{I,J}^{0} - p_{I,J}^{*})]A_{I,j} \tag{2.68}$$

式中,初始值 p^0、u^0、v^0 与假设值 p^*、u^*、v^* 之差即为修正值,所以:

$$a_{i,J}u_{i,J}' = \sum a_{nb}u_{nb}' + (p_{I-1,J}' - p_{I,J}')A_{i,J} \tag{2.69}$$

$$a_{I,j}v_{I,j} = \sum a_{nb}v'_{nb} + (p'_{I,J-1} - p'_{I,J})A_{I,j} \tag{2.70}$$

式(2.69)和式(2.70)两端同时减去$\sum a_{nb}u'_{i,J}$和$\sum a_{nb}v'_{I,j}$,得:

$$\left(a_{i,J} - \sum a_{nb}\right)u'_{i,J} = \sum a_{nb}(u'_{nb} - u'_{i,J}) + (p'_{I-1,J} - p'_{I,J})A_{i,J} \tag{2.71}$$

$$\left(a_{I,j} - \sum a_{nb}\right)v'_{I,j} = \sum a_{nb}(v'_{nb} - v'_{I,j}) + (p'_{I,J-1} - p'_{I,J})A_{I,j} \tag{2.72}$$

式(2.71)和式(2.72)中,u'_{nb}与$u'_{i,J}$、v'_{nb}与$v'_{I,j}$分别处于同一数量级,且数值相近,可忽略两式右端第一项。因此,整理可得X方向速度修正量和Y方向速度修正量分别为:

$$u'_{i,J} = \frac{(p'_{I-1,J} - p'_{I,J})A_{i,J}}{\left(a_{i,J} - \sum a_{nb}\right)} \tag{2.73}$$

$$v'_{I,j} = \frac{(p'_{I,J-1} - p'_{I,J})A_{I,j}}{\left(a_{I,j} - \sum a_{nb}\right)} \tag{2.74}$$

将式(2.73)和式(2.74)分别代入式(2.63)和式(2.64)中即可求得相应节点的压力修正方程。

(2)压力修正量

压力修正量的求解是基于压力连续性方程,同时,由动量方程修正得出的速度场也必须满足连续性方程。对于瞬变问题,基于交错网格导出的式(2.59),连续性方程为:

$$(\rho_P - \rho_P^0)\frac{\Delta V}{\Delta t} + [(\rho uA)_{i+1,J} - (\rho uA)_{i,J}] + [(\rho vA)_{I,j+1} - (\rho vA)_{I,j}] = 0 \tag{2.75}$$

式(2.75)中,连续性方程涉及四个界面,即点$(i+1,J)$、(i,J)、$(I,j+1)$、(I,j)所在的控制体界面,它们分布在交错网格节点P的四周。将压力修正方程在这四个边界进行展开,即:

$$u_{i+1,J} = u^*_{i+1,J} + \frac{(p'_{I,J} - p'_{I+1,J})A_{i+1,J}}{\left(a_{i+1,J} - \sum a_{nb}\right)} \tag{2.76}$$

$$u_{i,J} = u^*_{i,J} + \frac{(p'_{I-1,J} - p'_{I,J})A_{i,J}}{\left(a_{i,J} - \sum a_{nb}\right)} \tag{2.77}$$

$$v_{I,j+1} = v_{I,j+1}^{*} + \frac{(p'_{I,J} - p'_{I,J+1})\, A_{I,j+1}}{\left(a_{I,j+1} - \sum a_{nb}\right)} \tag{2.78}$$

$$v_{I,j} = v_{I,j}^{*} + \frac{(p'_{I,J-1} - p'_{I,J})\, A_{I,j}}{\left(a_{I,j} - \sum a_{nb}\right)} \tag{2.79}$$

将以上 4 式代入式(2.75)中并进行归一化处理,得:

$$a_{I,J}p'_{I,J} = a_{I+1,J}p'_{I+1,J} + a_{I-1,J}p'_{I-1,J} + a_{I,J+1}p'_{I,J+1} + a_{I,J-1}p'_{I,J-1} + b'_{I,J} \tag{2.80}$$

式中,

$$b'_{I,J} = (\rho u^{*} A)_{i+1,J} - (\rho u^{*} A)_{i,J} + (\rho v^{*} A)_{I,j+1} - (\rho v^{*} A)_{I,j} + (\rho_P - \rho_P^0)\frac{\Delta V}{\Delta t}$$

$$a_{I,J} = a_{I+1,J} + a_{I-1,J} + a_{I,J+1} + a_{I,J-1}$$

$$a_{I+1,J} = (\rho A)_{i+1,J} \frac{(p'_{I,J} - p'_{I+1,J})}{\left(a_{i+1,J} - \sum a_{nb}\right)}$$

$$a_{I-1,J} = (\rho A)_{i,J} \frac{(p'_{I-1,J} - p'_{I,J})}{\left(a_{i,J} - \sum a_{nb}\right)}$$

$$a_{I,J+1} = (\rho A)_{I,j+1} \frac{(p'_{I,J} - p'_{I,J+1})}{\left(a_{I,j+1} - \sum a_{nb}\right)}$$

$$a_{I,J-1} = (\rho A)_{I,j} \frac{(p'_{I,J-1} - p'_{I,J})}{\left(a_{I,j} - \sum a_{nb}\right)}$$

式(2.80)即为压力修正方程式,修正后的压力值表达式为:

$$p_{I,J} = p_{I,J}^{*} + p'_{I,J} \tag{2.81}$$

利用速度修正方程和压力修正方程求解出该时间步长的准确压力场和速度场后,就可以继续求解其他特征物理量的离散方程,例如喷涂雾化模型中空气相和涂料相的体积分数。此外,采用 SIMPLEC 算法进行求解时还需要选择合适的亚松弛因子来进行亚松弛迭代计算,对于空气喷涂雾化模型求解,亚松弛因子取 1.0,这有助于控制方程在离散求解时的快速收敛,提高了计算效率且节省了大量内存。

通过前面的分析,可得 SIMPLEC 算法瞬变问题的求解流程如图 2.13 所示。

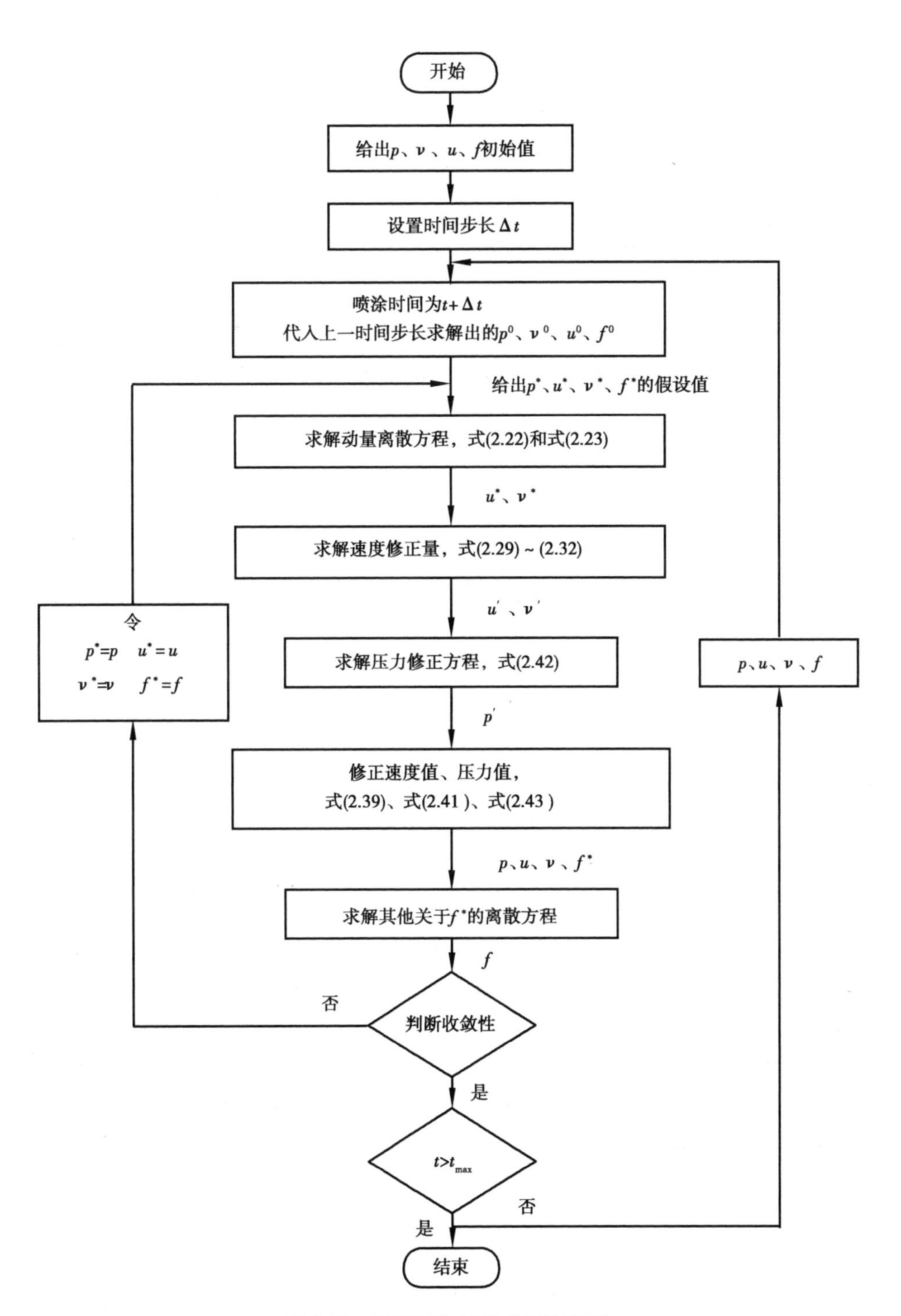

图 2.13　SIMPLEC 算法求解流程图

2.4 二维模型求解

2.4.1 二维模型网格划分

空气涂料二维雾化喷嘴模型如图 2.14 所示，模型呈对称分布，其中心通道为液体涂料入射通道，两侧通道由内至外依次为中心雾化空气入射通道和辅助雾化空气入射通道。为便于分析，将坐标原点设置在涂料出口处，X 轴与二维模型中轴线重叠，Y 轴与模型空气出口齐平。

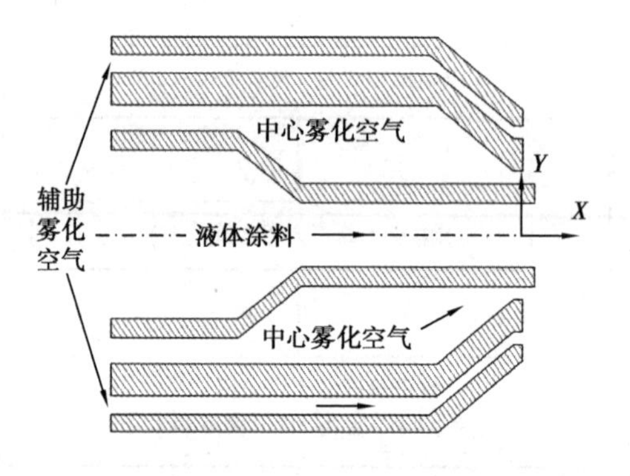

图 2.14 二维喷嘴模型

二维喷嘴模型尺寸参数如图 2.15 所示，具体尺寸数值见表 2.1。

表 2.1 喷嘴模型尺寸

参数符号	D	D_{g1}	D_{g2}	L_1	L_2	H_1	H_2	θ_l	θ_{g1}	θ_{g2}
尺寸大小	2.0 mm	4.0 mm	9.6 mm	0.6 mm	1.0 mm	0.4 mm	0.3 mm	78°	80°	80°

1）模型网格划分

空气喷涂二维模型计算域是一个 213 mm×120 mm 的近矩形区域，如图2.16

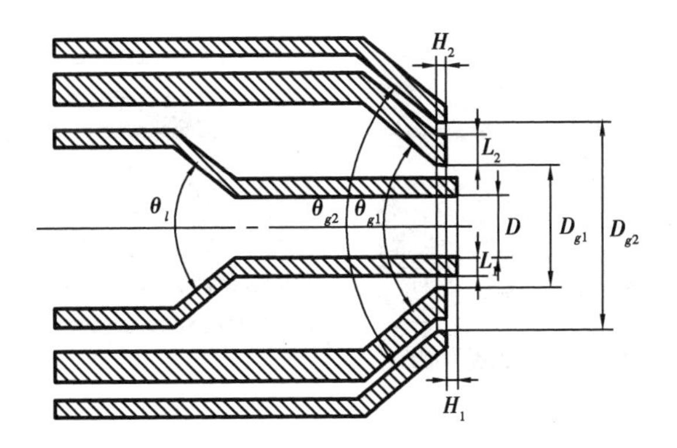

图 2.15 喷嘴尺寸参数示意图

所示。雾化喷嘴在计算域左侧中心处,喷嘴长度为 13 mm,喷嘴出口到距离计算域最右侧 200 mm。

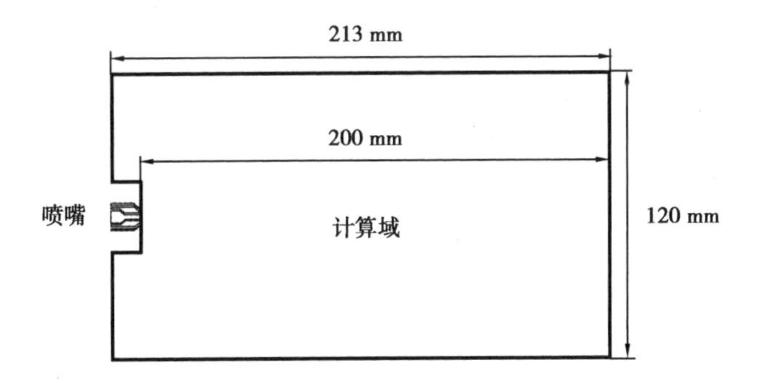

图 2.16 二维模型计算域

空气喷涂雾化过程数值模拟的仿真度关键在于雾化喷嘴出口处空气和液体涂料数值计算的准确性,这与喷嘴的网格质量息息相关。因此,为得到高质量网格,对二维模型网格进行划分时,在非结构化网格的基础上采用 Refinement 法对喷嘴液体涂料入射通道、中心雾化空气入射通道、辅助雾化空气入射通道以及喷嘴外部相邻边界进行加密处理,如图 2.17 所示。其中,图(a)表示未采用 Refinement 法对模型非结构网格划分,图(b)表示采用 Refinement 法对模型进行局部边界加密后的非结构网格划分。

2)网格有效性验证

二维模型网格划分与面网格最大尺寸(Max Face Size)紧密相关,不同最大面

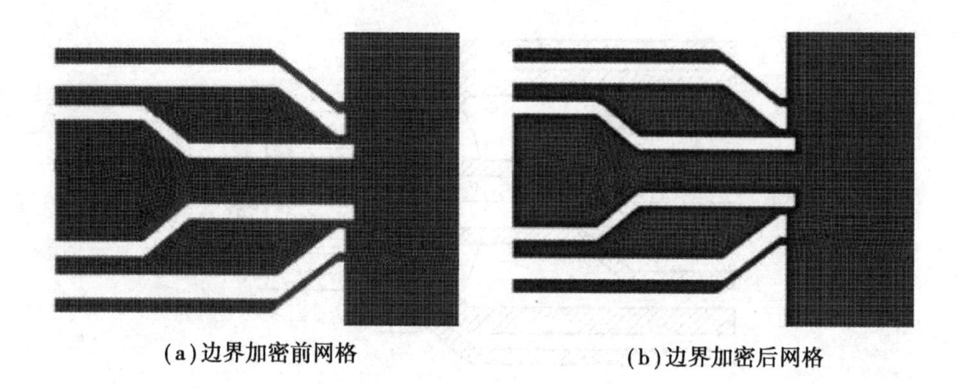

图 2.17 喷嘴网格划分

尺寸所对应的网格数量、网格平均质量以及网格平均歪斜度都不相同,见表 2.2。

表 2.2 不同面网格最大尺寸下的网格参数

面网格最大尺寸/mm	网格数量/万个	网格平均质量	网格平均歪斜度
0.15	144	0.977 51	2.50×10^{-2}
0.12	226	0.985 70	1.65×10^{-2}
0.10	324	0.987 26	1.46×10^{-2}
0.09	401	0.988 59	1.24×10^{-2}
0.08	506	0.990 16	1.09×10^{-2}
0.07	660	0.990 30	1.01×10^{-2}
0.06	919	0.990 34	9.7×10^{-3}

由表 2.2 可知,面网格最大尺寸在 0.06~0.15 mm 范围内。随着面网格最大尺寸减小,网格数量明显增加,网格平均质量和平均歪斜度显著降低。为进一步表示网格数量、网格平均质量和平均歪斜度随面网格最大尺寸变化的关系,基于表 2.2 作出了网格数量、网格平均质量和平均歪斜度随面网格最大尺寸变化的趋势图,如图 2.18 所示。其中,黑色曲线表示网格数量随面网格最大尺寸变化的趋势,红色曲线表示网格平均质量随面网格最大尺寸变化的趋势,蓝色

曲线表示平均歪斜度随面网格最大尺寸变化的趋势。从图 2.18 中可以看出，随着面网格最大尺寸减小，网格数量增幅变大，网格平均质量逐渐趋近于 1，而网格平均歪斜度逐渐趋近于零。

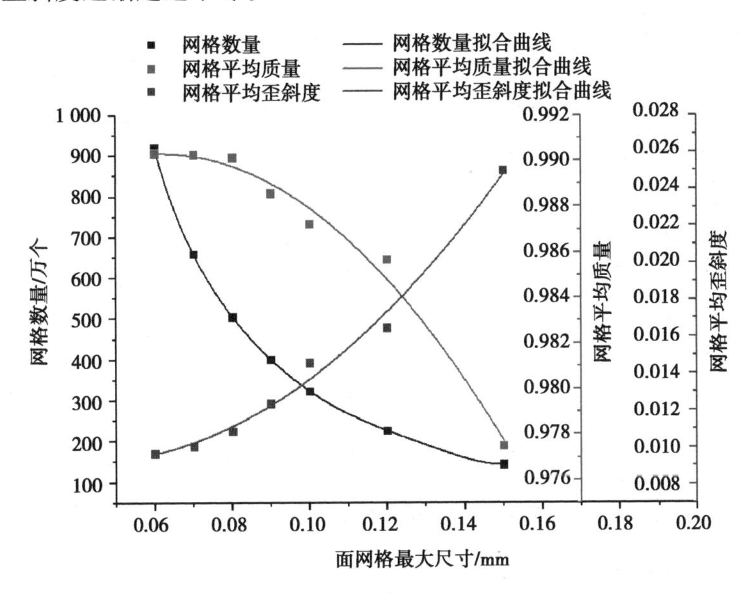

图 2.18　面网格最大尺寸对网格划分的影响

在数值模拟时，网格平均质量越大(最大值为 1)，网格平均歪斜度越小(最小值为 0)，所划分的网格越好。面网格最大尺寸的减小可以大幅增加网格数量，从而在一定程度上不但可以促进网格平均质量增大和网格平均歪斜度降低，还可以提高数值计算的精确度，如图 2.19 所示。

由图 2.19 可知，随着面网格最大尺寸减小，网格数量不断增加，且增幅迅速增大；涂料体积分数 φ_l 计算残差逐渐降低，且计算残差逐渐趋于零。当涂料体积分数计算残差小于 0.000 1 时，可认为计算结果精确度较高。此时，若继续减小面网格最大尺寸以进一步降低涂料体积分数计算残差，一是涂料体积分数计算残差已趋于零，继续减小面网格最大尺寸并不会使计算准确性有明显的提高；二是继续减小面网格最大尺寸会使网格数量成几何倍数增加，直接导致计算时的内存消耗和计算时间大幅增加，计算效率大幅降低。因此，综合模型求

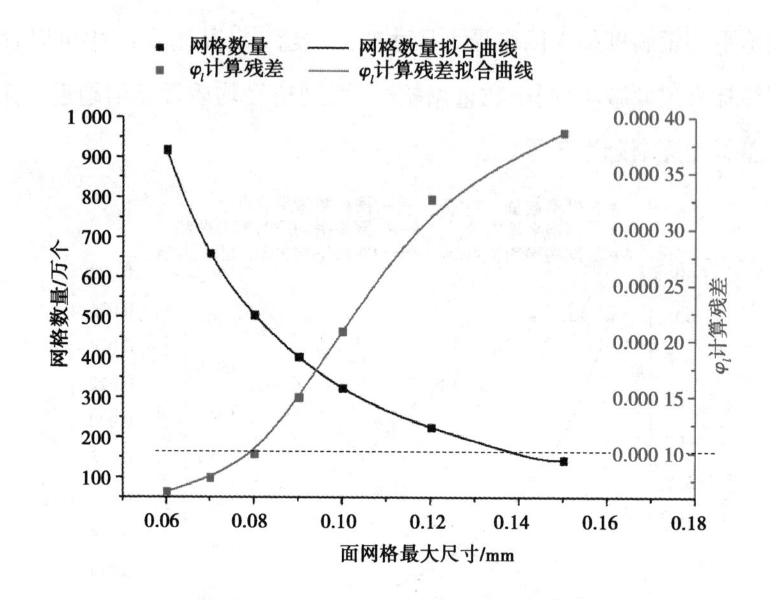

图 2.19　面网格最大尺寸对数值计算的影响

解准确性和工作站计算效率两方面考虑，最终所选择的面网格最大尺寸为 8×10^{-5}m。二维几何模型网格划分情况见表 2.3。

表 2.3　二维模型网格参数

面网格最大尺寸/m	网格数量/万个	网格平均质量	平均歪斜度	φ_i 计算残差
8×10^{-5}	506	0.990 16	1.09×10^{-2}	$9.894\ 5\times10^{-5}$

2.4.2　二维模型数值求解

1）模型数值求解

空气喷涂雾化过程涉及空气和涂料两相，定义空气相为第一相，表示中心雾化空气入射通道和辅助雾化空气入射通道中的空气；定义涂料相为第二相，表示液体涂料入射通道中的涂料。其中，涂料相的密度为 1 200 kg/m^3，黏度为 0.097 kg/(m · s)，表面张力系数为 0.028 719 4 N/m。

根据空气喷涂实验过程中的条件设置,中心雾化空气入射通道和辅助雾化空气入射通道都设为空气压力入口(pressure-inlet),空气压力分别为 121 kPa 和 81 kPa,湍流强度均为 5%,水力直径分别为 0.8 mm 和 0.4 mm。喷嘴液体涂料入射通道设为速度入口(velocity-inlet),涂料速度为 1.42 m/s,湍流强度为 5%,水力直径为 2.0 mm。环境压力为一个大气压,计算时间步长为 1×10^{-7}s。

数值模拟计算基于 ANSYS Fluent 平台求解空气冲击涂料雾化模型,采用 SIMPLEC 算法对压力速度耦合方程进行离散求解,偏斜度校正系数(Skewness Correction)为 1。对流项中,动量的离散采用有限中心差分格式(Bounded Central Differencing),瞬态方程中时间项的离散采用有界二阶隐式格式(Bounded Second Order Implicit)。

二维平面内涂料雾化数值模拟的迭代收敛情况如图 2.20 所示。通过数值模拟计算,涂料在 14.5 ms 时的喷涂雾化状态如图 2.21 所示,此时的涂料雾化所形成的喷雾流场已基本扩展充分。其中,图 2.21(a)表示雾化后的涂料在二维平面内的分布情况,图中涂料体积分数最大值为 1%;图 2.21(b)表示喷雾速度在二维平面内的分布情况,图中涂料喷雾速度最大值为 535 m/s。

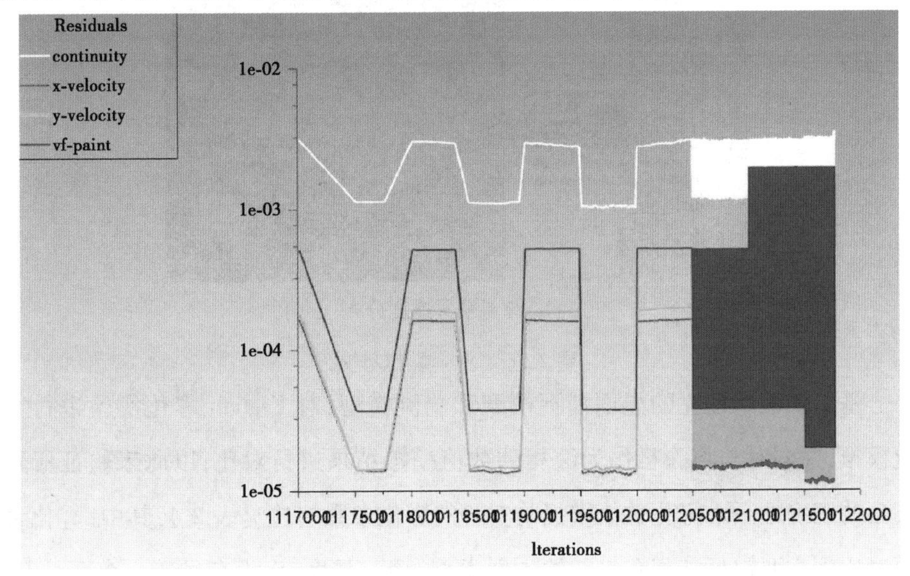

图 2.20　二维数值模拟迭代收敛情况

2）模型正确性验证

为了验证界面捕捉模型和湍流模型的合理性，将其完全雾化后的数值模拟结果与 Fogliati 等[45]的实验进行对比。Fogliati 团队将水作为液相进行了空气冲击水的雾化实验，并在距离喷嘴 40 mm 和 100 mm 处对喷雾流场的轴向喷雾速度 u 和径向喷雾速度 v 进行测量，得到了喷雾速度无量纲数 u/u_{max}、v/v_{max} 和径向距离无量纲数，并利用 u/u_{max}、v/v_{max} 与 $Y/Y(u_{50\%})$ 之间的关系对喷雾流场的形成过程和扩展程度进行了研究。

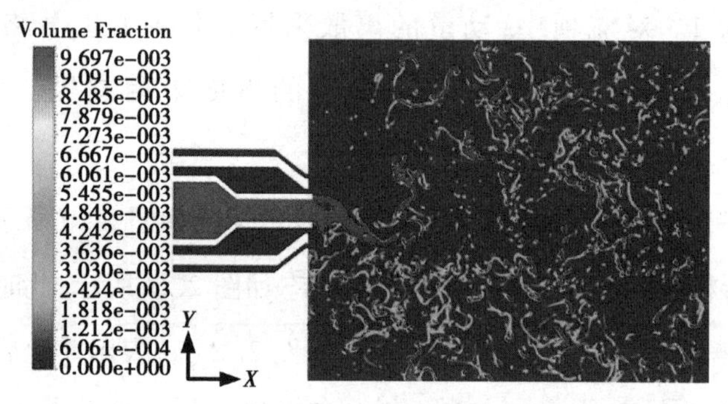

(a)涂料体积分数分布

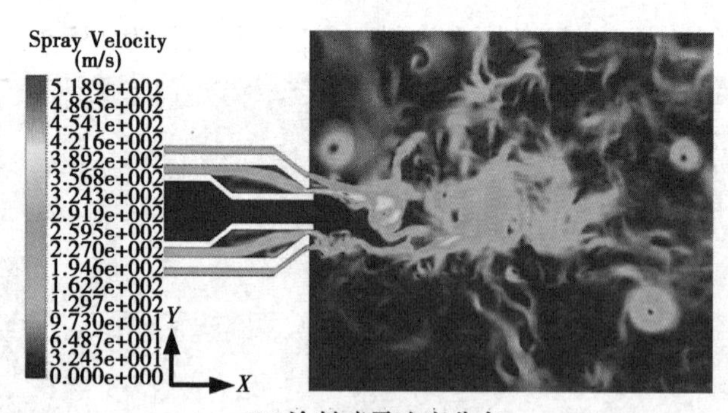

(b)涂料喷雾速度分布

图 2.21　涂料雾化状态

基于前面所建立的界面捕捉模型和湍流模型，对 Fogliati 雾化实验进行数值模拟，并同时与将涂料作为液相的数值模拟结果进行对比，以此来验证所建模型的正确性。水雾化数值模拟与实验的雾化参数对比见表 2.4，其中，雾化参数对比项主要包括液相和气相的入射类型、湍流强度、水力直径等。表 2.4 中，尽管水的雾化数值模拟与 Fogliati 实验的液相入射类型存在区别,但两者的体积流量相等。

表 2.4 雾化参数对比

求解方法	液相入射条件				中心雾化空气入射条件			辅助雾化空气入射条件		
	雾化介质	雾化介质入口	湍流强度	水力直径	压力入口	湍流强度	水力直径	压力入口	湍流强度	水力直径
数值模拟	涂料	1.42 m/s	5%	2 mm	121 kPa	5%	0.8 mm	81 kPa	5%	0.4 mm
	水	0.95 m/s	10%	2 mm	152 kPa	10%	0.8 mm	121 kPa	10%	0.4 mm
Fogliati 实验	水	3 cm^3/s	10%	2 mm	150 kPa	10%	0.5 mm	120 kPa	10%	0.5 mm

水在 18.0 ms 时的喷涂雾化状态如图 2.22 和图 2.23 所示。图 2.22 表示雾化后的涂料在二维平面内的分布情况,图中水的体积分数最大值也为 1%;图 2.23表示水的喷雾速度在二维平面内的分布情况,图中喷雾速度最大值为517 m/s。

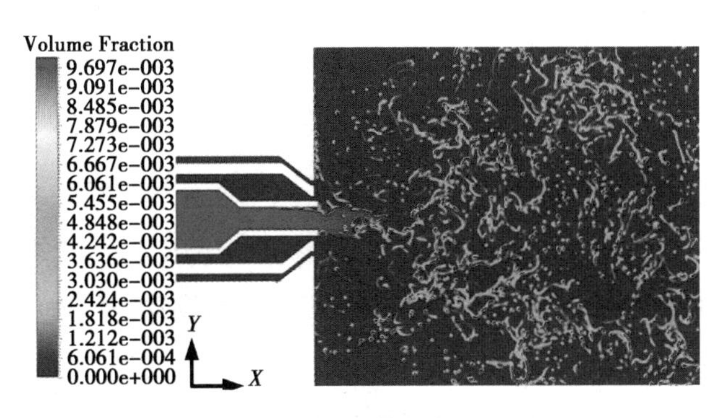

图 2.22 水的体积分数分布

水和涂料的雾化过程数值模拟结果与 Fogliati 雾化实验结果的对比情况如图 2.24 和图 2.25 所示。其中,图 2.24 的纵坐标为 u/u_{max},表示轴向(Y 轴方向)喷雾速度的无量纲数,u_{max} 为最大轴向喷雾速度;图 2.25 的纵坐标为 v/v_{max},表示

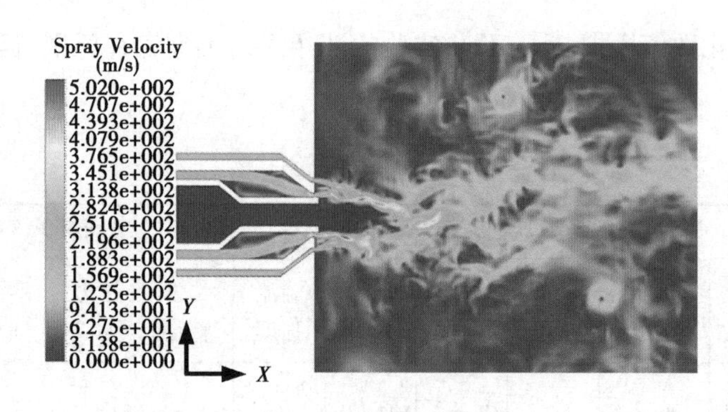

图 2.23　水的喷雾速度分布

径向(X 轴方向)喷雾速度的无量纲数,v_{max}为最大径向喷雾速度;两图的横坐标均为 $Y/Y(u_{50\%})$,表示径向距离无量纲数,$Y(u_{50\%})$表示轴向喷雾速度为最大值的一半时所对应的 Y 坐标值。

由图 2.24 和图 2.25 可知,无论是对于轴向喷雾速度还是径向喷雾速度,水的喷雾流场在整个二维平面上的扩展变化与 Fogliati 雾化实验结果大致相同,涂料的喷雾流场在整个二维平面上的扩展变化与水的喷雾流场扩展变化呈现出相同的变化趋势。无论在距离喷嘴 40 mm 处还是 100 mm 处,涂料的喷雾流场轴向喷雾速度无量纲数 u/u_{max}和径向喷雾速度无量纲数 v/v_{max}都比水的喷雾流场无量纲数更先达到峰值 1,且其后部分的速度无量纲数几乎都小于水的喷雾流场无量纲数。这表明水的喷雾流场扩散程度要高于涂料的喷雾流场扩散程度,产生这种差异主要有两个原因:一是涂料的表面张力系数(0.028 7 N/m)要远大于水的表面张力系数(0.007 35 N/m),水比涂料更容易破碎;二是初始条件的不同,由表 2.4 可以看出,涂料雾化过程数值模拟中的中心雾化空气压力和辅助雾化空气压力都明显低于水雾化过程数值模拟时所设置的压力值,导致水雾化所形成的喷雾流场范围比涂料更大。

从前面对涂料的喷雾流场、水的喷雾流场以及 Fogliati 雾化实验结果的对比分析来看,很容易得出以下结论:

①无论是在距离喷嘴 40 mm 处还是 100 mm 处,水的喷雾流场扩展变化与 Fogliati 雾化实验结果都能够较好地吻合。

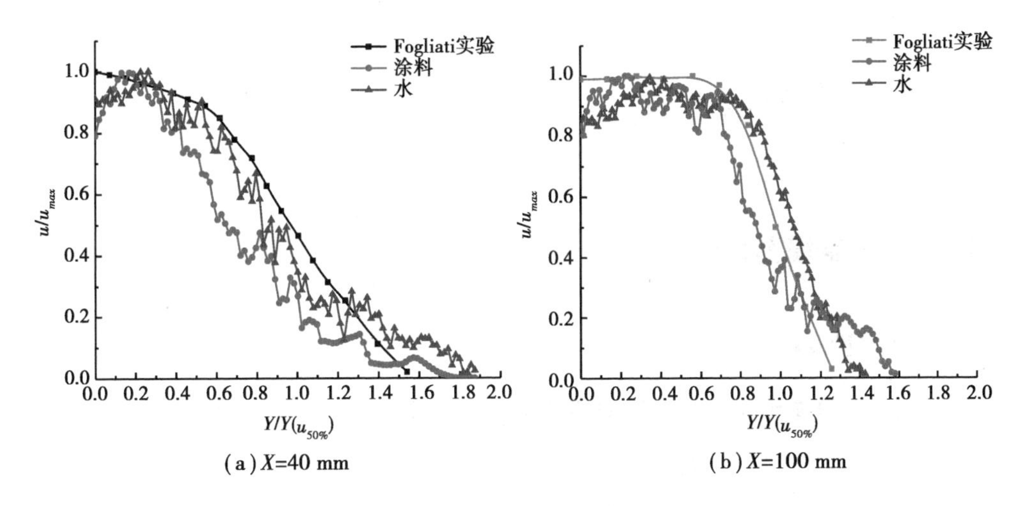

(a) X=40 mm (b) X=100 mm

图 2.24 轴向喷雾速度无量纲数与轴向距离无量纲数的关系

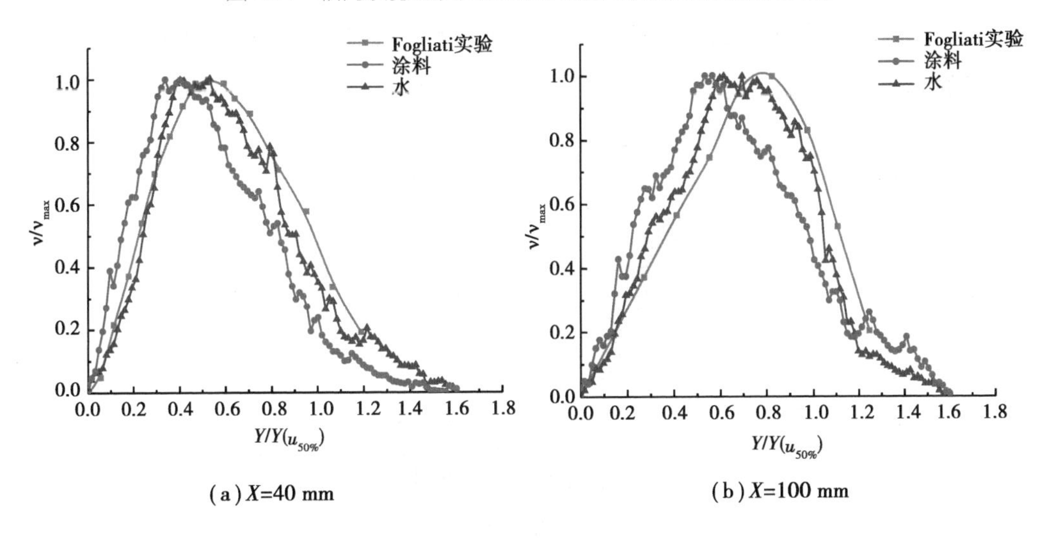

(a) X=40 mm (b) X=100 mm

图 2.25 径向喷雾速度无量纲数与径向距离无量纲数的关系

②涂料的喷雾流场扩展与水的雾化数值模拟结果和 Fogliati 雾化实验结果都呈现出相同的变化趋势。

由这两个结论可见,建立的界面捕捉模型和湍流模型是合理的,其数值模拟结果也能够较好地符合实际情况。

2.5 三维模型求解

2.5.1 三维模型网格划分

1）模型网格划分

空气喷涂喷枪喷嘴三维模型如图 2.26 所示，空气帽中心为涂料孔，孔径为 2.0 mm；涂料孔外侧是同轴环形的中心雾化孔，外径为 4.0 mm，内径为 3.2 mm；中心雾化孔两侧各设有两个辅助雾化孔，孔径为 0.4 mm；空气帽两侧喇叭口上分别设有两个扇面控制孔，距离涂料孔较近的扇面控制孔的直径为 0.6 mm，较远的为 0.8 mm。

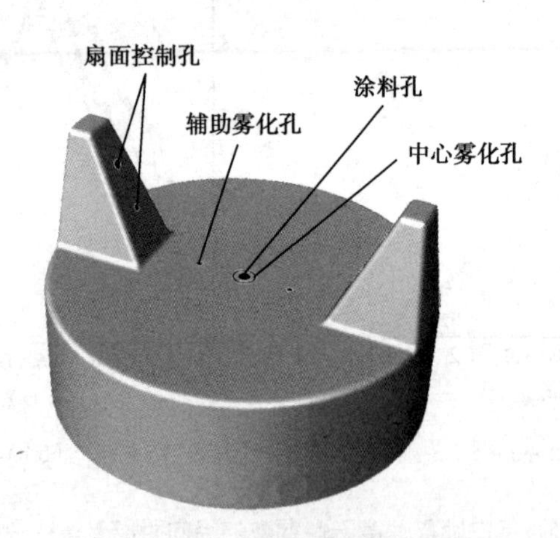

图 2.26　喷枪、喷嘴、模型示意图

由空气喷涂雾化过程的二维模拟结果可知，液体涂料的初步雾化过程在喷嘴出口外 15 mm 距离内已基本完成。通过多次实验，为尽可能降低三维数值模拟时的计算内存、提高计算效率，同时尽可能清楚地展示涂料雾化时的破碎过程，最终选择了如图 2.27 所示的计算域。该计算域是一个不规则空间区域，是将喷嘴的三维模型嵌入一个 36 mm×36 mm×25 mm 的长方体而形成，其中，喷嘴长度为 10 mm。

网格划分结果直接影响空气喷涂涂料雾化数值模拟结果的准确性,因此,为了获得高质量网格,采用 cutcell 网格划分技术对图 2.27 中的计算域进行非结构网格划分。cutcell 网格划分技术是一种通用的六面体网格划分技术,但所得到的网格并不完全是六面体网格,而是其中六面体网格占比很大,其网格划分质量往往优于四面体网格。该方法不需要一个非常高质量的表面网格来作为网格划分起点,能够很好地替代四面体或六面体网格划分。并且,该方法在对计算域进行直接网格划分时,不需要对计算域进行分解,大幅减少了网格划分所需的周转时间。

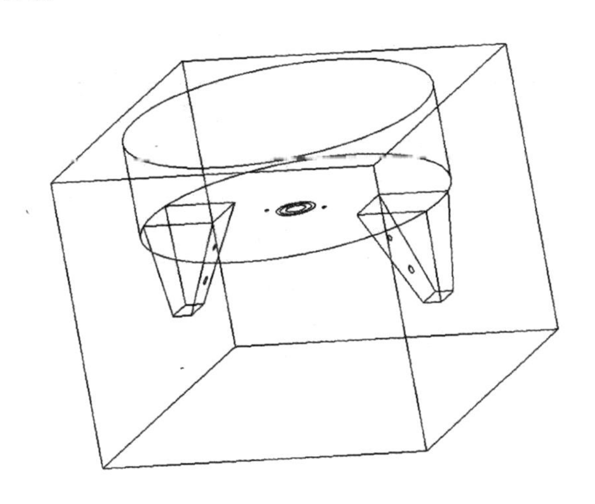

图 2.27　三维模型计算域

三维模型计算域网格划分结果如图 2.28 所示。由于图中网格过密,整个计算域的网格无法清楚表示,因此,只对计算域中关键部位的网格划分情况进行展示。

2）网格有效性验证

与二维网格划分一样,三维计算域网格划分的结果与其自身尺寸设置也息息相关。三维计算域网格划分与体网格最大尺寸(Max Tet Size)紧密相关,不同的体网格最大尺寸所对应的网格数量、网格平均质量以及网格平均歪斜度都各

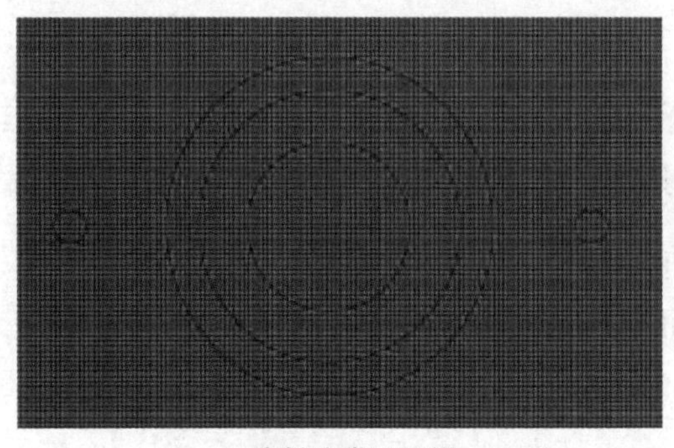

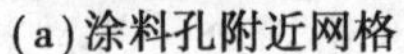

(a)涂料孔附近网格

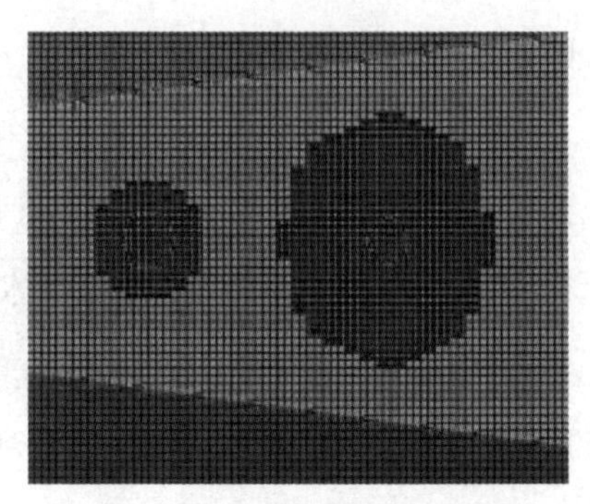

(b)扇面控制孔附近网格

图 2.28　计算域网格划分

不相同,见表 2.5。

表 2.5　不同体网格最大尺寸下的网格参数

体网格最大尺寸/mm	网格数量/万个	网格平均质量	网格平均歪斜度
0.5	237	0.996 14	4.73×10^{-3}
0.4	316	0.997 22	3.52×10^{-3}
0.3	401	0.997 76	2.71×10^{-3}
0.2	537	0.998 13	2.12×10^{-3}
0.15	659	0.998 21	1.89×10^{-3}
0.108	758	0.998 42	1.78×10^{-3}
0.1	782	0.998 44	1.76×10^{-3}

由表 2.5 可知,随着最大四面体尺寸减小,网格数量逐渐增加,且增幅变大,网格平均质量和网格平均歪斜度逐渐降低,且减幅趋小。为进一步表示网格数量、网格平均质量和网格平均歪斜度随体网格最大尺寸变化的关系,基于表 2. 6,得到了网格数量、网格平均质量和网格平均歪斜度随体网格最大尺寸变化的趋势图,如图 2.29 所示。

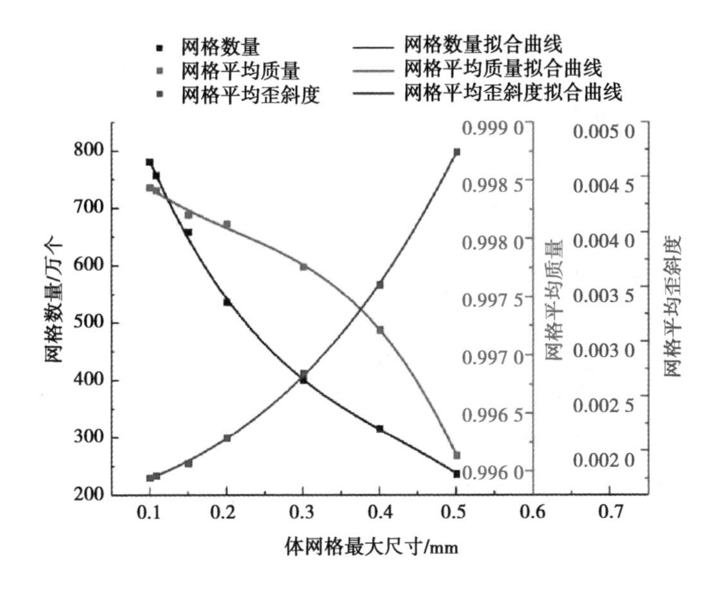

图 2.29　体网格最大尺寸对网格划分的影响

图 2.29 中,黑色曲线表示网格数量随体网格最大尺寸变化的趋势,红色曲线表示网格平均质量随体网格最大尺寸变化的趋势,蓝色曲线表示平均歪斜度随体网格最大尺寸变化的趋势。从图中可以看出,随着体网格最大尺寸减小,网格数量增幅越大,网格平均质量逐渐趋近于 1,而网格平均歪斜度逐渐趋近于零。

对于空气喷涂三维计算域,网格平均质量越大(最大值为 1),网格平均歪斜度越小(最小值为 0),所划分的网格越好。体网格最大尺寸的减小可以大幅增加网格数量,从而在一定程度上不仅可以促进网格平均质量增大和网格平均歪斜度降低,还可以提高数值计算的精确度,如图 2.30 所示。

由图 2.30 可知,随着体网格最大尺寸减小,网格数量不断增加,涂料体积分数 φ_l 计算残差逐渐降低,且计算残差逐渐趋于零。综合模型求解准确性和工作站计算能力两方面考虑,最终所选择的体网格最大尺寸为 0.108 mm,三维几何模型网格划分情况见表 2.6。

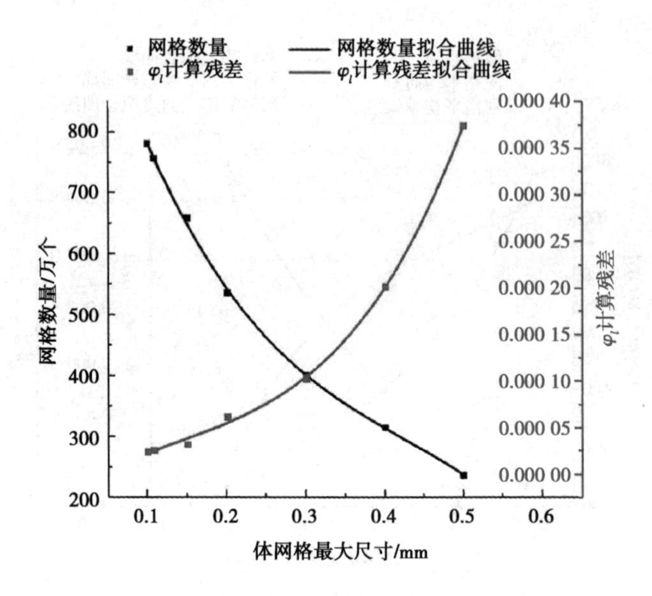

图 2.30　体网格最大尺寸对数值计算的影响

表 2.6　三维几何模型网格参数

体网格最大尺寸/mm	网格数量/万个	网格平均质量	网格平均歪斜度	φ_l 计算残差
0.108	758	0.998 42	1.78×10^{-3}	$2.643\ 7\times10^{-5}$

2.5.2　三维模型数值求解

与二维雾化过程类似，定义空气相为第一相，表示中心雾化孔、辅助雾化孔和扇面控制孔中的空气；定义涂料相为第二相，表示涂料孔中的液体涂料。喷嘴内部结构较为复杂，为提高计算效率，将二维数值模拟中涂料刚喷出喷嘴的出口条件设为三维数值模拟的边界条件，减少涂料在喷嘴内部的运动时间。因此，中心雾化孔、辅助雾化孔和扇面控制孔均设为空气压力入口，空气压力分别为 121 kPa、81 kPa 和 121 kPa，湍流强度均为 5%，水力直径分别为 0.8 mm、0.4 mm、0.6 mm。涂料孔设为速度入口，速度大小为 6.0 m/s，湍流强度为 5%，水力直径为 2.0 mm。环境压力为一个大气压，喷涂时间步长为 0.5×10^{-6} s。其余设置与二维模型求解时一致。

三维空间内涂料雾化数值模拟的迭代收敛情况如图 2.31(a)所示。通过数值模拟计算，在喷涂时间为 2.0 ms 时，涂料已在中心雾化空气、辅助雾化空气和扇面控制空气的共同作用下初步雾化，此时的喷雾流场已基本扩展充分，如图 2.31(b)所示。图 2.31(b)表示的是在整个雾化空间内的涂料体积分数分布情况，其中涂料体积分数最大值为 1%。由图 2.31(b)可看出，在整个雾化空间分布着大小不一的涂料块，且四周的涂料块体积明显比中间区域的涂料块体积小。

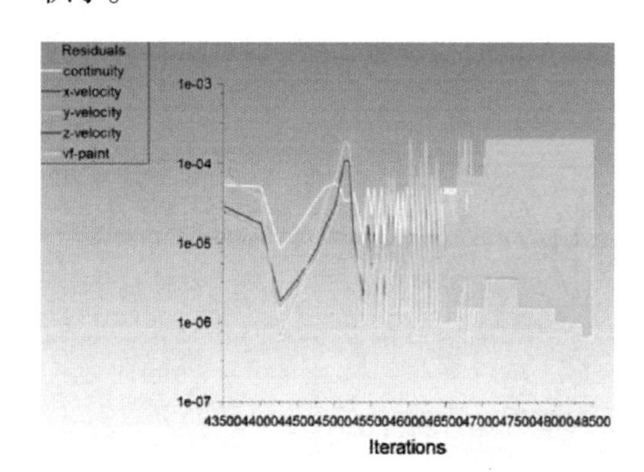

(a)三维数值模拟迭代收敛情况　　**(b)涂料体积分数分布**

图 2.31　涂料雾化模拟过程和结果

3 空气喷涂雾化特性

空气喷涂雾化特性主要从二维和三维两个角度分别对涂料雾化过程进行数值模拟,先通过二维数值模拟求得涂料雾化的初步数值解,再对涂料雾化过程进行深入的三维数值模拟,揭示空气喷涂雾化特性。

3.1 空气喷涂二维雾化特性

3.1.1 气相流场特性

空气喷涂雾化过程涉及空气相和涂料相,因此,空气喷涂雾化特性可分为气相流场特性和喷雾流场特性两大部分。其中,气相流场特性是指在没有涂料加载条件下,空气喷涂时空气相的速度分布特性和压力分布特性;液相流场特性是指在有涂料加载条件下,空气喷涂时涂料相的喷雾速度分布特性、压力分布特性和涂料相分布特性。揭示空气喷涂气相流场的速度分布特性、压力分布特性是分析液体涂料破碎机理的前提条件,是研究喷雾流场形成与扩散的基础。

1)气相流场速度分布特性

空气喷涂雾化过程的空气源主要包括中心雾化空气和辅助雾化空气,故气相流场扩展过程也可分为两种情况:一种是空气相为中心雾化空气,对应涂料中心雾化过程;另一种是空气相为中心雾化空气和辅助雾化空气,对应涂料辅助雾化过程。气相流场特性的分析将基于这两种情况进行对比分析。

气相速度是气相流场的主要特征变量之一,气相速度与气相流场动量息息相关,影响着喷涂时涂料雾化过程中的气液动量交换,研究气相流场的速度分布特性有助于揭示空气冲击涂料破碎机理。气相流场速度分布特性的分析主要从气相流场最大速度和中轴线速度展开。

(1)气相流场最大速度

气相流场最大速度是描述气相流场扩展状态的重要物理量,随着喷涂时间的增加而剧烈变化。针对气相流场最大速度 U_{max}(气相流场合速度的最大值),将中心气相流场与辅助气相流场的最大速度值进行对比,如图 3.1 所示。

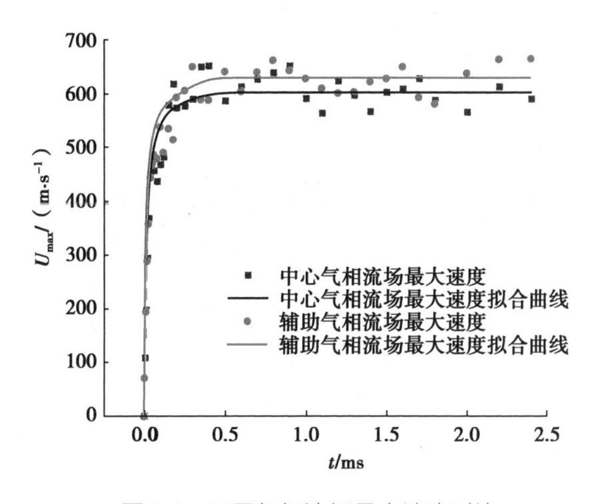

图 3.1　不同气相流场最大速度对比

由图 3.1 可知,对于中心气相流场与辅助气相流场,最大气相速度在极短的时间内均迅速增大至最大值。随着喷涂时间继续增加,最大气相速度始终围绕某一数值上下波动。从拟合曲线看,两种气相最大速度都呈 ExpAssoc 分布:在 0~0.2 ms,最大气相速度都迅速增大;在 0.2~0.5 ms,最大气相速度均缓慢增大,但增幅逐渐减小;在 0.5 ms 以后,最大气相速度达到最大值,并一直趋于平稳。气相流场扩展过程中,辅助气相流场最大速度始终大于中心气相流场最大速度,其中,中心气相流场最大速度的最大拟合值为 634 m/s,辅助气相流场最大速度的最大拟合值为 602 m/s,这表明辅助雾化空气能够提高气相流场的最大速度 U_{max}。

最大气相流场速度 U_{max} 是从总体上对中心气相流场和辅助气相流场的扩散情况进行描述,对于气相流场的轴向扩散(沿 X 轴正方向扩散)和径向扩散(沿 Y 轴两端扩散),还需要从最大气相轴向速度 u_{max} 和最大气相径向速度 v_{max} 出发,对气相流场进行更深入的分析。按照图 3.1 的分析方法,得到了中心气相流场与辅助气相流场的最大轴向速度和最大径向速度随喷涂时间的变化情况,如图 3.2(a)和(b)所示。

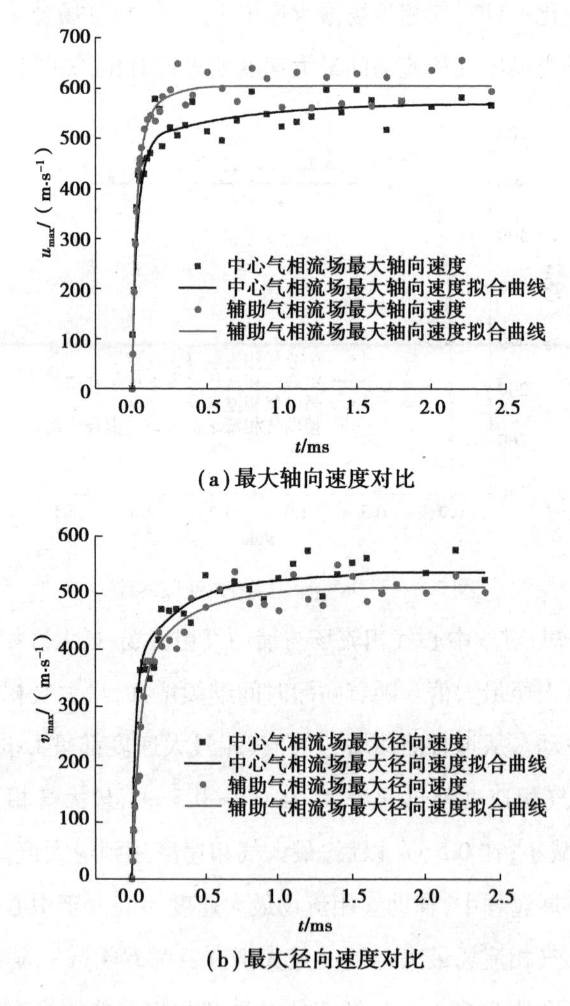

图 3.2　不同气相流场最大轴向速度和最大径向速度对比

图 3.2(a)中,中心气相流场与辅助气相流场的最大轴向速度的最大拟合值分别为 568 m/s 和 606 m/s;图 3.2(b)中,中心气相流场与辅助气相流场的最大径向速度的最大拟合值分别为 535 m/s 和 511 m/s。无论是对中心气相流场还是对辅助气相流场,最大轴向速度和最大径向速度都始终处于波动变化中,拟合曲线均近似呈 ExpAssoc 分布。

从拟合曲线看,中心气相流场最大轴向速度的最大拟合值要小于辅助气相流场最大轴向速度的最大拟合值,而中心气相流场最大径向速度的最大拟合值则要大于辅助气相流场最大径向速度的最大拟合值,说明辅助雾化空气有助于提高气相流场的最大轴向速度,但同时降低了最大径向速度,具有抑制作用。

(2)中轴线速度

喷涂时,液体涂料从涂料入射通道沿中轴线喷出,首先受到中轴线上高速气流的冲击,中轴线上的气相速度(简称中轴线速度)的变化直接影响着涂料的初步雾化状态。由图 3.1 可知,最大气相速度在 0~0.2 ms 变化剧烈,在 0.2 ms 以后变化较为缓慢,为清晰表达气相流场中轴线速度随喷涂时间的变化过程,取喷涂时间为 0.02 ms、0.1 ms、0.2 ms、1 ms、2 ms 时的气相流场进行分析,如图 3.3 所示。其中,图 3.3(a)表示中心气相流场中的中轴线速度分布,图 3.3(b)表示辅助气相流场中的中轴线速度分布。

由图 3.3 可知,无论是对中心气相流场还是对辅助气相流场,随着喷涂时间增加,中轴线速度都从零开始逐渐增大,在气相流场中轴线上分布范围逐渐扩大;中轴线速度一开始变化剧烈,在极短的时间内达到最大值并基本保持稳定。图 3.3(a)和图 3.3(b)对比可知,辅助气相流场的中轴线速度都略大于中心气相流场的中轴线速度;当气相流场达到稳定后,中轴线速度在辅助气相流场的分布范围(中轴线速度大于 50 m/s)比其在中心气相流场中的分布范围略大。

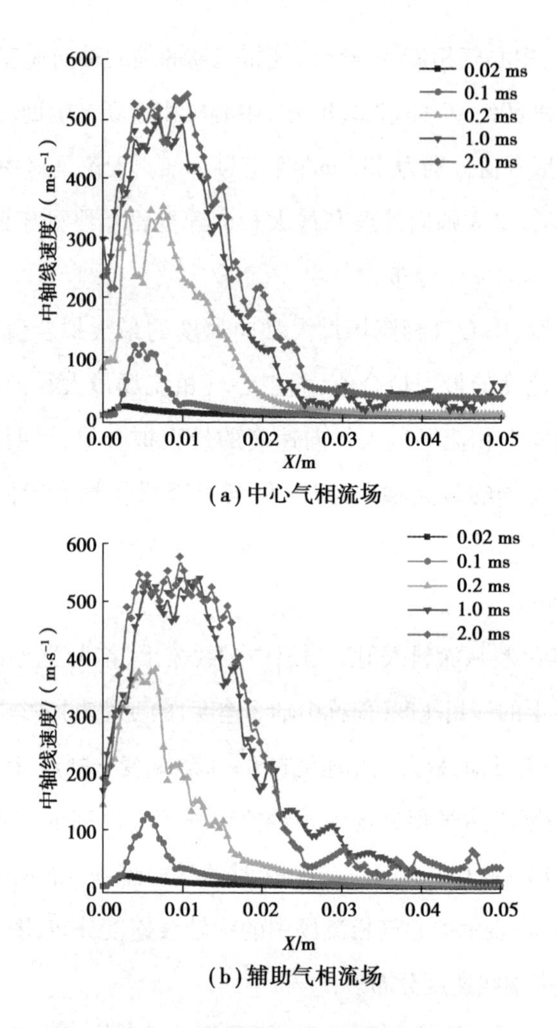

(a) 中心气相流场

(b) 辅助气相流场

图 3.3 不同气相流场中轴线速度分布

这说明辅助雾化空气对气相流场的影响主要表现在两个方面：其一，辅助雾化空气对中轴线速度具有促进作用，增大了气相流场在扩展过程中的中轴线速度最大值；其二，辅助雾化空气增大了中轴线速度的分布范围（中轴线速度大于 50 m/s），说明辅助雾化空气有助于气相流场沿轴线方向扩展。

2）气相流场压力分布特性

空气喷涂过程中的涂料和空气一直处于湍流状态，会有大量的空气涡旋产生，空气涡旋周围会形成巨大压差，形成的压差会直接对气相流场中的速度产生重大影响，改变原来流场中的气相速度分布，并间接影响喷雾流场中涂料的雾化过程、喷雾速度分布和涂料相体积分数分布。气相流场的压力分布特性是空气冲击涂料破碎过程中气相流场特性的重要组成部分，其分析同样是基于中心气相流场与辅助气相流场两者的差异对比。

图 3.4 展示的是 2.0 ms 时的中心气相流场和辅助气相流场中的压力分布。

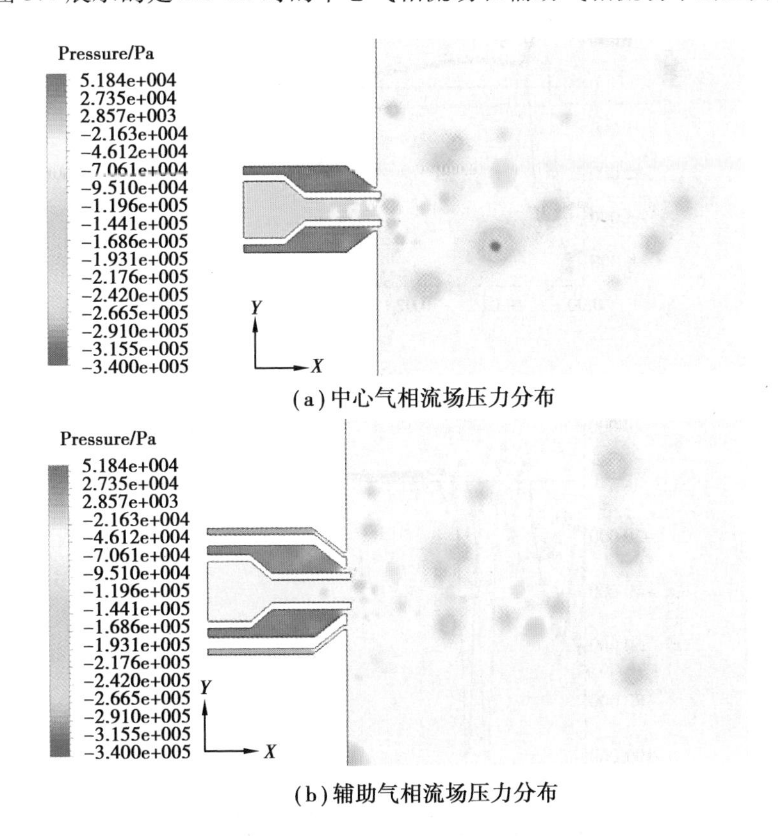

(a) 中心气相流场压力分布

(b) 辅助气相流场压力分布

图 3.4 2.0 ms 时的气相流场压力分布

由图 3.4 可知,无论是对中心气相流场还是对辅助气相流场,由于湍流脉动作用,流场中压力分布呈现出以多个空气涡旋为中心的不均匀分布。与气相流场速度类似,中轴线上的压力变化,特别是在喷嘴出口附近区域,对于空气喷涂涂料的初步雾化状态有着重大直接影响。因此,选择了四个代表性的时刻 0.06 ms、0.2 ms、1.0 ms 和 2.0 ms,对其中轴线上的压力分布进行定量的对比分析,如图 3.5 所示。

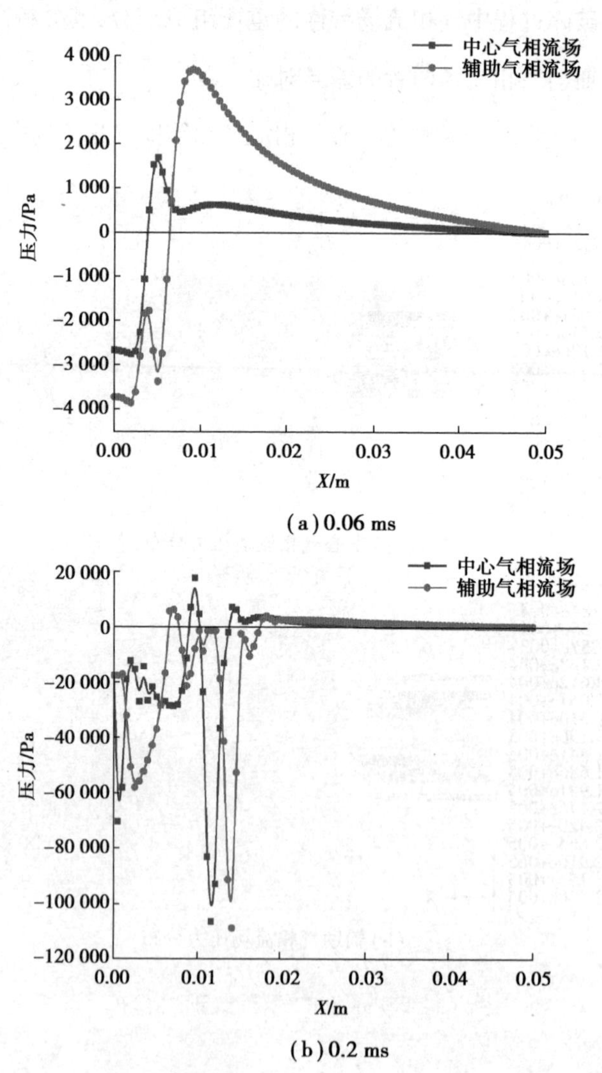

(a) 0.06 ms

(b) 0.2 ms

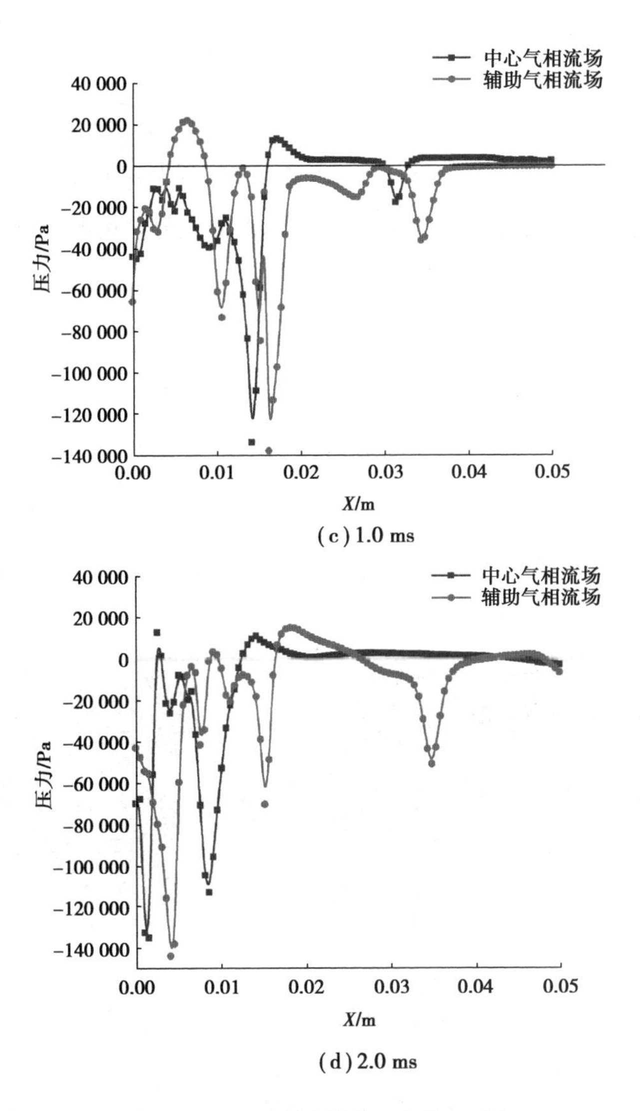

图 3.5　不同时刻中轴线压力分布对比

3.1.2　喷雾流场特性

与气相流场特性的分析方法类似，喷雾流场特性的分析也需要分情况讨论。根据雾化空气的组成，涂料雾化过程可分为两种情况：一种是涂料仅在中心雾化空气作用下雾化，即涂料中心雾化过程；另一种是涂料在中心雾化空气和辅助雾化空气共同作用下雾化,即涂料辅助雾化过程。

按照中心喷雾流场的发展变化过程,分别选取四个具有代表性的涂料雾化状态,其喷涂时间依次为 9.2 ms、10.5 ms、12.5 ms 和 15.0 ms,如图 3.6 所示。其中,图(a)~(d)分别表示四个时刻的涂料体积分数分布情况,涂料体积分数最大显示值均为 1%。

由图 3.6 可知,涂料在喷涂时间为 9.2 ms 左右时运动至涂料出口,并迅速与高压空气混合。随着喷涂时间增加,涂料在整个喷涂平面的分布范围逐渐扩大,且涂料由大小不一的大微团向较为均匀的小液滴转化,喷雾流场的分布范围不断增大。从涂料整个雾化过程来看,涂料径向扩展较快,在喷嘴两端的壁面存在较多的涂料黏附,黏附在壁面上的涂料并未运动至喷雾流场中心区域进行雾化,使得涂料的雾化效率有所降低。

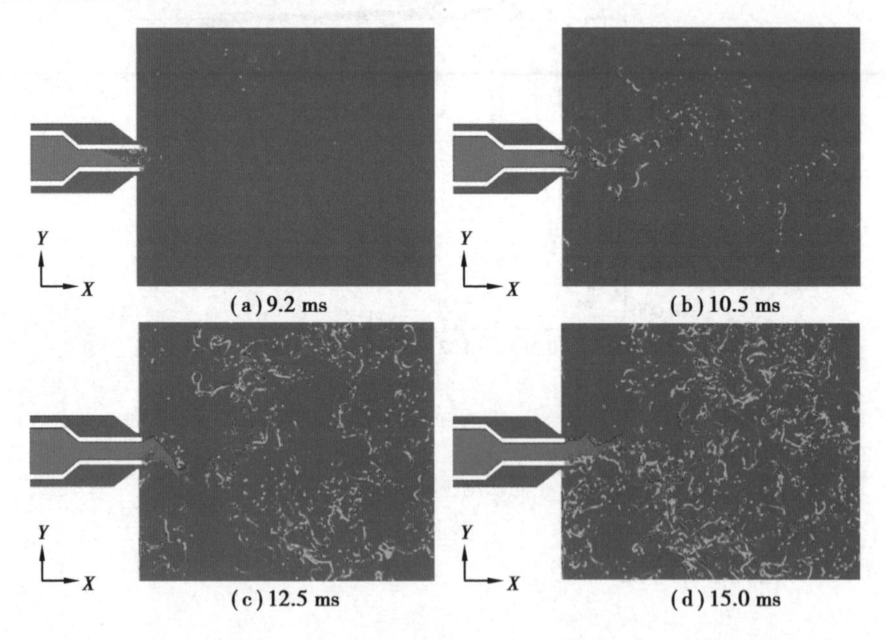

图 3.6　不同时刻的涂料中心雾化喷涂状态

同理,针对辅助喷雾流场的扩展过程,同样选取四个具有代表性的涂料雾化状态,其喷涂时间仍为 9.2 ms、10.5 ms、12.5 ms 和 15.0 ms,如图 3.7 所示。其中,为与中心喷雾流场形成对比,涂料体积分数最大显示值仍设为1%。

由图3.7可知,与中心雾化过程类似,辅助雾化时涂料在9.2 ms左右时运动至涂料出口,并与高压空气混合。随着喷涂时间增加,连续涂料流首先破碎成体积较大的涂料微团,涂料微团在高速气流和空气涡旋的作用下进一步破碎成微小的涂料液滴,喷雾流场的分布范围也不断增大。与中心雾化过程相比,在喷嘴两端壁面黏附的涂料较少,这说明辅助雾化空气有助于提高涂料的雾化效率。

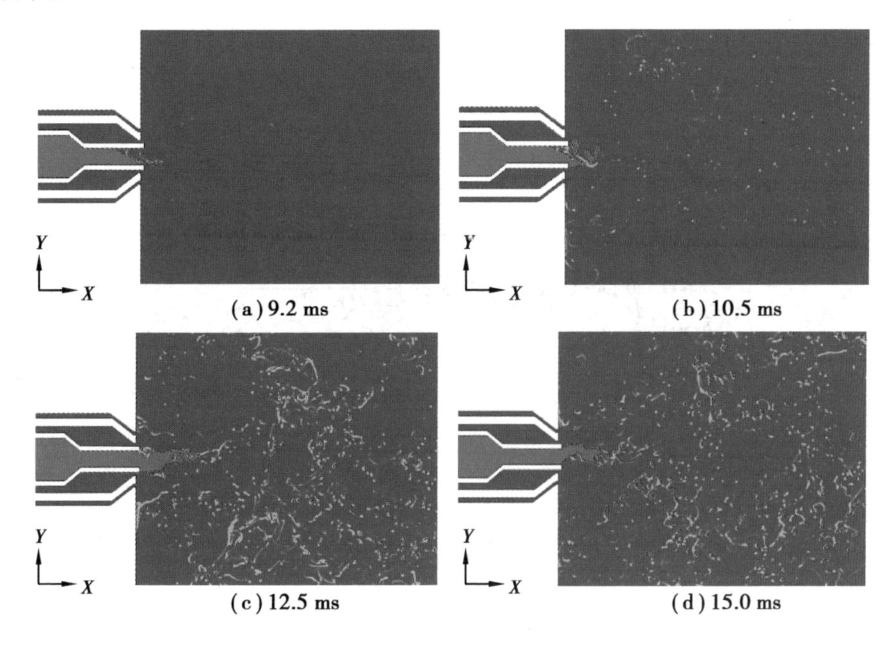

图3.7 不同时刻的涂料辅助雾化喷涂状态

1)喷雾流场速度分布特性

喷雾流场速度是空气喷涂喷雾流场的重要特征物理量,其分布特性与涂料雾化后的体积分数紧密相关。这种相关性在喷嘴出口处显得尤为密切。按照气相流场特性分析中对中心气相流场和辅助气相流场的定义,这里定义空气相仅以中心雾化空气的涂料喷雾流场为中心喷雾流场,定义空气相包含中心雾化空气和辅助雾化空气的涂料喷雾流场为辅助喷雾流场。喷雾流场速度分布特性分析主要通过两方面进行对比：一是无涂料加载下的气相流场速度分布与有涂料加载下的喷雾流场速度分布对比；二是中心喷雾流场喷雾速度分布与辅助喷雾流场喷雾速度分布对比。

(1)最大喷雾速度

涂料在高压空气冲击下处于湍流状态，喷雾速度一直处于波动当中，特别是在喷雾流场的涡旋区域，喷雾速度波动尤为剧烈，最大喷雾速度 U_{max} 是直接衡量喷雾流场湍流脉动变化过程的物理变量之一。因此，针对最大喷雾速度(喷雾流场合速度最大值)，将气相流场和喷雾流场的不同速度进行对比，如图 3.8 所示。

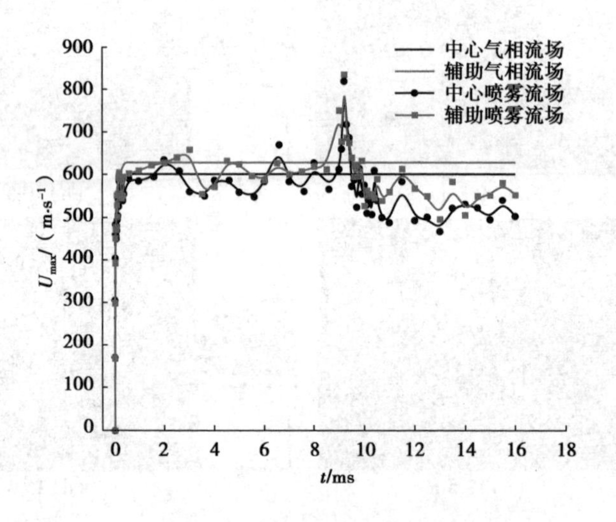

图 3.8 不同流场最大速度对比

由图 3.8 可知，在 9.5 ms 附近，中心喷雾流场和辅助喷雾流场的最大喷雾速度曲线出现了明显的波峰。这是因为此时涂料经涂料入射通道从喷嘴出口射出，喷雾流场由气相流场突变成气液两相混合流场，有少量的低速液体涂料(速度小于 10 m/s)从喷嘴出口喷出，在高速气流的冲击下瞬间被破碎成微小的高速涂料微团或涂料液滴，使得最大喷雾速度突增。随着喷涂时间继续增加，大量的液体涂料从喷嘴出口喷出，受到高速气流冲击后开始破碎并逐渐形成喷雾,同时与高速气流发生动量交换,但由于液体涂料较多,喷雾流场的最大喷雾速度开始下降,导致波峰的出现。

在整个涂料雾化过程中,中心喷雾流场和辅助喷雾流场的最大喷雾速度变化趋势基本一致:在 0~1.0 ms,喷雾流场中只有空气相,最大喷雾速度迅速增大;在 1.0~9.0 ms,喷雾流场也只含空气相,最大喷雾速度围绕某一中间值上下波动;在 9.0~9.5 ms,喷雾流场除了空气相以外,涂料相从零逐渐增多,最大喷雾速度出现波峰;在 9.5 ms 以后,喷雾流场包含空气相和涂料相,最大喷雾速度围绕另一较小速度值上下波动。整个雾化过程中,辅助喷雾流场的最大喷雾速度基本都大于中心喷雾流场的最大喷雾速度。

图 3.8 中,中心气相流场和辅助气相流场的最大速度变化皆由拟合曲线表示。从与气相流场的对比上看,在 0~1.0 ms,无论空气相是否包含辅助雾化空气,喷雾流场与气相流场的最大速度变化都基本一致;在 1.0~9.0 ms,中心喷雾流场和辅助喷雾流场的最大喷雾速度都分别略低于中心气相流场和辅助气相流场的最大速度;在 9.0~9.5 ms,由于最大喷雾速度波峰的存在,中心喷雾流场和辅助喷雾流场的最大喷雾速度变化都先超过了对应的气相流场最大速度,达到最大值后迅速降低,且稳定后低于原来对应的气相流场最大速度;在 9.5 ms 以后,中心喷雾流场和辅助喷雾流场的最大喷雾速度都低于之前的最大喷雾速度,更低于对应的气相流场最大速度。

最大喷雾速度 U_{max} 为最大轴向喷雾速度 u_{max} 和最大径向喷雾速度 v_{max} 的向量合速度,为了探究喷雾流场轴向扩散(沿 X 轴正方向扩散)和径向扩散(沿 Y 轴两端扩散)情况,下面基于最大轴向喷雾速度 u_{max} 和最大径向喷雾速度 v_{max},对喷雾流场进行更深入的分析,其对比情况如图 3.9 所示。图 3.9 中,图(a)表示中心喷雾流场与辅助气相流场的最大轴向喷雾速度随喷涂时间变化的情况,图(b)表示中心喷雾流场与辅助气相流场的最大径向喷雾速度随喷涂时间变化的情况。

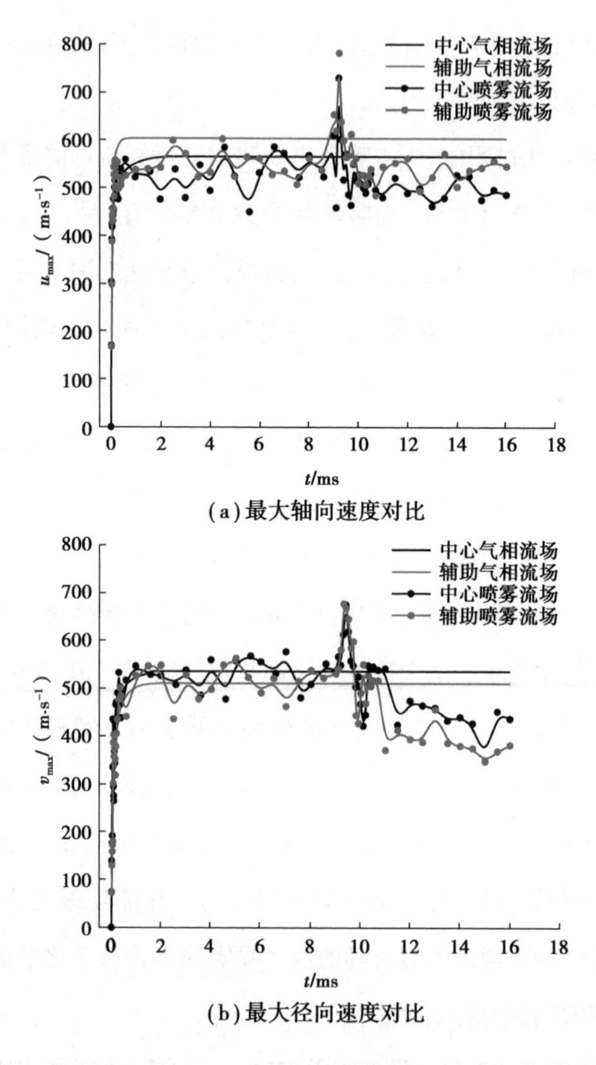

图 3.9 不同流场最大轴向速度和最大径向速度对比

由图 3.9 可知，最大轴向喷雾速度和最大径向喷雾速度的变化情况与最大喷雾速度的变化相差不大。对于最大轴向喷雾速度，随着喷涂时间增加，先迅速增大，达到最大值后围绕某一速度值上下波动；当液体涂料从喷嘴出口喷出后，最大轴向喷雾速度出现波峰，然后速度略微下降，而后围绕另一较小速度值上下波动。在整个喷涂过程中，辅助喷雾流场的最大轴向喷雾速度基本都大于中心喷雾流场的最大轴向喷雾速度，但除喷雾速度波峰外，中心喷雾流场和辅助喷雾流场的最大轴向喷雾速度都分别小于对应的气相流场最大轴向速度。

对于最大径向喷雾速度,其变化规律与最大轴向喷雾速度相同,但辅助喷雾流场的最大径向喷雾速度基本都小于中心喷雾流场的最大径向喷雾速度。在喷雾波峰出现之前,中心喷雾流场和辅助喷雾流场的最大径向喷雾速度变化与对应的气相流场最大径向速度变化基本一致;在喷雾速度波峰出现之后,中心喷雾流场和辅助喷雾流场的最大径向喷雾速度都分别小于对应的气相流场最大径向速度。

(2)中轴线喷雾速度

中轴线喷雾速度是指喷雾流场中轴线上的喷雾合速度,是描述涂料雾化过程中喷雾流场扩展与形成的重要物理量。由图 3.8 可知,最大喷雾速度波峰出现在 9.0~9.5 ms,在 9.5 ms 之后基本处于较为稳定的上下波动状态。为清晰表达喷雾流场中轴线喷雾速度随喷涂时间的变化过程,取喷涂时间为 9.0 ms、9.2 ms、9.5 ms、12 ms、15.0 ms 时的喷雾流场进行分析,如图 3.10 所示。其中,图(a)表示中轴线喷雾速度在中心喷雾流场中的分布情况,图(b)表示中轴线喷雾速度在辅助喷雾流场中的分布情况。

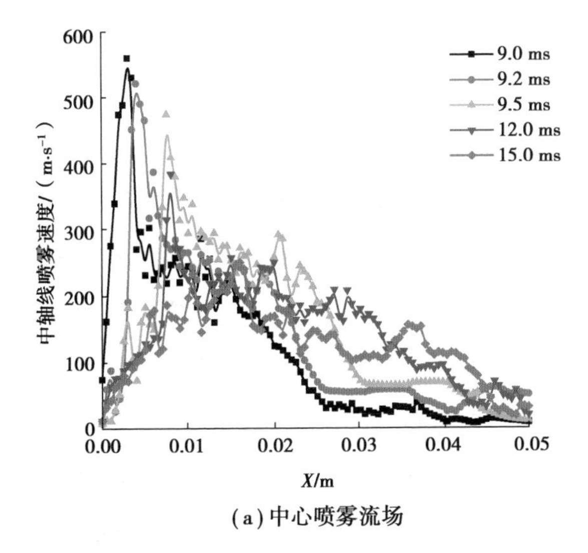

(a)中心喷雾流场

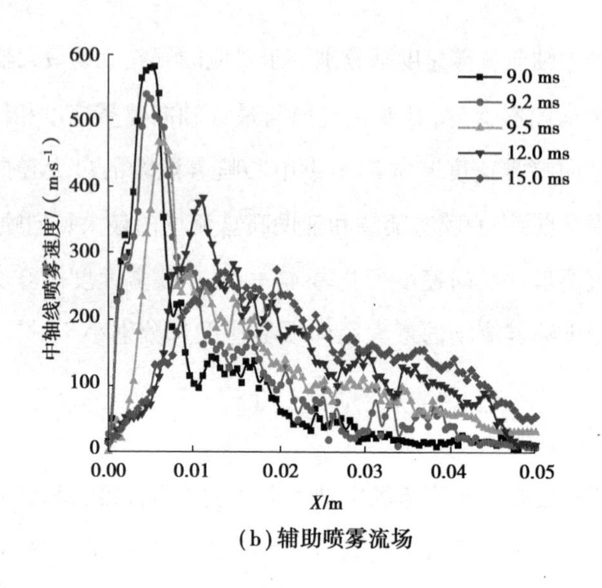

(b)辅助喷雾流场

图 3.10　不同喷雾流场中轴线喷雾速度分布

由图 3.10 可知,无论是中心喷雾流场还是辅助喷雾流场,由于液体涂料从喷嘴出口喷出速度较低,中轴线喷雾速度总是从很小的速度值开始猛增,并在距离喷嘴出口不远处达到最大值,而后随着喷嘴距离的增加而逐渐降低。随着喷涂时间的增加,中轴线喷雾速度在中轴线距离较小时迅速降低,在中轴线距离较大时逐渐增大;中轴线喷雾速度最大值出现的位置开始远离喷嘴出口,且最大中轴线喷雾速度逐渐降低。其原因主要在于随着喷涂时间的增加,越来越多的低速液体涂料喷射到流场中,在受到高速气流冲击时会获得空气的动能,雾化形成的涂料微团和涂料液滴逐渐开始沿中轴线方向开始扩散。同时,由于雾化形成的涂料微团和涂料液滴较多,这些涂料微团和涂料液滴获得速度并不太高,直接导致中轴线乃至整个喷雾流场的最大喷雾速度降低。

从总体上看,同时刻的辅助喷雾流场中轴线喷雾速度都略大于中心喷雾流场中轴线喷雾速度,且辅助喷雾流场最大喷雾速度出现的位置比中心喷雾流场最大喷雾速度出现的位置距离喷嘴出口更远。这说明辅助雾化空气对喷雾流场的轴向扩展具有促进作用,且有助于提高喷雾流场中轴线最大喷雾速度。

图 3.11 为稳定的中心喷雾流场和辅助喷雾流场(喷涂时间为 15.0 ms)中轴

线喷雾速度，与稳定的中心气相流场和辅助气相流场（喷涂时间为 2.0 ms）中轴线气相速度进行对比分布图。由图 3.11 可知，中轴线喷雾速度和中轴线气相速度的转折出现在轴线距离约 0.02 m 的地方。在 0.02 m 之前，中轴线气相速度明显大于中轴线喷雾速度；在 0.02 m 之后，中轴线喷雾速度超越中轴线气相速度，并一直保持大于中轴线气相速度的状态。这是在距离喷嘴出口较近的位置，涂料刚刚喷出或者刚开始雾化，中轴线喷雾速度较低，且小于中轴线气相速度；在距离喷嘴出口较远的位置，涂料已经进一步雾化，喷雾流场中形成了大量高速扩散的小液滴，而小液滴速度的减少往往要慢于空气速度的减小，使得中轴线喷雾速度大于中轴线气相速度。

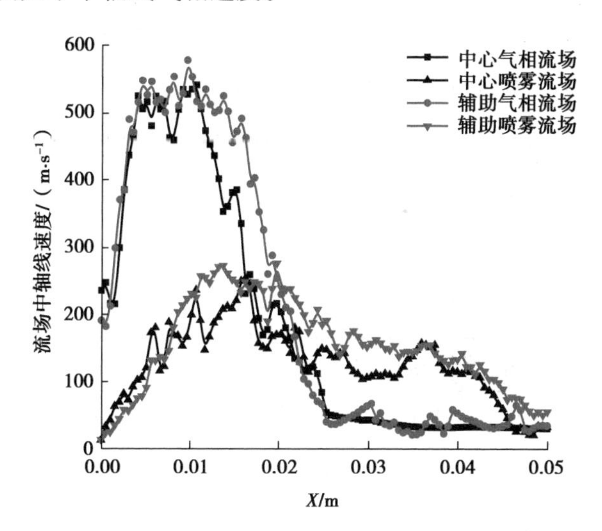

图 3.11　稳定气相流场与稳定喷雾流场中轴线喷雾速度对比

2）喷雾流场压力分布特性

当液体涂料从喷嘴喷出后，在高压空气的冲击下迅速雾化，喷雾流场由纯空气相瞬间转变为涂料和空气的混合相。涂料相的存在，会对喷雾流场中的压力分布造成很大的扰动，造成压力的瞬态变化。图 3.12 为 15.0 ms 时中心喷雾流场和辅助喷雾流场的压力分布，其中，最大正压显示为红色，最大负压显示为蓝色。相比于气相流场的压力分布，喷雾流场压力分布虽然也存在大量空气涡旋,但其强度比气相流场中的涡旋强度明显要低;喷雾流场的压力分布相对规则,特别是喷嘴出口处的压力分布近乎对称。

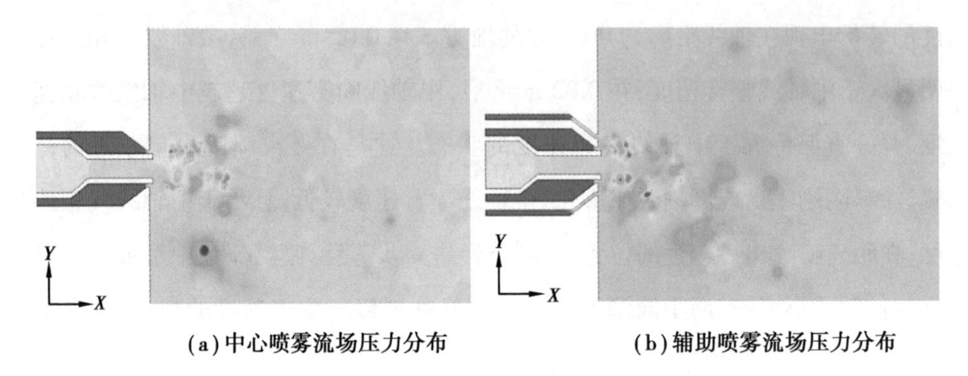

(a)中心喷雾流场压力分布　　(b)辅助喷雾流场压力分布

图 3.12　15.0 ms 时的喷雾流场压力分布

由前面对喷雾流场速度分布特性的分析可知,涂料喷雾速度波峰出现在 9.0~9.5 ms,因此,选择 9.0 ms、9.2 ms、9.5 ms、12.0 ms 和 15.0 ms 的中心喷雾流场和辅助喷雾流场进行压力分布的分析,表 3.1 列出了这五个时刻的最大正压和最大负压。

表 3.1　喷雾流场压力最值设置

喷涂时间/ms	中心喷雾流场压力设置		辅助喷雾流场压力设置	
	最大压力/Pa	最小压力/Pa	最大压力/Pa	最小压力/Pa
9.0	1.0×10^5	-3.9×10^5	1.0×10^5	-3.9×10^5
9.2	1.0×10^5	-4.2×10^5	1.0×10^5	-5.1×10^5
9.5	1.0×10^5	-3.7×10^5	1.0×10^5	-4.8×10^5
12.0	0.6×10^5	-1.5×10^5	0.6×10^5	-1.4×10^5
15.0	0.6×10^5	-1.3×10^5	0.6×10^5	-1.2×10^5

与中轴线速度类似,中轴线上的压力变化,特别是在喷嘴出口附近区域,与涂料的初步雾化状态紧密相关。因此,针对五个时刻的喷雾流场压力分布,对其中轴线上的压力分布进行定量的对比分析,得到图 3.13。

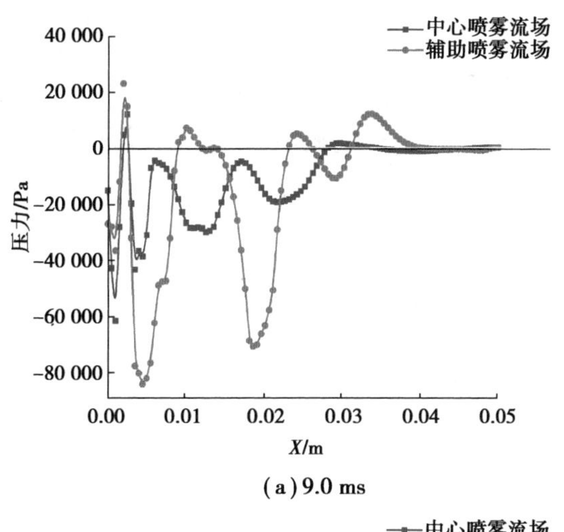

(a) 9.0 ms

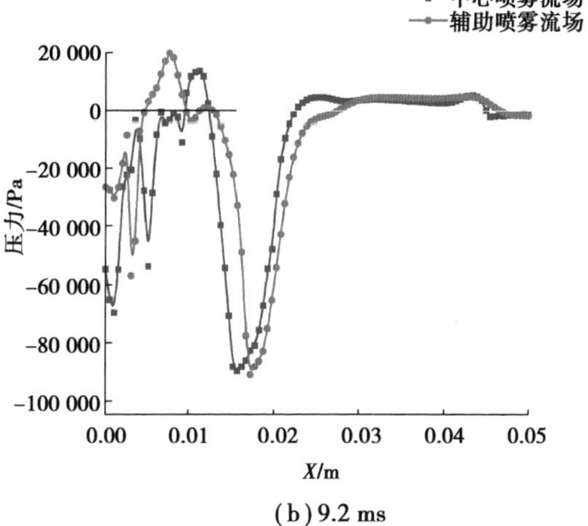

(b) 9.2 ms

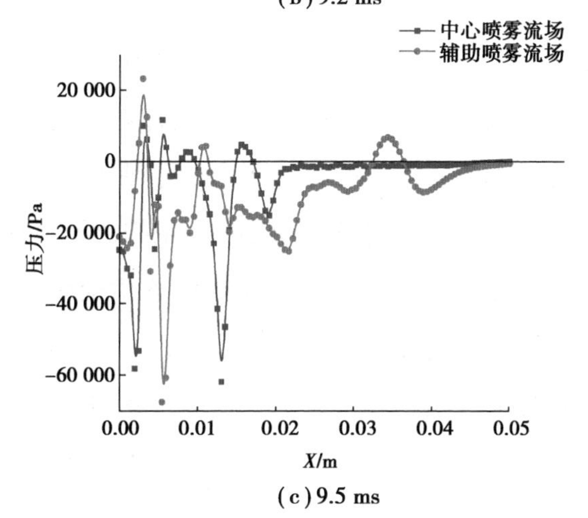

(c) 9.5 ms

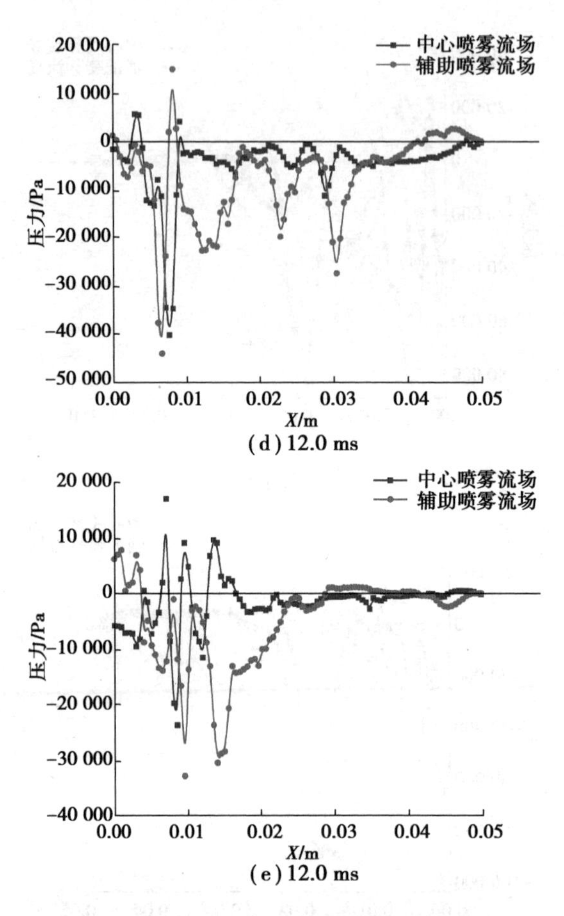

图 3.13　不同时刻喷雾流场中轴线压力分布对比

由图 3.13 可知,在不同喷涂时刻,中心喷雾流场和辅助喷雾流场在中轴线上的压力分布都呈现出相似的变化规律:在距离喷嘴较近的区域,喷雾流场压力波动剧烈,且负压占据主导位置,这主要是因为涂料在喷嘴出口处雾化的同时不断有空气涡旋产生;在距离喷嘴较远的区域,中轴线压力逐渐趋近于零,这是因为由于涂料的不断雾化,空气涡旋的动量逐渐传递给雾化的涂料液团或涂料微粒,使得空气涡旋强度被不断削弱乃至消失,在中轴线上较远位置的压力趋于稳定,并逐渐与环境压力保持一致。

从喷涂时间上看,在涂料刚开始雾化的时候(9.0~9.5 ms),中轴线压力变化较为剧烈,压力波动范围为-100 000~30 000 Pa。随着喷涂时间的增加,压力波动范围逐渐变窄，到 15.0 ms 时，范围仅为-40 000~20 000 Pa。此外，辅助雾化流场的压力波动范围比中心雾化流场略大，说明辅助雾化空气对喷雾流场中轴线压力的轴向（X 正方向）扩散具有促进作用。

3）喷雾流场涂料相分布特性

喷雾流场涂料相分布特性分析主要是基于喷雾流场中涂料体积分数的分布和变化过程，揭示连续涂料流破碎成涂料微团、涂料微团进一步破碎成微小的涂料液滴以及涂料液滴在流场扩散的变化过程。

（1）涂料体积分数分布

中轴线处于喷雾流场正中，其上涂料体积分数分布直接体现了涂料的雾化状态，对于研究液体涂料在不同位置的雾化状态具有重要的参考作用。因此，针对扩展充分的中心喷雾流场和辅助喷雾流场的中轴线（喷涂时间为 15.0 ms），将其上涂料体积分数随轴向距离的分布情况进行对比，如图 3.14 所示。由该图可知，在扩展充分的中心喷雾流场和辅助喷雾流场中，随着轴向距离增加，中轴线上涂料体积分数在轴向距离 0~15.0 mm 范围内快速波动减小，在轴向距离 15.0 mm 之后缓慢波动减小。这说明涂料初步雾化在轴向距离 0~15.0 mm 范围内基本完成。

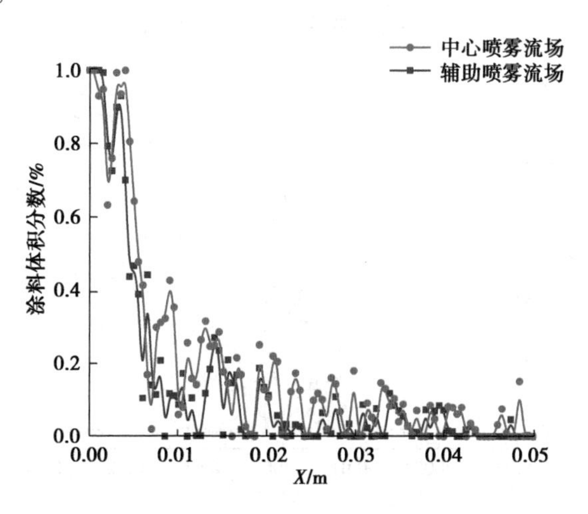

图 3.14　不同喷雾流场中轴线涂料体积分数分布

因此,选取轴向距离为 3.0 mm、5.0 mm、7.0 mm、10.0 mm 和 15.0 mm,喷涂时间为 9.0 ms、9.2 ms、9.5 ms、12.0 ms 和 15.0 ms 的径向涂料体积分数分布进行对比分析,如图 3.15 所示。

由图 3.15 中折线数量可知,在 9.0 ms 时,涂料雾化后还未扩散至轴向距离 5.0mm 处,如图 3.15(b)和 3.15(d)所示;在 9.2 ms 时,涂料雾化后还未扩散至轴向距离 7.0 mm 处,如图 3.15(e)和 3.15(f)所示;在 9.5 ms 时,涂料雾化后还未扩散至轴向距离 10.0mm 处,如图 3.15(g)和 3.15(h)所示。

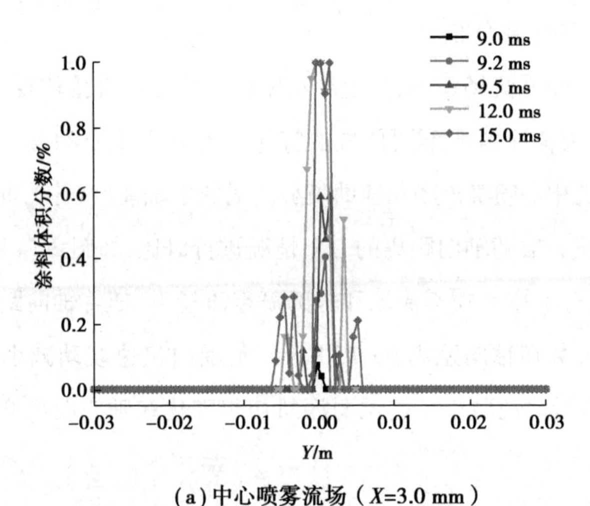

(a)中心喷雾流场（X=3.0 mm）

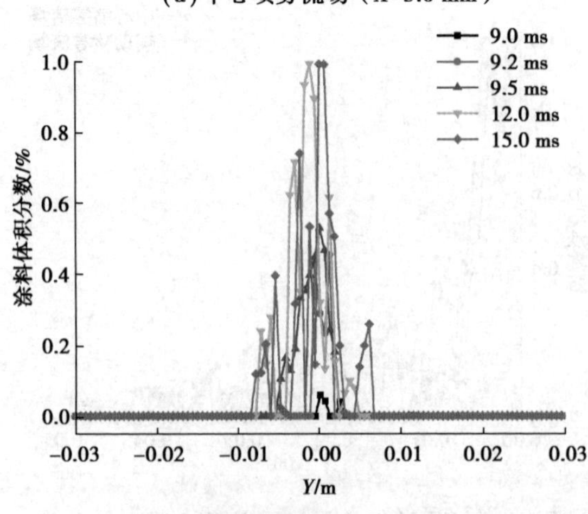

(b)辅助喷雾流场（X=3.0 mm）

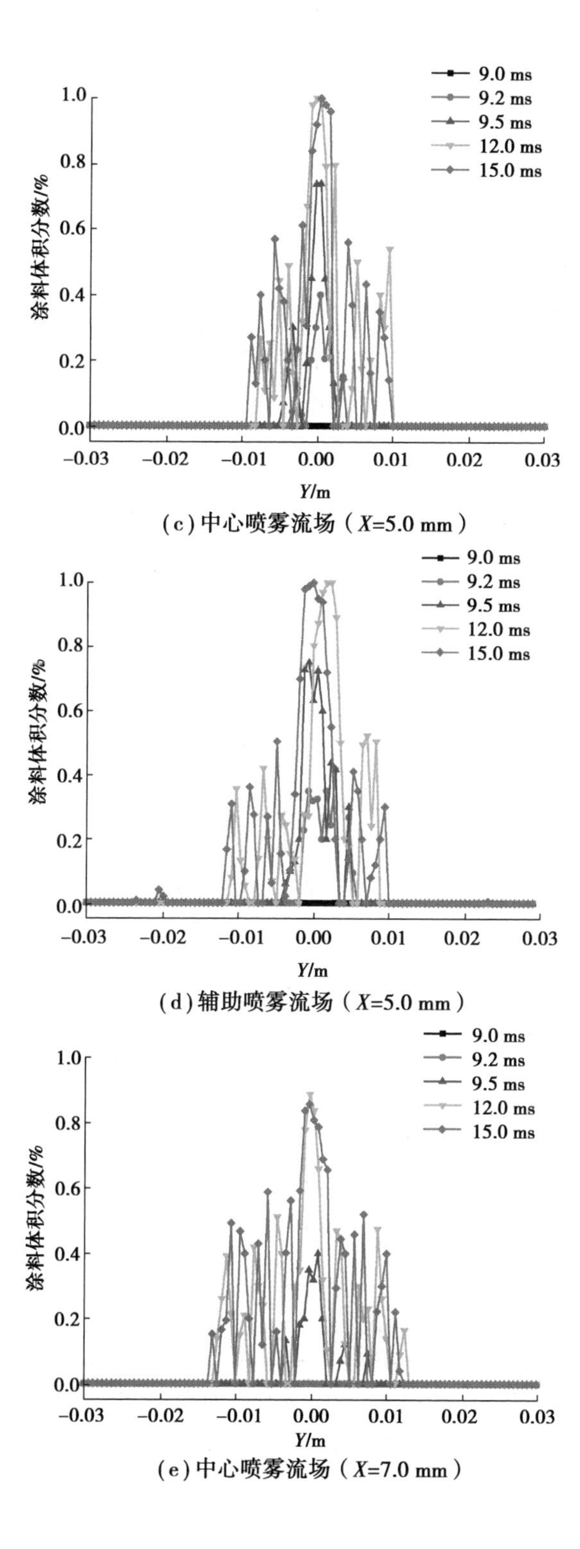

(c) 中心喷雾流场（X=5.0 mm）

(d) 辅助喷雾流场（X=5.0 mm）

(e) 中心喷雾流场（X=7.0 mm）

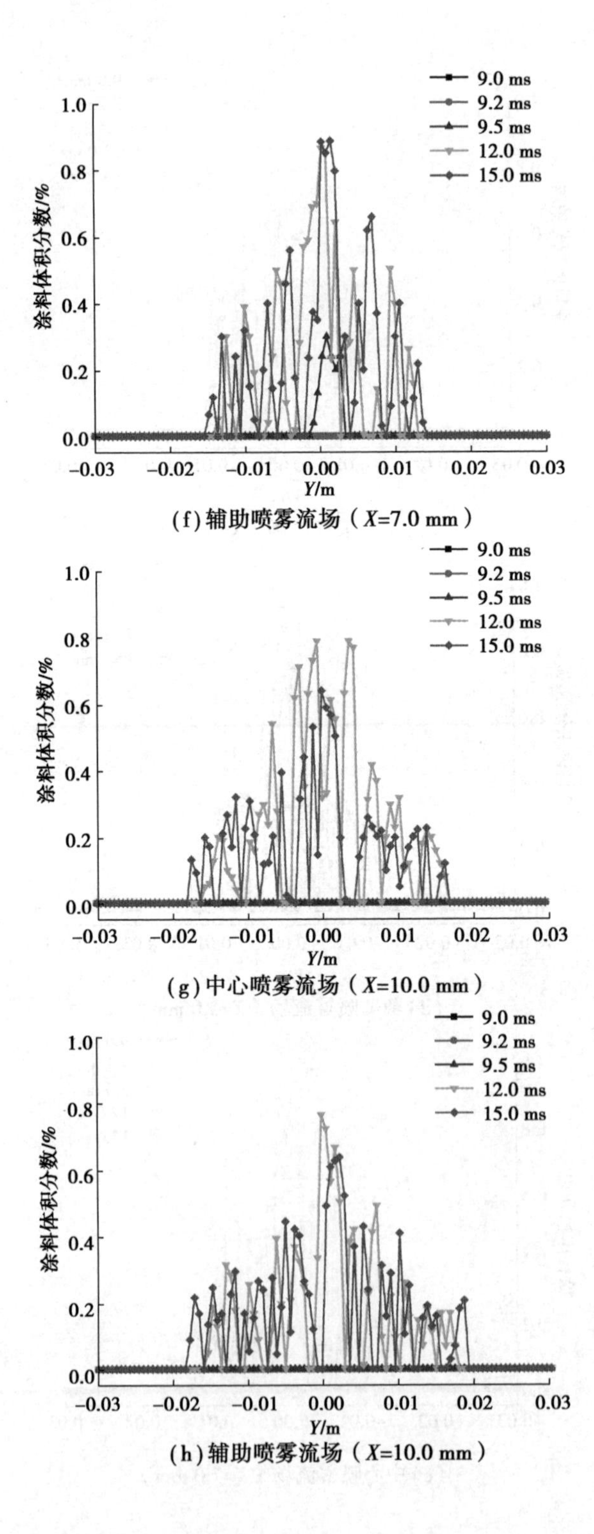

(f) 辅助喷雾流场（X=7.0 mm）

(g) 中心喷雾流场（X=10.0 mm）

(h) 辅助喷雾流场（X=10.0 mm）

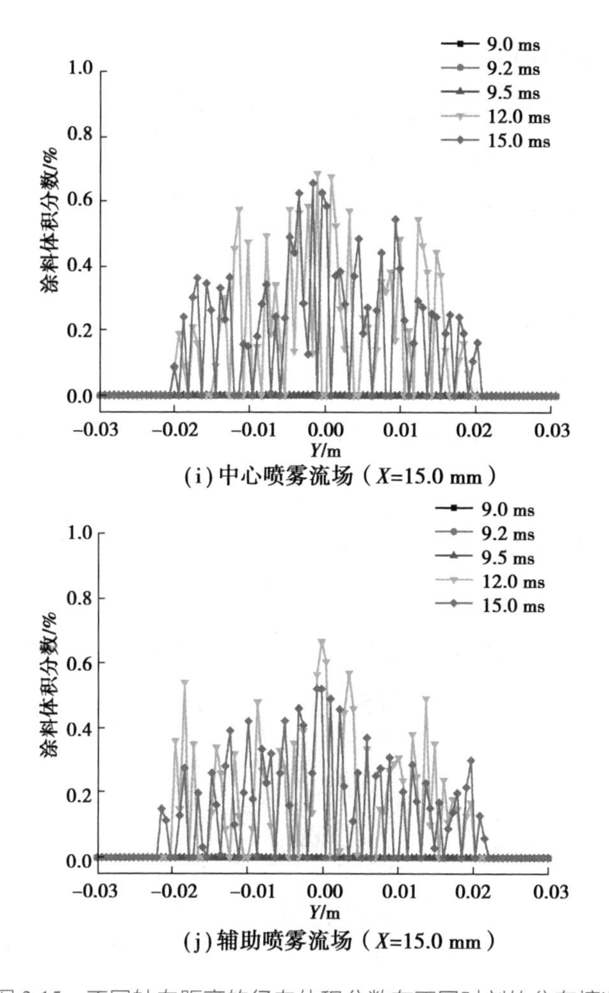

图 3.15　不同轴向距离的径向体积分数在不同时刻的分布情况

在 12.0 ms 和 15.0 ms 时，喷雾流场已扩散至 15.0 mm 处，且轴向距离越大，雾化后的涂料相在径向方向的分布范围越宽；在不同的轴向距离，辅助喷雾流场中涂料相的分布范围都略大于中心喷雾流场中涂料相的分布范围，且这种现象随着轴向距离的增大而越发明显，说明辅助雾化空气对于喷雾流场的径向扩展具有促进作用。对于 12.0 ms 和 15.0 ms 时的中心喷雾流场和辅助喷雾流场，随着轴向距离的增加，最大涂料体积分数先基本保持不变，而后逐渐降低。这是因为在喷嘴出口处，大量液体涂料从喷嘴喷出，部分涂料还未完全雾化，随着轴向距离的增加，涂料在高压空气的冲击下不断破碎，使得涂料体积分数逐渐降低。

此外,从喷涂时间上对 12.0 ms 和 15.0 ms 的喷雾流场进行对比,无论是中心喷雾流场还是辅助喷雾流场,径向涂料体积分数的分布范围随着喷涂时间的增加而增加;在轴向距离较大时(10.0 mm 和 15.0 mm),随着喷涂时间增加,涂料的体积分数整体开始降低,并逐渐趋于均匀,说明雾化效果越来越好,且辅助雾化流场的涂料雾化效果要好于中心雾化流场。

(2)涂料雾化机理

涂料雾化主要分为两个过程:连续涂料流破碎成体积较大的涂料微团和涂料微团破碎成微小的涂料液滴。涂料微团的形成主要发生在喷嘴出口处,而涂料液滴的形成主要发生在距离喷嘴出口较远的位置。

连续涂料流破碎成涂料微团的过程如图 3.16 所示。其中,图 3.16(a)~3.16(c)分别表示 10.33 ms、10.34 ms 和 10.35 ms 时辅助喷雾流场中涂料体积分数分布和速度矢量分布。其中,涂料相的体积分数为 1%;高速气流用矢量箭头表示。

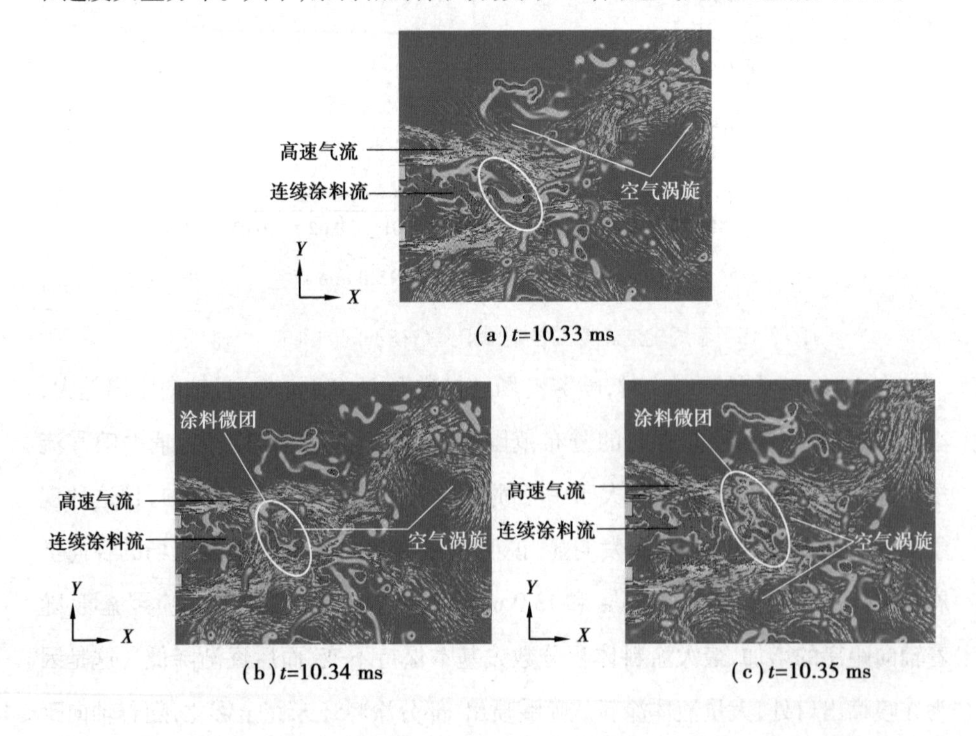

图 3.16 涂料微团形成过程

在图 3.16(a)中,椭圆圈出的部分为连续涂料流尾部,其左右两侧均存在高速气流和空气涡旋,同时由于涂料入射的扰动,流场中气流运动的速度和方向都发生了改变。0.01 ms 之后,即图 3.16(b),高速气流对涂料的冲击力大于涂料的表面张力,涂料流尾部的部分涂料开始分离,涂料微团开始成形,并在其附近的流场区域中形成了新的空气涡旋。如图 3.16(c)所示,在高速气流和空气涡旋的共同作用下,尾部涂料完全脱离涂料流,形成独立的涂料微团。

在涂料微团形成的基础之上,对其进一步破碎成微小液滴的过程进行分析,如图 3.17 所示。为了清晰表示涂料微小液滴的形成,选取了 10.35 ms、10.37 ms和 10.40 ms 三个具有代表性的喷涂时刻进行分析。其中,涂料相的体积分数依然设为 1%,高速气流仍采用矢量箭头表示。

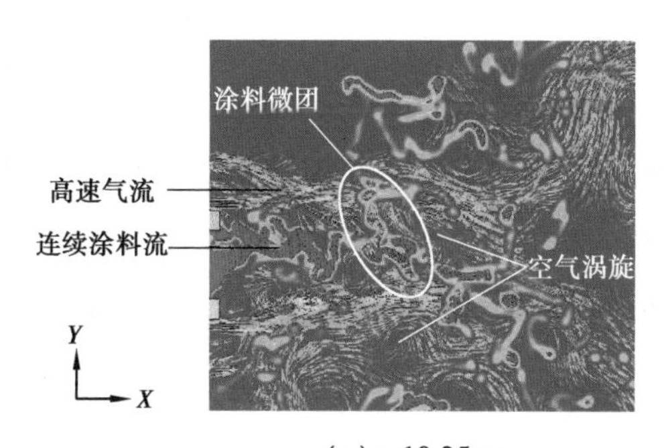

(a) t=10.35 ms

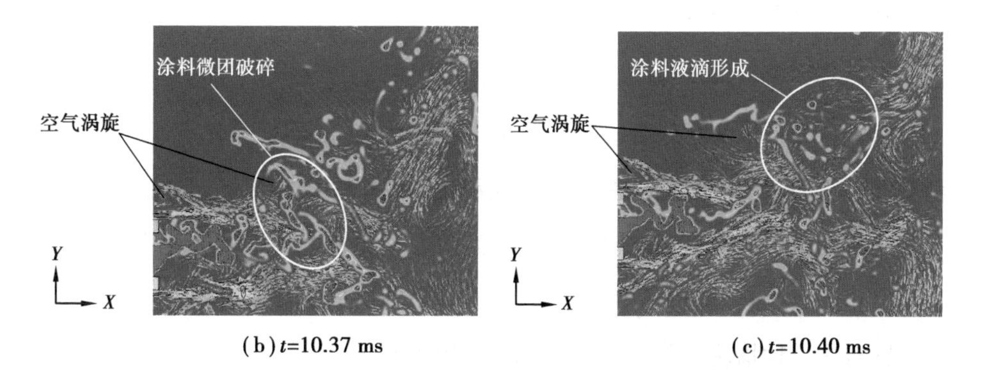

(b) t=10.37 ms　　(c) t=10.40 ms

图 3.17　涂料液滴形成过程

由图 3.17 可知,当涂料微团形成之后,受到高速气流和空气涡旋的继续冲击,涂料微团开始破碎成若干个更小的微团,如图 3.17(b)所示;更小的涂料微团随着气流运动,逐渐分散,每个小涂料微团在气流和空气涡旋的进一步作用下继续破碎,如此反复,直至形成微小的涂料液滴。此时,气流和空气涡旋对涂料液滴的冲击力已不再大于涂料液滴的表面张力,使得涂料液滴保持现有的状态在流场中随气流扩散,并最终与其他众多的涂料液滴形成喷雾流场。

3.2 空气喷涂三维雾化特性

3.2.1 气相流场特性

空气喷涂三维涂料雾化特性主要分为气相流场特性和喷雾流场特性。其中,前者主要从空气相的扩展过程、速度分布和压力分布等方面进行分析;后者主要是从涂料雾化的破碎过程、喷雾速度分布、压力分布和涂料相分布等方面进行分析。相比于二维雾化过程模拟,空气喷涂三维雾化过程模拟除了在维度上进行增加外,涂料雾化的空气源还增加了扇面控制空气,这会直接改变气相流场和喷雾流场的形态。

1)气相流场扩展过程

空气喷涂三维雾化过程的空气源由中心雾化空气、辅助雾化空气和扇面控制空气组成,其气相流场主要分为三种情况:一是中心气相流场,空气源只有中心雾化空气;二是辅助气相流场,空气源为中心雾化空气和辅助雾化空气;三是扇面气相流场,空气源包括中心雾化空气、辅助雾化空气和扇面控制空气。

针对这三种情况,根据气相流场随喷涂时间的扩展过程,选取了 0.02 ms、0. 05 ms、0.08 ms 和 0.2 ms 的气相流场形态进行对比,如图 3.18 至图 3.21 所示。为了清楚地展现气相流场形态变化过程,图 3.18 至图 3.21 均表示气相速度(合速度）为 100 m/s 的气相速度等值面。

由图 3.18 至图 3.21 可知，当喷涂时间相同时，中心气相流场、辅助气相流场和扇面气相流场的轴向扩展距离基本一致。辅助雾化空气从辅助雾化孔喷出后立即与中心雾化空气混合，在 0.05 ms 左右，上端的扇面控制空气与流场中心的主流空气混合；在 0.08 ms 左右，下端的扇面控制空气与流场中心的主流空气混合。

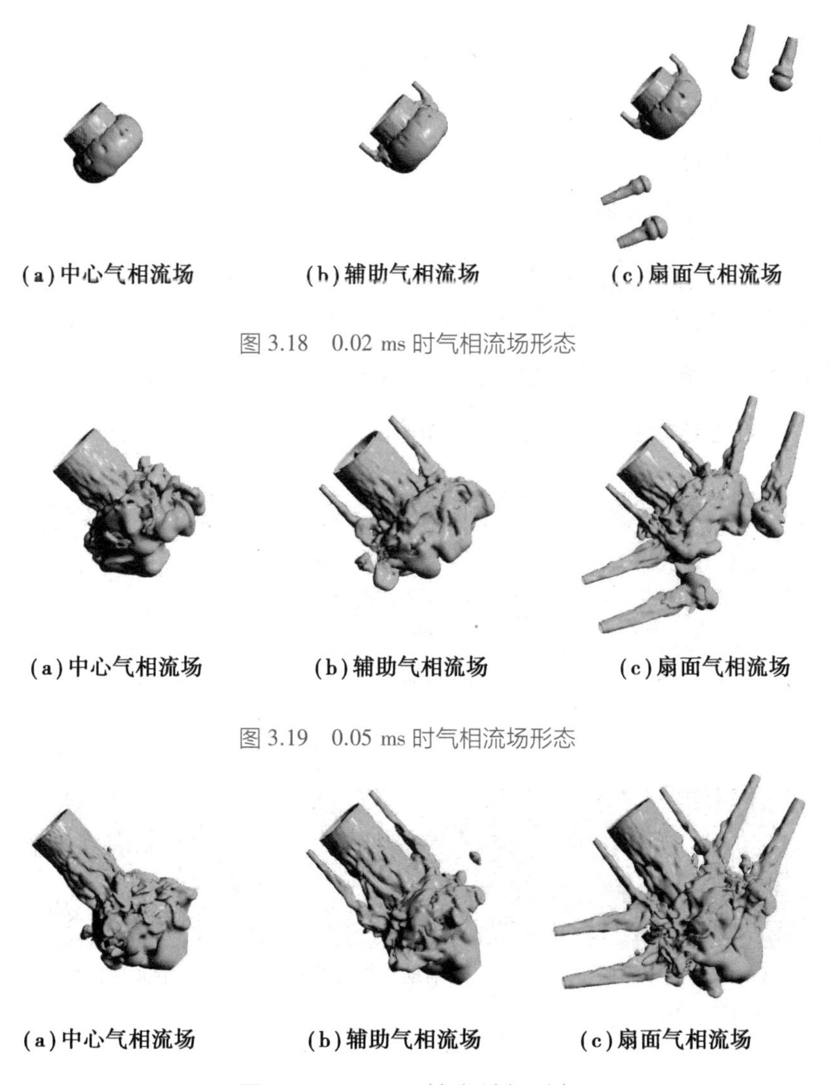

(a) 中心气相流场　(b) 辅助气相流场　(c) 扇面气相流场

图 3.18　0.02 ms 时气相流场形态

(a) 中心气相流场　(b) 辅助气相流场　(c) 扇面气相流场

图 3.19　0.05 ms 时气相流场形态

(a) 中心气相流场　(b) 辅助气相流场　(c) 扇面气相流场

图 3.20　0.08 ms 时气相流场形态

(a) 中心气相流场

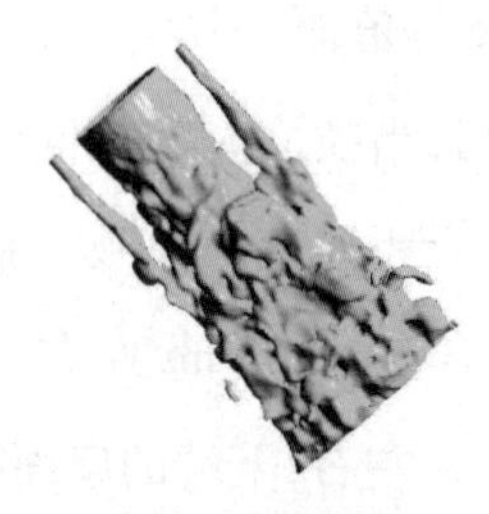
(b) 辅助气相流场

(c) 扇面气相流场

图 3.21　0.2 ms 时气相流场形态

同时,由图 3.18 可知,在 X 方向和 Y 方向上空气相组成并不相同,因此,为了进一步清晰展现气相流场形态变化过程,下面分别对 XZ 平面和 YZ 平面的气相流场形态进行分析。

(1) XZ 平面气相流场形态

XZ 平面气相流场形态如图 3.22 至图 3.25 所示。其中,图(a)均表示中心气相流场形态;图(b)均表示辅助气相流场形态;图(c)均表示辅助气相流场形态。但由于气相流场最大速度(合速度)相差不大,故未给出每一个图的速度梯度,其中,红色越深速度越大,蓝色越深速度越小,具体速度值见表 3.2。

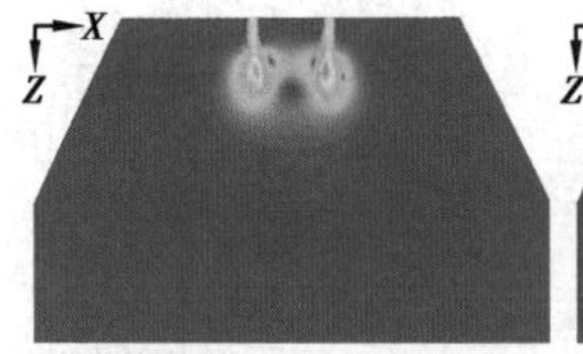

(a) 中心气相流场

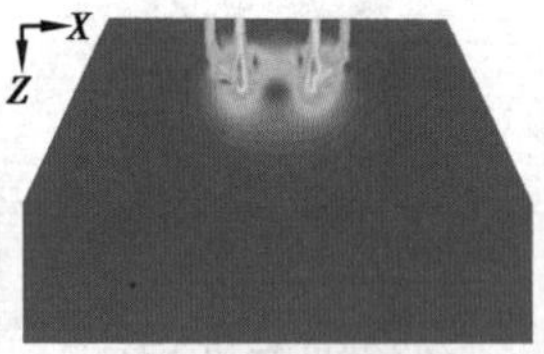

(b) 辅助气相流场

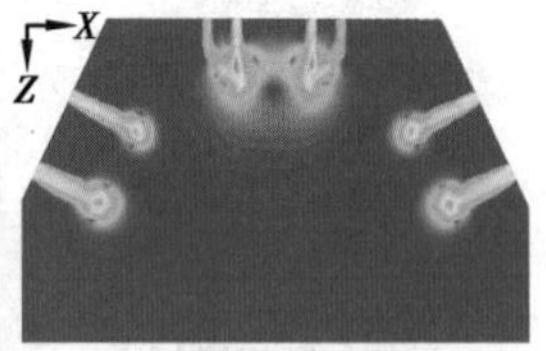

(c) 扇面气相流场

图 3.22　0.02 ms 时 XZ 平面气相流场形态

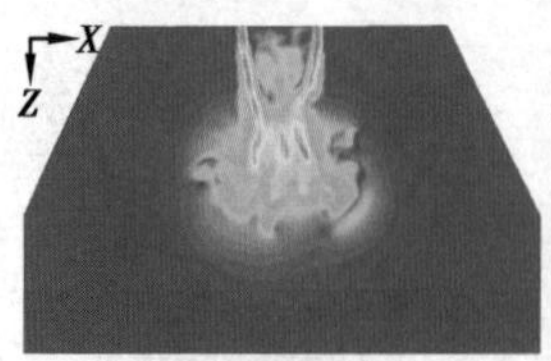

(a) 中心气相流场

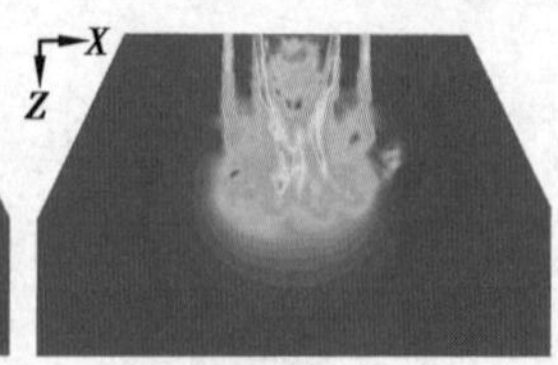

(b) 辅助气相流场

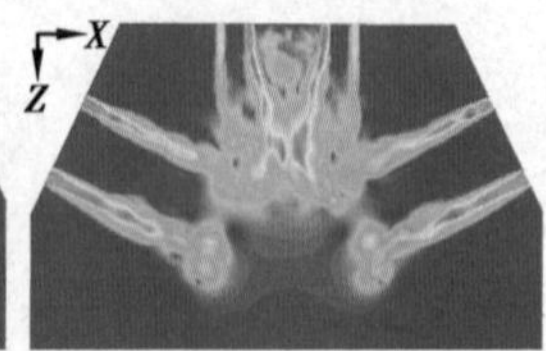

(c) 扇面气相流场

图 3.23　0.05 ms 时 XZ 平面气相流场形态

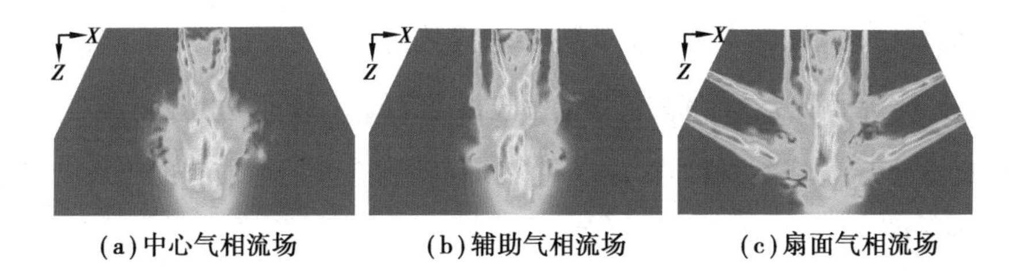

(a)中心气相流场　　(b)辅助气相流场　　(c)扇面气相流场

图 3.24　0.08 ms 时 *XZ* 平面气相流场形态

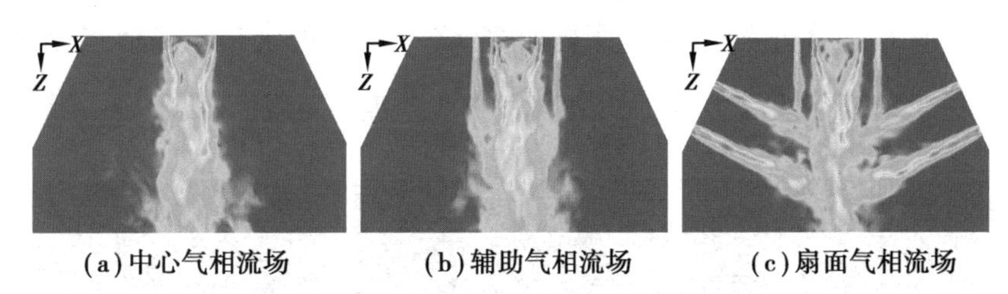

(a)中心气相流场　　(b)辅助气相流场　　(c)扇面气相流场

图 3.25　0.2 ms 时 *XZ* 平面气相流场形态

表 3.2　*XZ* 平面内不同时刻气相流场的最大气相速度

喷涂时间/ms	中心气相流场最大气相速度/($m \cdot s^{-1}$)	辅助气相流场最大气相速度/($m \cdot s^{-1}$)	扇面气相流场最大气相速度/($m \cdot s^{-1}$)
0.02	615	629	647
0.05	513	516	526
0.08	507	510	520
0.2	508	512	524

由上述图可知,从 *Z* 方向上看,随着喷涂时间的增加,三种气相流场的轴向扩展距离基本相同。在气相流场扩展过程中,起主导作用的是中心雾化空气,它基本决定了流场的轴向扩展距离。从 *X* 方向上看,辅助气相流场的宽度与中心气相流场的宽度相差不大,但扇面气相流场的宽度与其余两者有所不同,主要表现在当轴向扩散的气流与扇面控制空气混合时,前者受到后者斜向下的冲

击，使混合后的气流在 X 方向上受到压缩，导致流场宽度有所减小。结合表 3.2 来看，在 XZ 平面内，扇面气相流场最大气相速度最高，辅助气相流场次之，中心气相流场最小。这说明辅助雾化空气和扇面控制空气的增加有助于最大气相速度的提升。

(2) YZ 平面气相流场形态

按照同样的分析方法，得到了同时刻 YZ 平面内的气相流场形态图，如图 3.26至图 3.29 所示。其中，各气相流场的最大速度与对应的 XZ 平面一致。

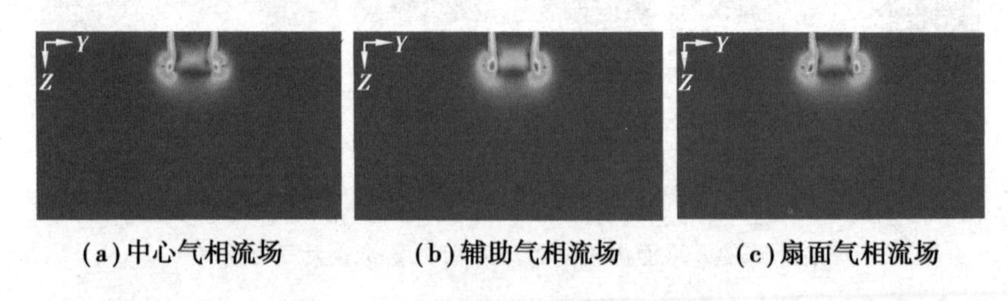

(a) 中心气相流场　(b) 辅助气相流场　(c) 扇面气相流场

图 3.26　0.02 ms 时 YZ 平面气相流场形态

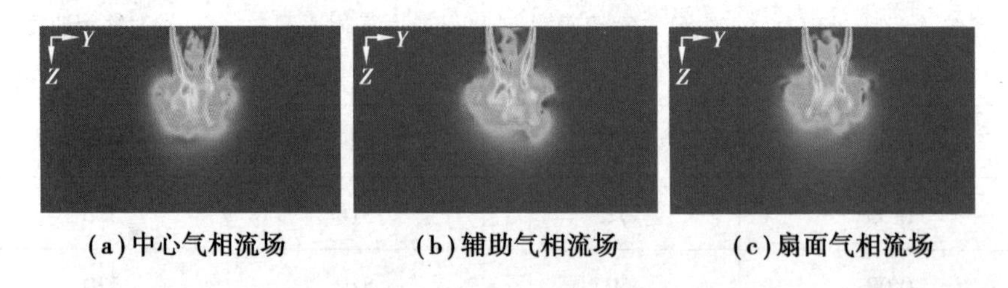

(a) 中心气相流场　(b) 辅助气相流场　(c) 扇面气相流场

图 3.27　0.05 ms 时 YZ 平面气相流场形态

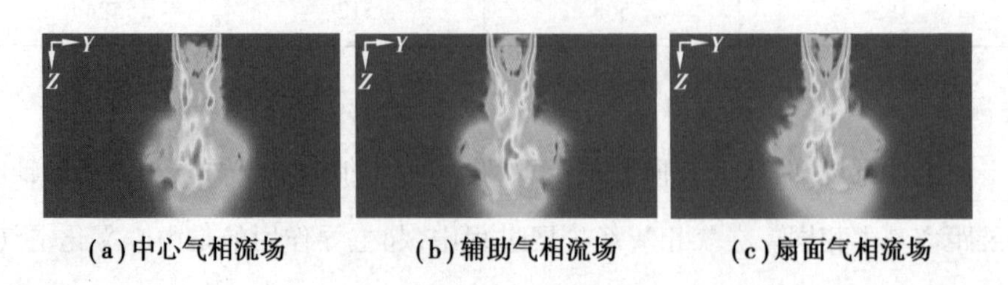

(a) 中心气相流场　(b) 辅助气相流场　(c) 扇面气相流场

图 3.28　0.08 ms 时 YZ 平面气相流场形态

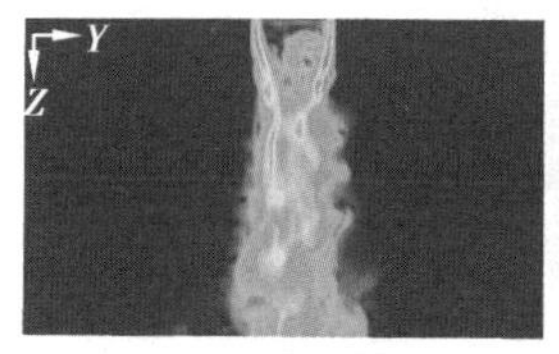

(a)中心气相流场

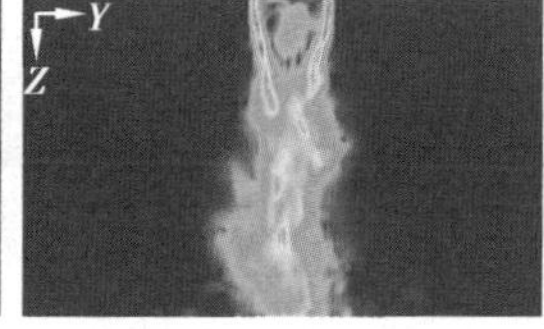

(b)辅助气相流场

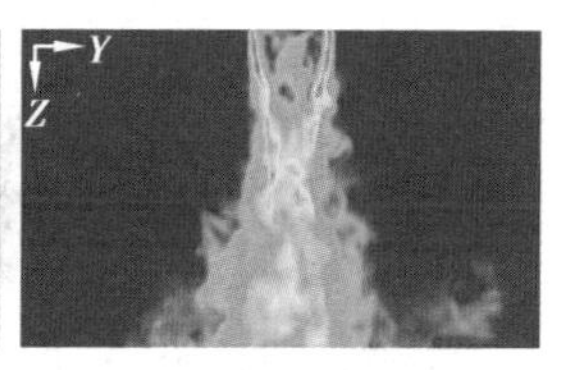

(c)扇面气相流场

图 3.29　0.2 ms 时 YZ 平面气相流场形态

从图 3.31 至图 3.34 不难看出,在 YZ 平面内,三种气相流场在不同时刻的形态分布区别不大,这主要是因为喷嘴在 Y 方向上只有中心雾化孔,所形成的三种气相流场在 Y 方向上只有中心雾化空气。由图 3.24 可知,在 0.08 ms 时,轴向气流开始与扇面控制气流相混合,这使得图 3.33 中扇面气相流场开始沿 Y 方向扩散,到 0.2 ms 时,扇面气相流场的分布范围明显要宽于中心气相流场和辅助气相流场,并且这种差异会沿着 Z 方向越来越大。

2)气相流场速度分布特性

气相流场速度分布直接影响着涂料雾化的破碎过程,是喷雾流场形态的决定因素之一。揭示气相流场速度分布特性是分析空气喷涂涂料雾化流场形态及其扩展变化的前提条件,气相流场速度分布特性的分析主要从中轴线气相速度分布、XZ 平面和 YZ 平面气相速度分布以及不同轴向距离气相速度分布随喷涂时间变化的过程进行展开。

(1)中轴线气相速度分布

中轴线是 XZ 平面和 YZ 平面的交界线,处于整个气相流场正中心,其气相速度随喷涂时间变化的过程直接体现了气相流场在轴线方向上的扩展情况。结合前文气相速度在 0.02 ms、0.05 ms、0.08 ms 和 0.2 ms 四个喷涂时刻在 XZ 平面内和 YZ 平面内的分布情况,将不同时刻、不同气相流场的中轴线气相速度导出,并对其变化过程进行定量分析,如图 3.30 所示。其中,图 3.30(a)~3.30(d)分别表示喷涂时间为 0.02 ms、0.05 ms、0.08 ms 和 0.2 ms 时的不同流场气相速度在中轴线上的分布情况。

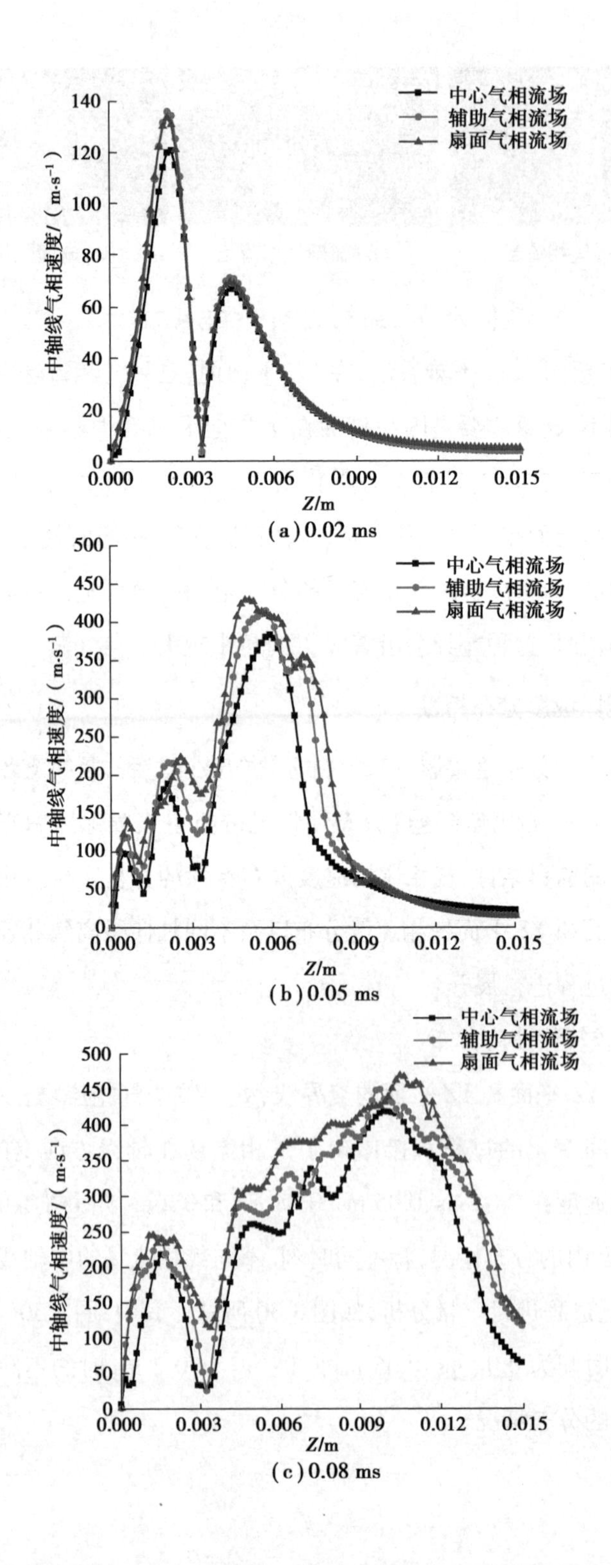

(a) 0.02 ms

(b) 0.05 ms

(c) 0.08 ms

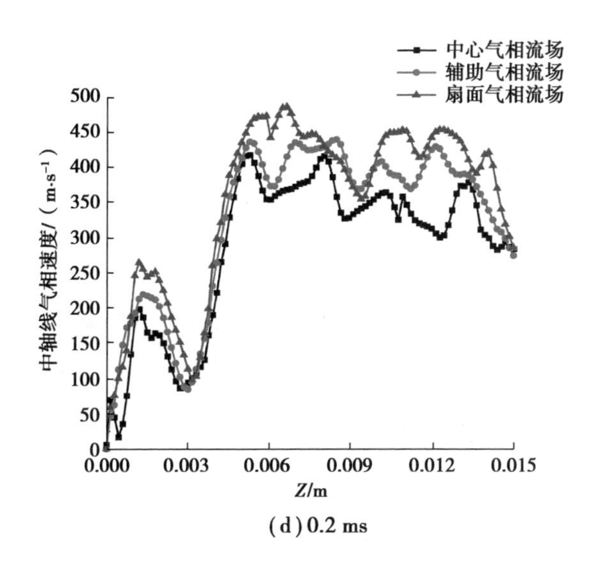

(d)0.2 ms

图 3.30 不同时刻中轴线气相速度分布

由图 3.30 可知,随着喷涂时间的增加,不同气相流场的中轴线气相速度区别逐渐明显,从总体上看,扇面气相流场的中轴线气相速度最大,辅助气相流场次之,中心气相流场最小。这表明辅助雾化空气和扇面控制空气有助于提高中轴线气相速度。

在 0.02 ms 时,由于喷涂时间较短,喷嘴各空气出口只有极少量的空气喷出,此时中轴线气相速度分布主要受到中心雾化空气的影响,辅助雾化空气对其影响很小,扇面控制空气对其几乎没有影响,如图 3.22 所示。因此,在图 3.30(a)中,扇面气相流场和辅助气相流场前半段的中轴线速度比中心气相流场的中轴线气相速度略大,而后半段基本一致。在 0.05 ms 时,结合图 3.23 可知,中心雾化空气与辅助雾化空气已相互混合,且从上端喷出扇面控制空气刚好也与其混合,此时扇面气相流场的中轴线气相速度由三种空气共同决定,同时气相流场沿轴线方向扩展。因此,在图 3.30(b)中,三者的中轴线气相速度分布呈现出中间差异较大、两端相差不多的现象。在 0.08 ms 时,从下端喷出的扇面控制空气刚好混合到主流空气中,气相流场继续沿轴线方向扩展,此时中轴线气相速度的分布规律与 0.05 ms 时的分布规律相似,只是中间产生的差异区域变大。

在 0.2 ms 时,轴向距离 0~0.015 m 范围内的气相流场已扩展充分,形成了相对稳定的气相流场:在 0.006 m 以前,三者的中轴线气相速度波动上升;在 0.006 m 附近,中轴线气相速度达到最大值;在 0.006 m 之后,中轴线气相速度呈缓慢波动降低趋势。

(2)*XZ* 平面和 *YZ* 平面气相速度分布

由图 3.22 至图 3.29 可知,中心气相流场、辅助气相流场和扇面气相流场在 *YZ* 平面内的气相速度分布差异并不太大,在 *XZ* 平面内的气相速度分布各不相同,且对于中心气相流场,气相速度在 *YZ* 平面内和 *XZ* 平面内的分布情况基本一致。因此,为进一步对气相流场进行分析,下面利用气相速度矢量对 *XZ* 平面内的三种气相流场扩展进行详细分析,同时对 *YZ* 平面内稳定的三种气相流场进行分析。

①*XZ* 平面内中心气相流场。

针对 0.02 ms、0.05 ms、0.08 ms 和 0.2 ms 时 *XZ* 平面内中心气相速度分布图,即图 3.26 至图 3.29 中的图(a),作出中心气相速度的矢量图,如图 3.31 所示。

由图 3.31 可知,在 0.02 ms 时,中心雾化空气刚刚从中雾化孔喷出,左右两侧的气流还未混合。气流的高速运动,将气流两侧的空气迅速吸卷进中间的高速气流,形成两个空气涡旋,其中,外侧的空气涡旋较大,内部的空气涡旋较小,如图(a)所示。同时,在内侧两个高速运动空气涡旋和中心气流的共同作用下,中间涂料孔附近的空气被分成两部分,上部分空气向上运动形成回流,下部分空气向下运动使得气相流场向外扩展。这是因为内侧两个空气涡旋的吸卷作用使得空气随之向上运动。中心气流的向下扩展带动空气向下运动,当前者的作用大于后者时,空气向上回流,反之则向下扩展,两者相等时即为零,如图(a)中的横线部分。

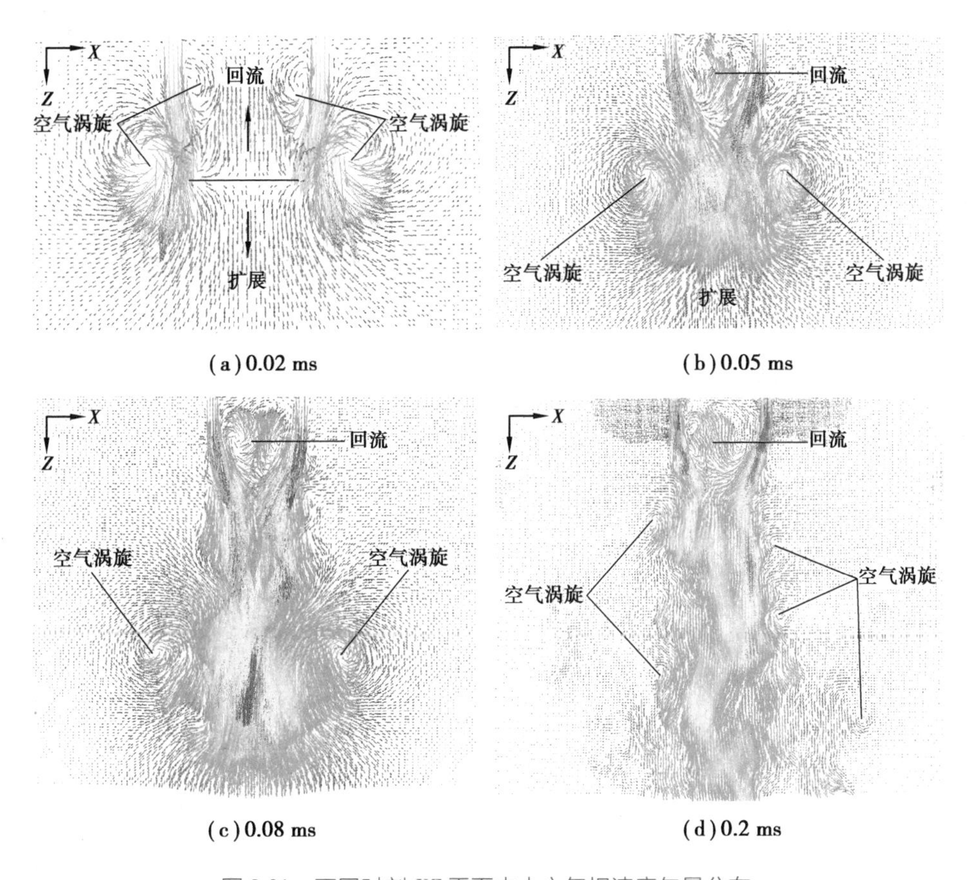

图 3.31　不同时刻 *XZ* 平面内中心气相速度矢量分布

当喷涂时间增加到 0.05 ms 时，两端的气流已混合，在喷嘴出口形成了“闭合”的回流区域，如图 3.31(b)所示，但两端的空气涡旋依然存在。结合表 3.2 可知，0.02 ms 时气相最大速度为 615 m/s，远大于 0.05 ms 时气相最大速度 513 m/s，且对比图 3.29 中的(a)和(b)两图空气涡旋可知，图 3.31(b)中的空气涡旋颜色要明显比图 3.31(a)浅，说明空气涡旋在扩展过程中具有减弱的趋势。当喷涂时间为 0.08 ms 时，中心气相流场继续扩展，空气涡旋继续减弱，形态与 0.05 ms 相似。

随着喷涂时间继续增加，在 0.2 ms 时，喷嘴出口处的中心气相流场已扩展充分，流场形态变化较大。在喷嘴出口处的回流区依然存在，流场中心区域速度较大，两侧速度较小；大空气涡旋消失，但在气相流场两侧分布着许多强度不均的小空气涡旋。这些小空气涡旋将外侧的空气不断吸卷进中心的空气流中，保持气相流场形态的基本恒定。

②*XZ* 平面内辅助气相流场。

相对于中心气相流场的扩展过程，辅助气相流场比中心气相流场多了一个辅助雾化空气与中心雾化空气混合的过程。首先对 *XZ* 平面内辅助雾化空气与中心雾化空气的混合过程进行分析，选取了 0.01 ms 和 0.02 ms 时的辅助气相速度矢量分布图，如图 3.32 所示。

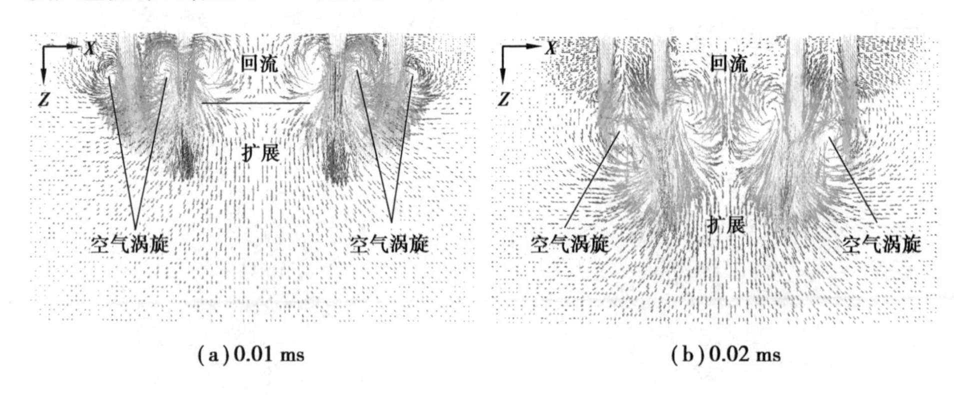

图 3.32　辅助雾化空气混合过程

由图 3.32 可知，在 0.01 ms 时，中心雾化空气和辅助雾化空气刚刚喷出，各自相对独立，但由于中心雾化空气压力要大于辅助雾化空气压力，中心雾化空气速度比辅助雾化空气速度更大，扩展距离更远。在流场中心，同样存在与中心气相流场相似的空气回流部分与扩展部分，两者成因基本相同。在辅助雾化空气外侧以及中心雾化空气两侧共有三个空气涡旋形成（流场对称分布，只考虑一半），根据中心气相流场的分析，中心雾化空气与辅助雾化空气之间应该有两个空气涡旋形成，但两者出口距离太近，且中心雾化空气压力要大于辅助雾化空气压力，使得中心雾化空气速度更大，吸卷作用更强，直接“吞噬”了辅助雾化空气的空气涡旋。从空气涡旋速度矢量的颜色上看，最外侧空气涡旋的速度最小，最内侧的空气涡旋次之，中间的空气涡旋最大。其原因仍为中心雾化空气压力要大于辅助雾化空气压力，导致最内侧的空气涡旋的速度大于最外侧空气涡旋，而两者中间的空气涡旋可看作两个空气涡旋的叠加，使得其速度最大。

当喷涂时间增至 0.02 ms 时，如图 3.32(b)所示，与图 3.32(a)相比，除了辅助气相流场扩展程度更大外，最大的区别在于空气涡旋由原来的三个变为两个(流场对称分布，只考虑一半)，最外侧的两个空气涡旋合二为一，且辅助雾化空气逐渐融入中心雾化空气中。这是因为随着喷涂时间增加，辅助雾化空气与中心雾化空气越来越接近，但由于中心雾化空气所形成的空气涡旋具有强烈的吸卷作用，辅助雾化空气及其外侧的空气涡旋被一并"吞噬"，并最终形成混合空气涡旋。

当辅助雾化空气和中心雾化空气混合后，辅助气相流场的扩展过程与中心气相流场的扩展过程基本相同，如图 3.33 所示。

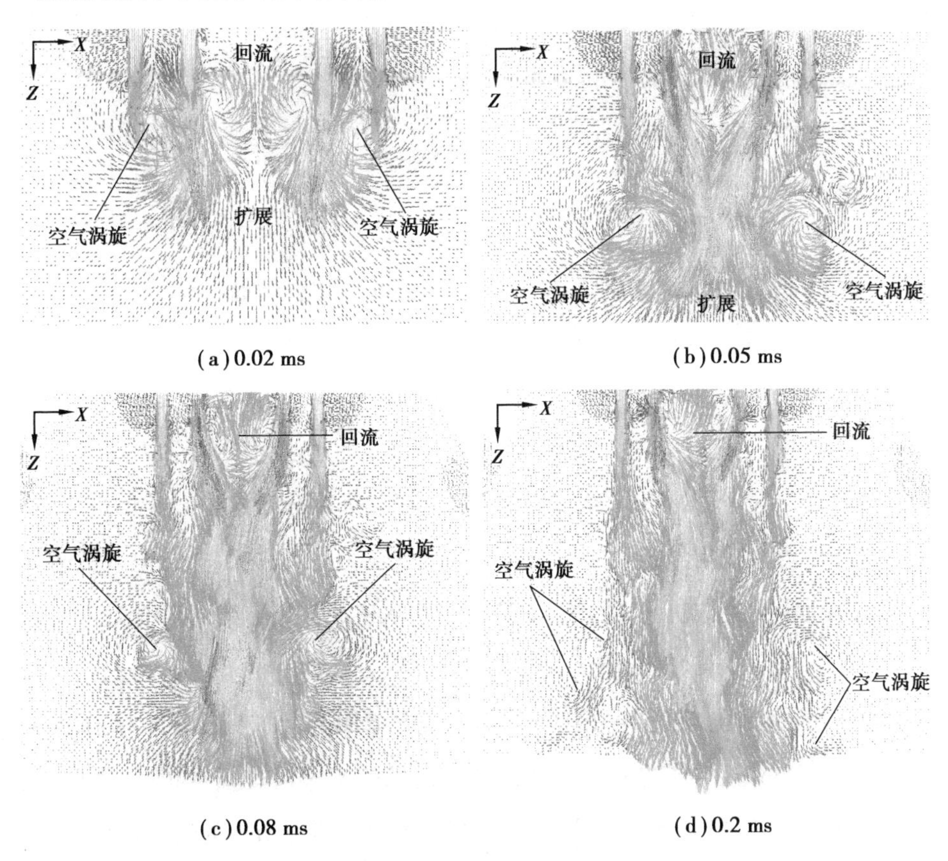

图 3.33　不同时刻 *XZ* 平面内辅助气相速度矢量分布

图 3.33(a)即为图 3.32(b)。从图 3.33 可以看出,在 0.05 ms 时,在中心雾化空气强烈的吸卷作用下,流场中的辅助雾化空气已被中心雾化空气完全“吞噬”。当辅助气相流场中的辅助雾化空气和中心雾化空气充分混合以后,辅助气相流场扩展过程及其规律与中心气相流场基本相同,即随着喷涂时间增加,空气涡旋继续向下运动,其强度逐渐衰减;当流场相对稳定后,大空气涡旋消失,但在气相流场两侧分布着许多强度不均的小空气涡旋。

此外,由于空气涡旋逐渐运动和辅助雾化空气的存在,在喷嘴附近的气相速度矢量分布发生了很大的变化,如图 3.34 所示。其中,图 3.34(a)和图 3.34(b)分别是图 3.29(d)和图 3.32(d)中喷嘴附近区域的气相速度矢量分布放大图。

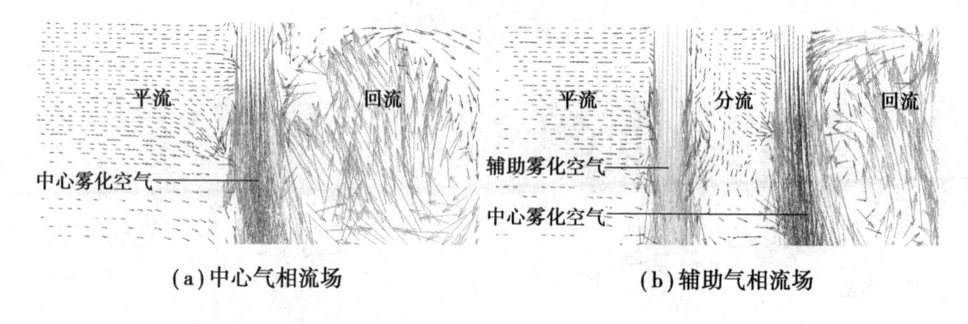

(a)中心气相流场　　(b)辅助气相流场

图 3.34　*XZ* 平面内喷嘴出口处不同流场气相速度矢量分布

对比图 3.34(a)和(b)不难发现,在喷嘴出口处,辅助气相流场比中心气相流场多了一个分流区域,该区域处于辅助雾化空气和中心雾化空气之间。平流区域在最外侧,当平流的空气接触到雾化空气时,迅速改变流向,融入雾化空气流。分流区域的空气,少部分流向辅助雾化空气,大部分流向中心雾化空气,其原因在于中心雾化空气压力大于辅助雾化空气压力,使得中心雾化空气的吸卷作用比辅助雾化空气更强,将更多的空气吸卷入中心雾化空气气流中。

③*XZ* 平面内扇面气相流场。

扇面气相流场在辅助气相流场的基础之上增加了扇面控制空气,其辅助雾化空气和中心雾化空气的混合与辅助雾化流场的扩展过程基本相同,因此,这里将侧重对扇面雾化空气与流场中心气流的混合进行分析。为便于对比分析,选取了 0.02 ms、0.03 ms、0.05 ms 和 0.08 ms 时的扇面气相速度矢量分布图，如图 3.35 所示。

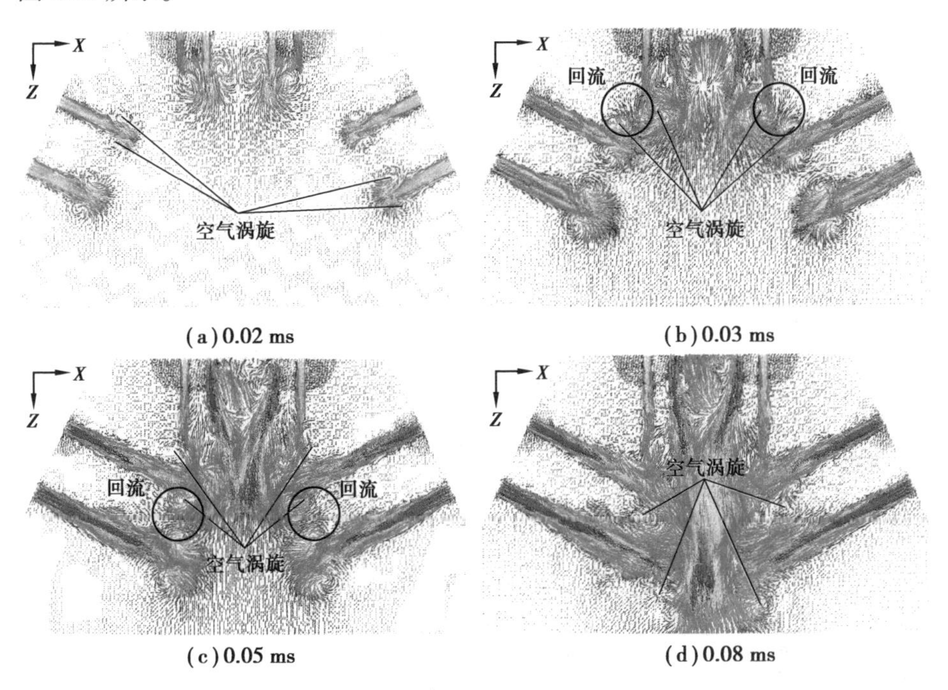

图 3.35　扇面雾化空气混合过程

在 0.02 ms 时，扇面气相流场在喷嘴出口附近的气相速度矢量分布与辅助气相流场基本相同，在左右两侧存在扇面控制空气，且在每个扇面空气流末端左右两侧都存在两个空气涡旋，如图 3.35(a) 所示。图 3.35(b) 中，当喷涂时间增加到 0.03 ms 时，辅助雾化空气与中心雾化空气在同一个空气涡旋的吸卷作用下开始混合，并与旁边上端扇面雾化空气的空气涡旋形成了新的回流区域，如图 3.36 所示。图 3.36 为图 3.35(b) 的局部放大图。

喷涂时间为 0.05 ms 时，如图 3.35(c) 所示，扇面气相流场继续扩展，但回流区域消失，且相近的两个空气涡旋逐渐合为一个；在上端扇面控制空气和下端扇面控制空气之间存在两个空气涡旋，并且在两个空气涡旋中间逐渐形成了新的回流区域，如图 3.37(a) 所示。在流场中心区域，气相速度矢量方向基本都竖直向下，说明流场不断垂直向外扩展，如图 3.37(b) 所示。图 3.37(a) 和 (b) 均为图 3.35(c)的局部放大图。

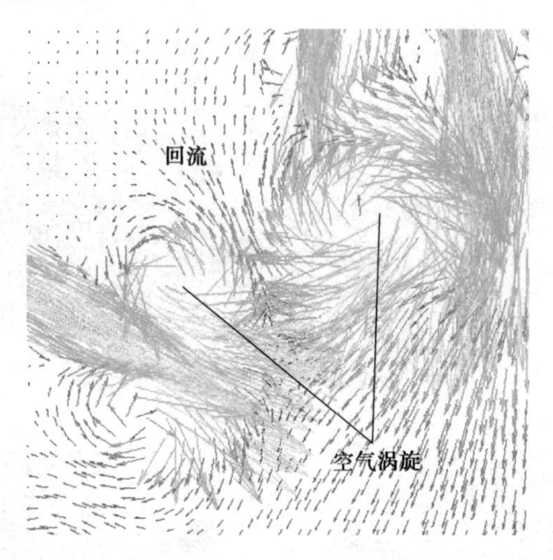

图 3.36　新回流区域的形成

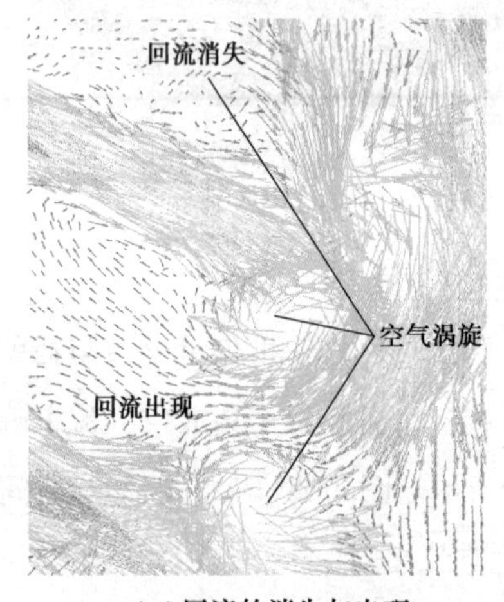

(a)回流的消失与出现

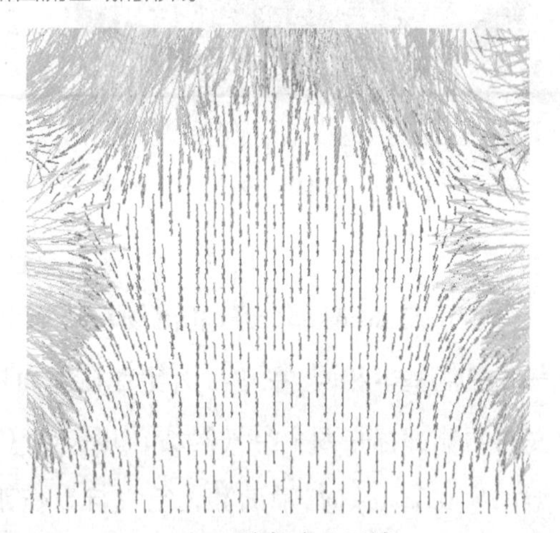

(b)流场中心区域

图 3.37　0.05 ms 时 *XZ* 平面内扇面气相流场局部放大图

在 0.08 ms 时,如图 3.35(d)所示,下端的扇面控制空气与中心区域的空气已经混合。此时,上端的扇面控制空气上侧的空气涡旋已经消散,下侧的两个空气涡旋逐渐合为一个,如图 3.38 所示;在气相流场中间区域,混合空气末端的两侧形成了两个新的空气涡旋,该涡旋的形成机理与辅助气相流场中最终空气涡旋的形成机理相同,也是由于流场中心区域雾化空气强烈的吸卷作用,流场中的扇面控制空气被完全“吞噬”。图 3.38 为图 3.35(d)的局部放大图。

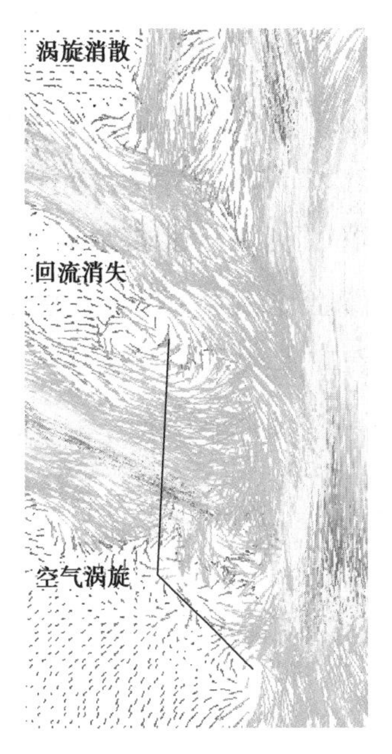

图 3.38　0.08 ms 时 XZ 平面内扇面气相流场局部放大图

随着喷涂时间继续增加,扇面气相流场继续扩展,到 0.2 ms 时,形成了相对稳定的气相流场,如图 3.39 所示。图 3.39 与图 3.35(d)相差并不大,喷嘴出口附近区域速度分布与辅助气相流场相同,依然存在着平流、分流和回流的区域;辅助雾化空气与上端扇面控制空气的交汇处并未出现空气涡旋。在上端扇面控制空气和下端扇面控制空气之间存在空气涡旋,同时在所有空气交汇之后也在两侧存在空气涡旋。比较三种气相流场的稳定形态,在末端,辅助气相流场的中心区域分布范围最大,中心气相流场次之,扇面气相流场最小,这主要是因为辅助雾化孔出口分布在中心雾化的外侧,使得辅助雾化空气对气相流场的扩展具有促进作用,但扇面控制空气出口分布在喇叭口上,在 XZ 平面内会冲击中心雾化空气和辅助雾化空气的混合气流,使得末端分布范围变窄。

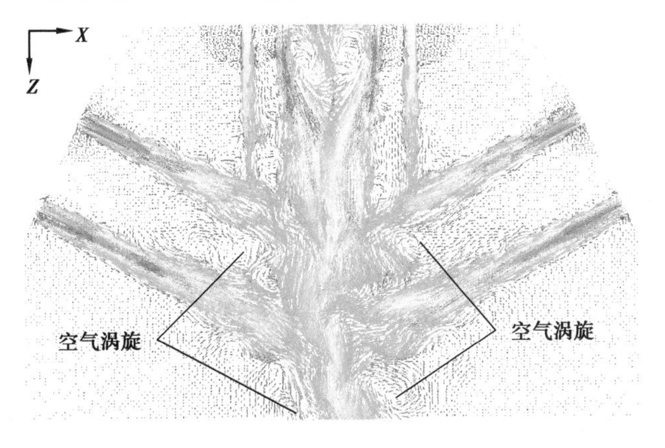

图 3.39　0.2 ms 时 XZ 平面内扇面气相速度矢量分布

④YZ 平面内气相流场。

在 YZ 平面内，三种气相流场的形态差异远不如 XZ 平面那么大，因此，这里只针对稳定后的三种气相流场进行对比分析，如图 3.40 所示。由该图可知，在 YZ 平面内三种气相流场呈现出共同的形态特征：在喷嘴出口处都存在一个“闭合”的回流区域；沿着 Z 方向，气相流场中心区域两侧分布着大小、强度不均的空气涡旋；从中心区域上看，扇面气相流场末端的分布范围最宽，其次是扇面气相流场，最小是中心气相流场。其中，扇面气相流场中心区域的末端分布范围要宽于中心气相流场，其原因在于辅助雾化空气对气相流场的促进作用，使其分

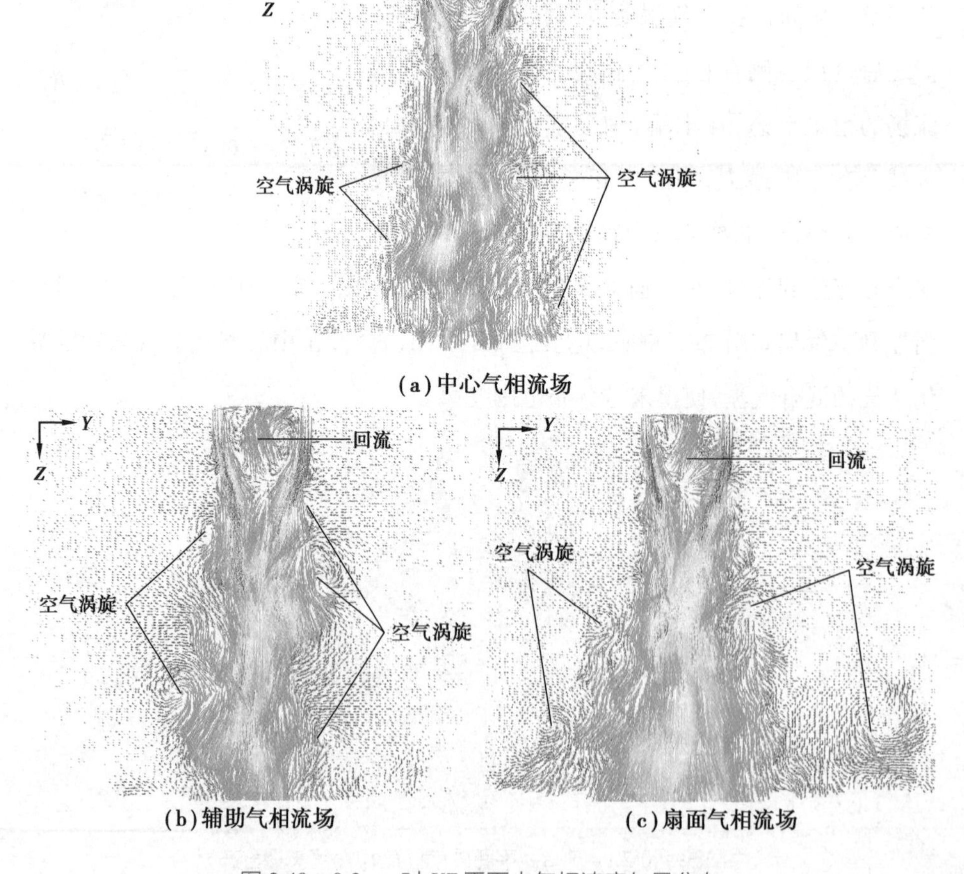

图 3.40　0.2 ms 时 YZ 平面内气相速度矢量分布

布范围更广。扇面气相流场末端分布范围最宽的原因在于在 X 方向上,中心雾化空气和辅助雾化空气的混合空气流受到喇叭口上扇面控制空气的冲击,使得扇面气相流场在 X 方向上收缩,在 Y 方向上延伸,导致 YZ 平面内扇面气相流场末端的分布范围最宽。

(3)不同轴向距离的气相速度分布

不同轴向距离的气相速度分布也各不相同,其分布规律是气相流场速度分布特性的重要组成部分之一。对于三种气相流场,中心气相流场和辅助雾化流场可认为都包含于扇面气相流场。为便于分析,选择轴向距离为 5.0 mm(Z=5.0 mm)时充分发展的扇面气相流场进行分析,如图 3.41 所示。为便于对比分析,图(a)为气相速度为 240 m/s 的等值面和平面 Z=5.0 mm 的气相速度云图,图(b)为气相速度为 240 m/s 的等值面和平面 Z=5.0 mm 的气相速度矢量分布图。

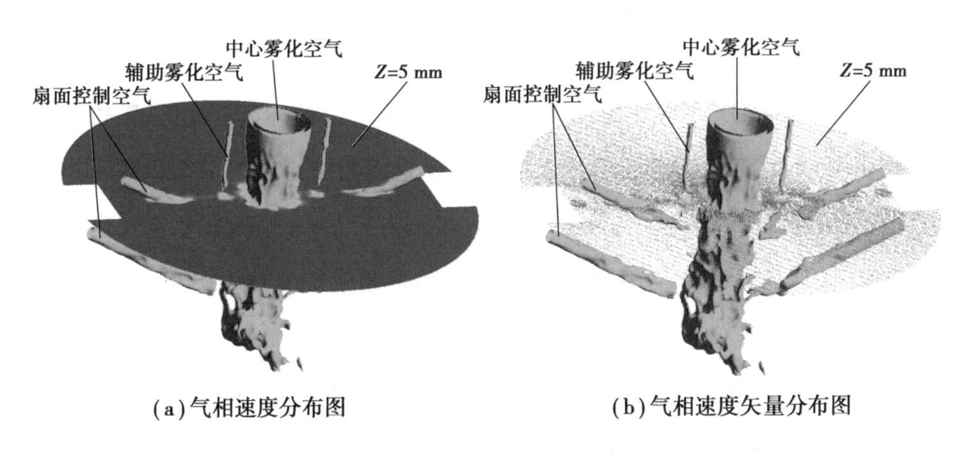

(a)气相速度分布图　　(b)气相速度矢量分布图

图 3.41　Z=5.0 mm 平面内扇面气相速度分布

由图 3.41 可知,在 Z=5.0 mm 平面内,越靠近中心雾化空气、辅助雾化空气和扇面控制空气的地方,气相速度越大,且旁边的空气被不断吸卷进入三种空气形成的混合流场中,使得流场沿着轴向继续扩展。对图 3.41(b)进行放大,如图 3.42 所示。其中,图 3.42(a)为图 3.41(b)的左侧局部放大图,图 3.42(b)为平面 Z=5.0 mm 上对应图 3.42(a)所处位置的气相速度三维图。由于气相速度矢量方向主要是向下，为清楚显示气相速度的方向和大小，图 3.42(b)表示翻转视图。

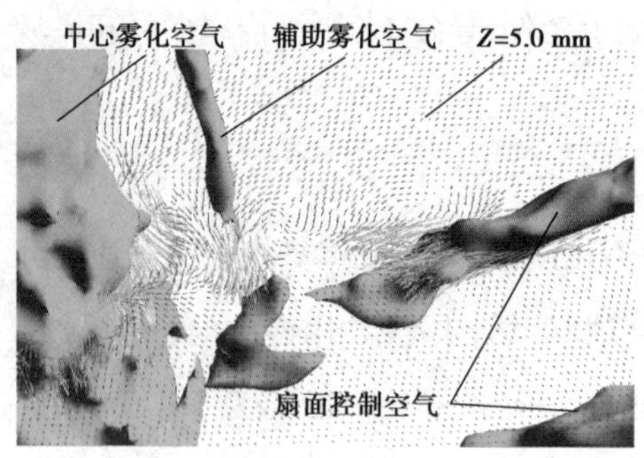

(a)气相速度矢量局部放大图

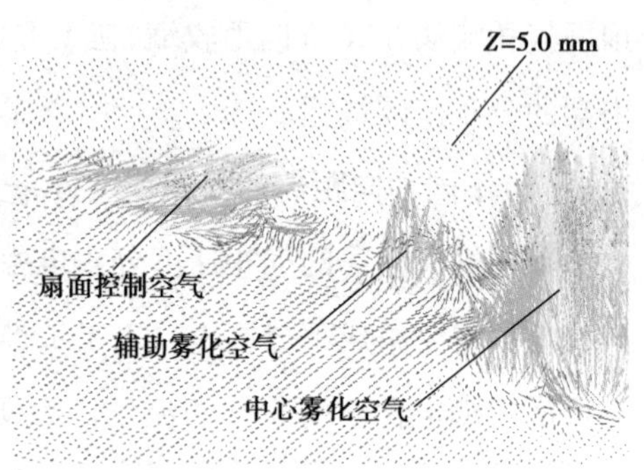

(b)气相速度矢量三维图

图 3.42　$Z=5.0$ mm 平面内扇面气相速度矢量局部视图

从图 3.42(a)可看出，气相流场对周围空气的强烈吸卷作用，使得四周的空气源源不断地进入气相流场中心区域。由图 3.42(b)可得，在 $Z=5.0$ mm 的平面上，中心雾化空气还未完全混合，特别是在各自的中心区域，都分别对旁边的空气具有吸卷作用。从气相速度矢量的大小和颜色上看，中心雾化空气和扇面控制空气的速度要大于辅助雾化空气，这主要是因为中心雾化空气和扇面控制空气的入口压力要大于辅助雾化空气的入口压力。其中，扇面控制空气是斜向流场中心区域的方向，这是因为扇面控制空气从喷嘴喇叭口中喷出，其朝向就是斜向冲击中心雾化空气，使气相流场产生形变。

根据三种气相流场的形态特征，选取轴向距离为 3.0 mm、5.0 mm 和 15.0 mm 对三种气相流场进行轴向的形态对比分析，如图 3.43 至图 3.45 所示。

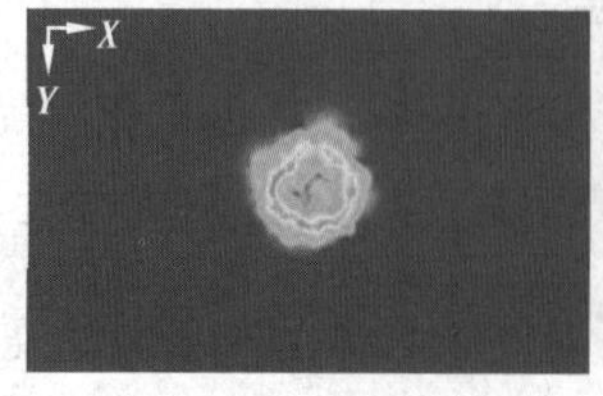

(a)中心气相流场

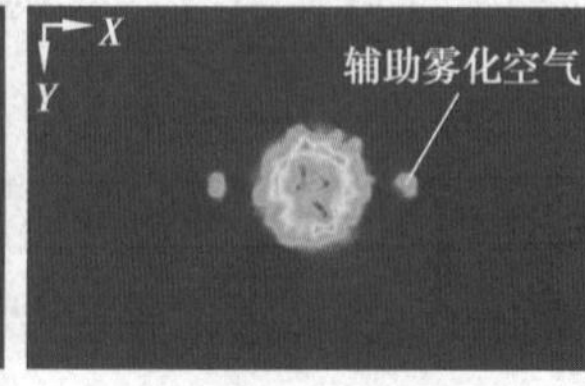

(b)辅助气相流场

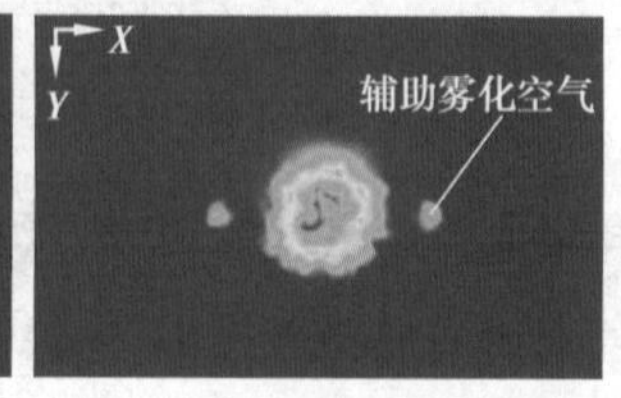

(c)扇面气相流场

图 3.43　$Z=3.0$ mm 平面内气相流场形态

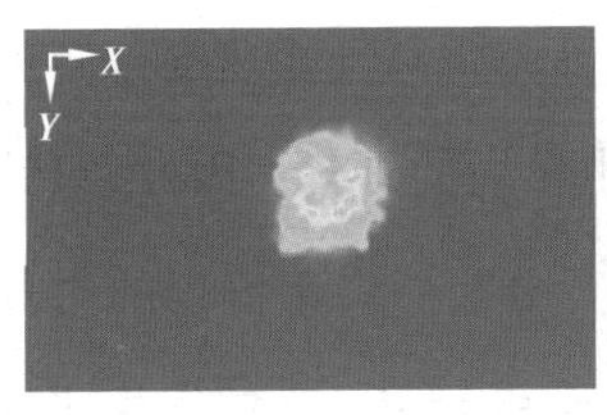

(a)中心气相流场

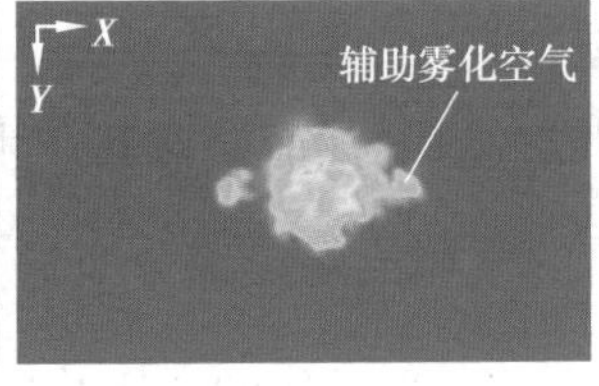

(b)辅助气相流场

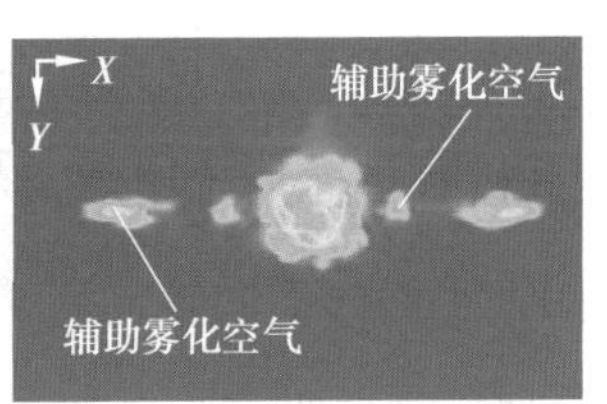

(c)扇面气相流场

图 3.44 $Z=5.0$ mm 平面内气相流场形态

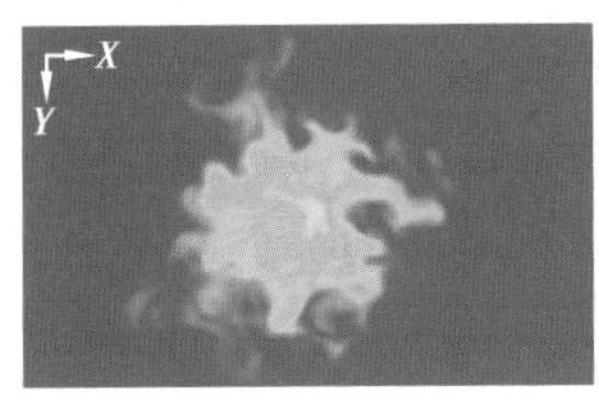

(a)中心气相流场

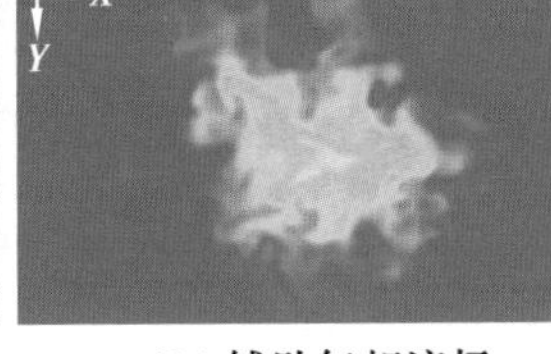

(b)辅助气相流场

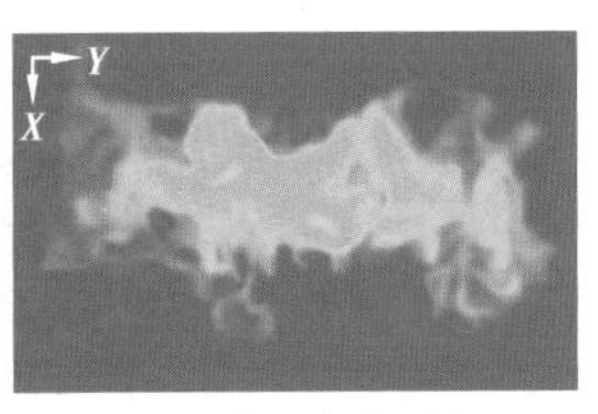

(c)扇面气相流场

图 3.45 $Z=15.0$ mm 平面内气相流场形态

由图 3.43 可知,在 $Z=3.0$ mm 时,三种气相流场的中心雾化空气都呈圆环状,中心气相速度较小,圆环气相速度较大;对于辅助气相流场和扇面气相流场,在圆环左右两侧还存在两个较小的辅助雾化空气流场区域,且在 $Z=3.0$ mm 时,扇面控制空气还未出现。当轴向距离为 5.0 mm 时,如图 3.44 所示,三种气相流场的中心雾化空气已由圆环变为圆饼,此时中心气相的速度较大,外侧气相速度较小;辅助雾化空气的分布范围有所扩大,且呈现出与中心雾化空气融合的趋势;在辅助雾化空气外侧出现了扇面控制空气流场,这是上端扇面控制空气在轴向距离为 5 mm 时的形态。当轴向距离增加到 15.0 mm 时,如图 3.45 所示,中心气相流场已完全扩展,由于湍流作用,圆饼状的流场已转变为不规则的扰动“圆团”;在辅助气相流场中,辅助雾化空气已经完全与中心雾化空气混合,也形成了一个不规则的扰动“圆团”;对于扇面气相流场,由于受到扇面控制空气的冲击,流场形状逐渐变为长条状,气相流场在 X 方向上受到压缩,在 Y 方向上受到拉伸。

由于在 XZ 平面内存在扇面控制空气,在对某个轴向距离气相速度分布进行分析时,扇面控制空气形成气流的截面会对其产生较大的干扰。因此,只针对 YZ 平面内不同轴向距离的气相流场速度分布进行分析。由于流场的对称性,选择轴向距离为 3.0 mm、5.0 mm、7.0 mm、10.0 mm 和 15.0 mm 的气相速度分布进行对比,如图 3.46 所示。

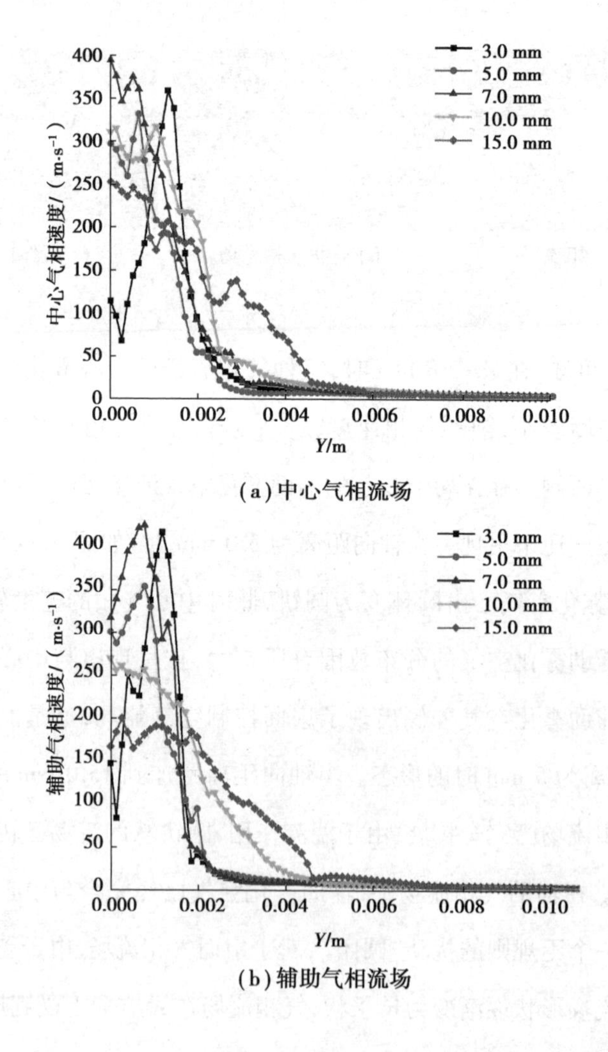

(a) 中心气相流场

(b) 辅助气相流场

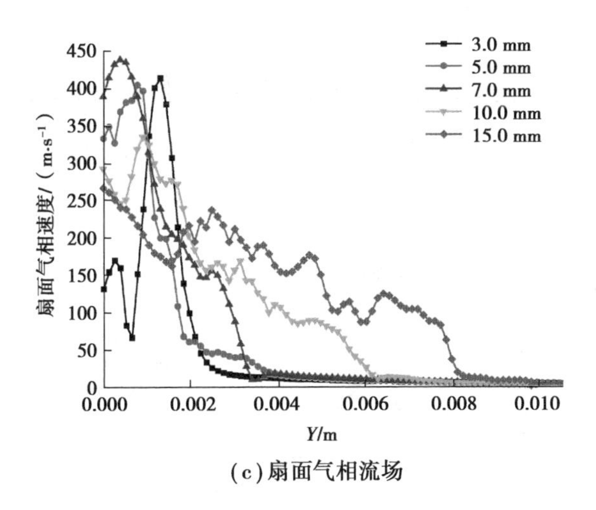

(c) 扇面气相流场

图 3.46　不同气相流场在不同轴向距离的速度分布

由图 3.46 可知，在 3.0~7.0 mm，三种气相速度都随着轴向距离的增加而增大；在 7.0~15.0 mm，气相速度随着轴向距离的增加而减小；气相速度都在轴向距离为 7.0 mm 时达到最大值，且扇面气相速度最大，辅助气相速度次之，中心气相速度最小，说明辅助雾化空气和扇面控制空气有助于气相速度的提升。

在 3.0~5.0 mm，三种气相速度分布范围都随着轴向距离的增加而扩大，且三种气相速度的分布范围基本相同；在 5.0~15.0 mm，气相速度分布范围随着轴向距离的增加而缩小，且扇面气相速度的分布范围逐渐大于中心气相流场和辅助气相速度的分布范围；从轴向距离为 15.0 mm 的气相速度分布上看，扇面气相速度分布范围最大，辅助气相速度次之，中心气相速度最小，说明辅助雾化空气和扇面控制空气有助于流场气相速度在 *YZ* 平面内分布范围的提升。

3) 气相流场压力分布特性

气相流场压力分布特性是气相流场分布特性的重要组成部分，分析气相流场压力分布有助于揭示气相流场在扩展过程中的形态变化。气相流场压力分布特性的分析主要从中轴线气相压力分布和 *XZ* 平面与 *YZ* 平面气相速度分布展开。

(1)中轴线气相压力分布

按照中轴线气相速度分布的分析方法,同样选择 0.02 ms、0.05 ms、0.08 ms 和 0.2 ms 四个喷涂时刻的流场扩展状态,将其中轴线气相压力值导出,如图 3.47所示。其中,图(a)~(d)分别表示 0.02 ms、0.05 ms、0.08 ms 和 0.2 ms 时不同流场中轴线气相压力的分布情况。

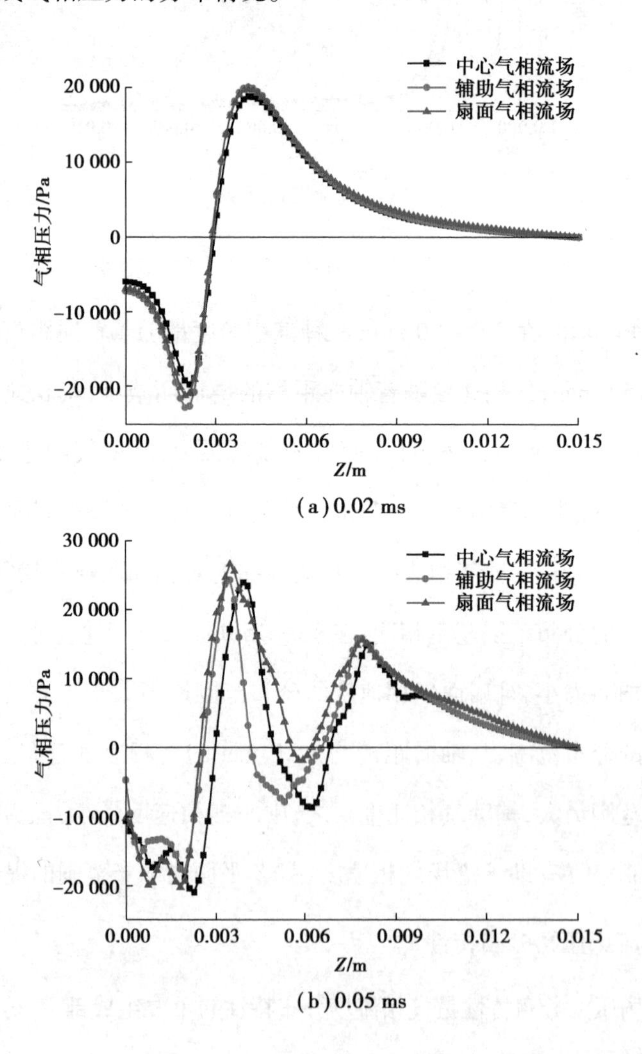

(a)0.02 ms

(b)0.05 ms

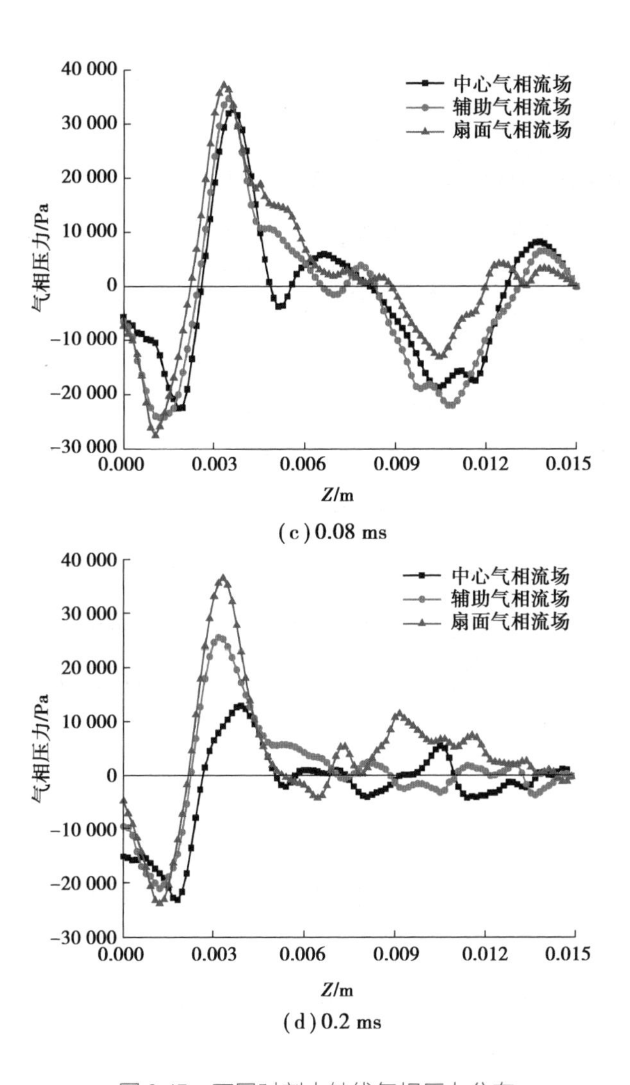

图 3.47 不同时刻中轴线气相压力分布

由图 3.47 可知,尽管三种气相流场的空气源有所不同,但随喷涂时间的变化规律基本一致。在 0.02 ms 时,三种空气刚从各自空气出口喷出。从图 3.22 和图 3.26 气相流场中速度在 *XZ* 平面和 *YZ* 平面分布可知,此时辅助雾化空气和扇面控制空气对中轴线附近的流场几乎没有影响,使得辅助空气流场和扇面气相流场的中轴线压力分布与中心气相流场几乎重叠,如图(a)所示。此时,中轴线压力随着轴向距离先表现为负压,且不断降低;当达到最大负压值后迅速减小,并在极短的时间内由最大负压转变为最大正压;而后压力逐渐降低,最终趋于零。

当喷涂时间增至 0.05 ms 时,从图 3.23 和图 3.27 可知,辅助雾化空气已与中心雾化空气完全混合,上端的扇面控制空气与中心空气流刚开始混合,导致辅助气相流场和扇面气相流场中轴线压力分布存在很大的相似性,都大于中心气相流场的中轴线压力,如图 3.47(b)所示。相比于图 3.47(a),0.05 ms 的气相流场进一步扩展,在中轴线上压力上下波动范围更大,三种流场最大正压都明显增大,但最大负压变化不大,且压力最终仍趋于零。

当喷涂时间为 0.08 ms 时,结合图 3.24 和图 3.28 可知,下端的扇面控制空气与中心空气流已经部分混合,使得辅助气相流场和扇面气相流场中轴线压力分布仍存在一定的相似性,且三种流场的中轴线压力分布都具有相同的变化趋势,如图 3.47(c)所示。相比于图 3.47(b),0.08 ms 时的气相流场继续扩展,中轴线压力波动范围增大,三种流场最大正压和最大负压也明显比 0.05 ms 时的压力值更大。

在 0.2 ms 时,气相流场已充分扩展,在轴向距离 0~5 mm 范围内,三种气相流场中轴线压力变化趋势相同,如图 3.47(d)所示。三者最大负压相差不大,但最大正压相差甚远。其中,扇面气相流场最大正压最大,辅助气相流场次之,中心气相流场最小。在后半段,三种气相流场中轴线压力均围绕 0 Pa 上下波动,这主要是湍流作用造成的。

(2)*XZ* 平面和 *YZ* 平面气相压力分布

三种气相流场的空气组成各不相同,雾化过程中存在复杂多变的湍流运动,导致不同气相流场中的压力分布也存在巨大差异。针对这种差异,从 *XZ* 平面和 *YZ* 平面这两个具有代表性的平面对三种稳定气相流场中的压力分布进行对比分析,如图 3.48 至图 3.50 所示。为了清楚表达空气涡旋中心的压力变化,对 *XZ* 平面和 *YZ* 平面都沿着第三坐标轴(*XZ* 平面沿 *Y* 轴,*YZ* 平面沿 *X* 轴)做了适当的倾斜处理。图中,颜色越靠近红色,正压越大;越靠近蓝色,负压越大;

两侧的绿色压力为零。

由图 3.48 至图 3.50 可知,无论是在 *XZ* 平面还是 *YZ* 平面,三种气相流场的压力分布都存在大量的压力涡旋,最大正压出现在中心雾化空气的交汇处,最大负压出现在喷嘴出口的回流区域。对于辅助雾化空气和扇面控制空气,其压力的分布呈现出正压涡旋与负压涡旋相交替的现象,如图 3.51 所示。其中,压力设置范围为-10 000~10 000 Pa。

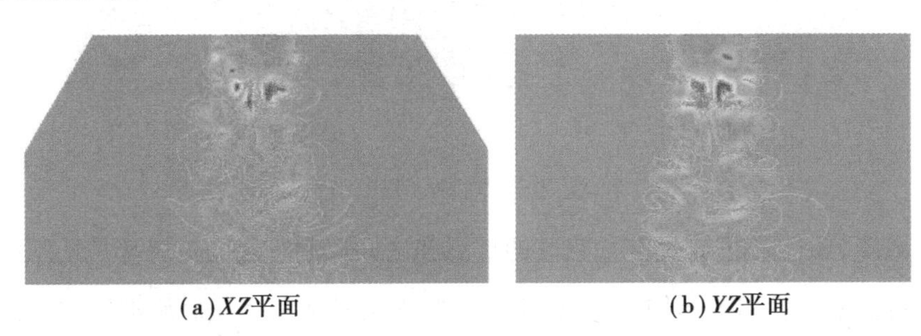

(a) *XZ*平面　　(b) *YZ*平面

图 3.48　中心气相流场压力分布

(a) *XZ*平面　　(b) *YZ*平面

图 3.49　辅助气相流场压力分布

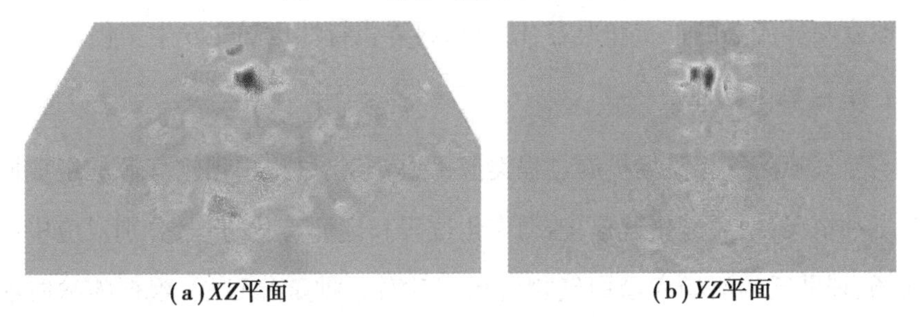

(a) *XZ*平面　　(b) *YZ*平面

图 3.50　扇面气相流场压力分布

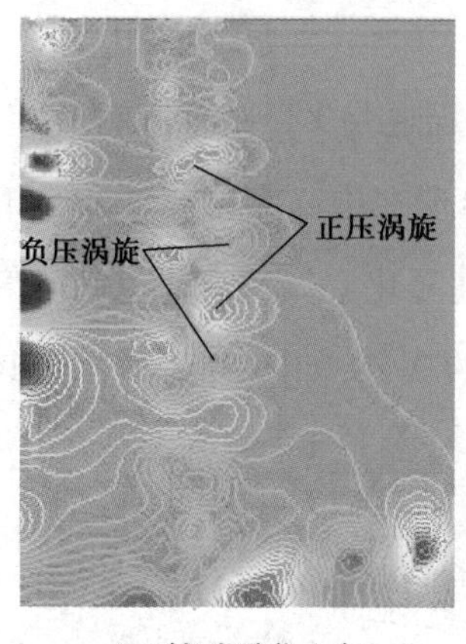

(a)辅助雾化空气

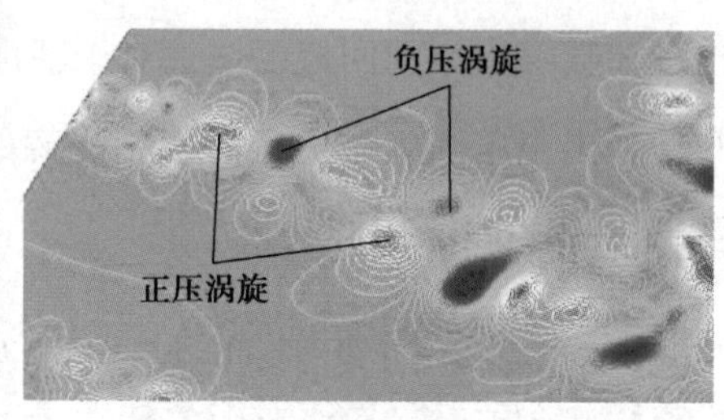

(b)扇面控制空气

图 3.51　辅助雾化空气和扇面控制空气压力分布

由图 3.51 可知,辅助雾化空气的扩展和扇面控制空气的扩展都是正压涡旋与负压涡旋交替向前延伸;辅助雾化空气的正压涡旋和负压涡旋都不如扇面控制空气的涡旋颜色深,说明辅助雾化空气的最大正压和最大负压均小于扇面控制空气的最大正压和最大负压。

3.2.2　喷雾流场特性

喷雾流场特性分析主要从涂料雾化过程、喷雾速度分布、压力分布和涂料相分布等方面展开。相比于二维雾化过程模拟,空气喷涂三维雾化过程模拟的空气源增加了扇面控制空气,这会直接影响气相流场和喷雾流场的扩展方向,进而改变喷雾流场的分布和形态,使得涂料雾化特性也随之发生变化。

1)涂料雾化过程

与空气喷涂气相流场扩展过程类似,涂料雾化过程根据空气源的组成同样分为三种情况:中心雾化过程、辅助雾化过程和扇面雾化过程,分别对应中心气相流场、辅助气相流场和扇面气相流场。针对三种雾化过程,根据喷涂时液体涂料随喷涂时间的雾化状态,分别选取了 0.7 ms、1.0 ms、1.3 ms 和 2.0 ms 时的涂料雾化状态进行对比,如图 3.52 至图 3.55 所示。其中,图(a)均表示中心雾化流场中的涂料雾化状态,图(b)均表示辅助雾化流场中的涂料雾化状态,图(c)均表示扇面雾化流场中的涂料雾化状态。此外,图中三种喷雾流场的涂料雾化状态都是以涂料体积分数等值面的方式进行表示。为清楚表示涂料在三维空间中的分布,其值设为1%。

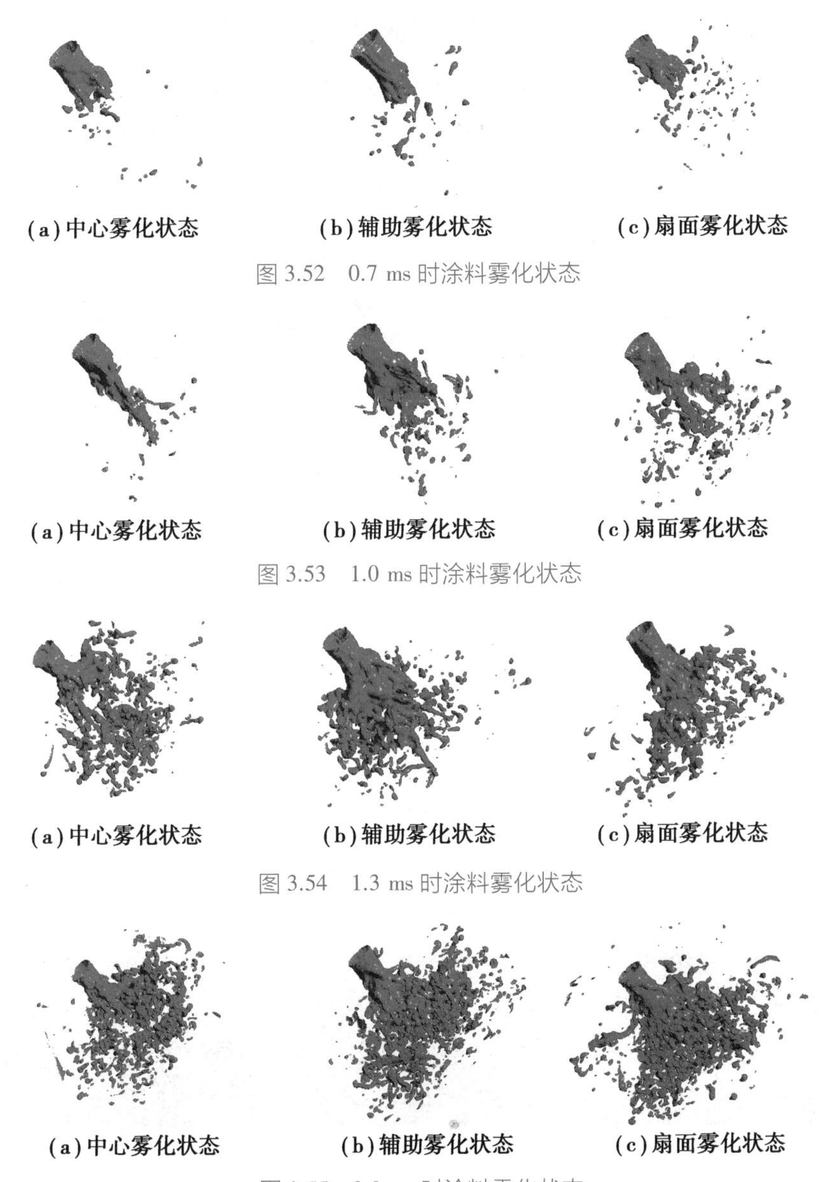

(a)中心雾化状态　(b)辅助雾化状态　(c)扇面雾化状态

图 3.52　0.7 ms 时涂料雾化状态

(a)中心雾化状态　(b)辅助雾化状态　(c)扇面雾化状态

图 3.53　1.0 ms 时涂料雾化状态

(a)中心雾化状态　(b)辅助雾化状态　(c)扇面雾化状态

图 3.54　1.3 ms 时涂料雾化状态

(a)中心雾化状态　(b)辅助雾化状态　(c)扇面雾化状态

图 3.55　2.0 ms 时涂料雾化状态

由图 3.53 至图 3.55 可知，三种雾化过程随喷涂时间的发展变化大致相同：在 0.7 ms 时，涂料从喷嘴喷出，逐渐开始雾化，但以中心的连续涂料流为主；在 1.0 ms 时，连续涂料流沿轴向继续扩展，离散的涂料微团逐渐增多，但仍以中心的连续涂料流为主；当喷涂时间增至 1.3 ms 时，连续涂料流大量雾化，大部分空间被细小的涂料微团或者更微小的涂料液滴占据；当喷雾时间达到 2.0 ms 时，涂料已充分雾化，并形成了较为稳定的喷雾流场。对比三种雾化过程可知，扇面雾化过程的雾化效果最佳，辅助雾化过程次之，最后是中心雾化过程，这种差异在喷涂时间为 0.7 ms 和 1.0 ms 时表现得尤为明显，即图 3.52 和图 3.53 中扇面雾化过程的离散涂料微团最多，其次是辅助雾化过程，而中心雾化过程最少。随着喷涂时间的增加，在高压空气流冲击下破碎形成的涂料微团和涂料液滴不断累积，使得雾化效果很难从外观上进行区分，如图 3.54 和图 3.55 所示。

因此，为进一步揭示三种雾化过程的差异，与气相流场的对比分析类似，下面分别从 *XZ* 平面和 *YZ* 平面两方面分别进行分析。

（1）*XZ* 平面涂料雾化过程

XZ 平面涂料雾化过程如图 3.56 至图 3.59 所示。其中，图（a）均表示中心雾化状态；图（b）均表示辅助雾化状态；图（c）均表示扇面雾化状态。

由图 3.56 至图 3.59 可知，在 *XZ* 平面内，中心雾化过程与辅助雾化过程基本相似，但在 *X* 方向上，涂料在中心雾化过程中的分布范围要略宽于辅助雾化过程的分布范围；在扇面雾化过程中，涂料在 *X* 方向上的分布范围明显收缩，这是因为扇面控制空气孔分布在 *X* 方向上，使得涂料在雾化过程中受到来自 *X* 方向的扇面控制空气的冲击，阻碍了雾化后的涂料在 *X* 方向上的扩展。

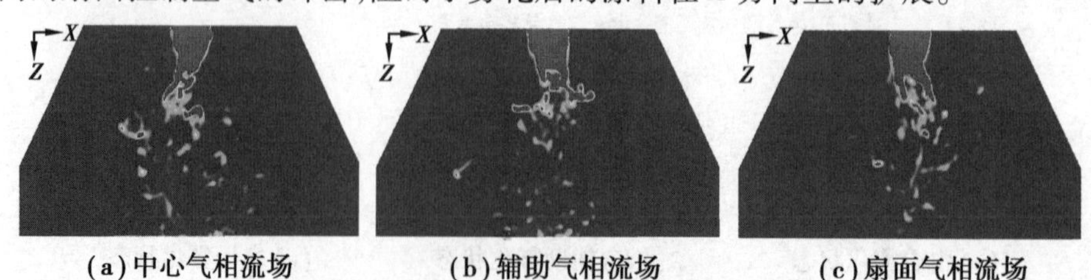

(a) 中心气相流场　**(b) 辅助气相流场**　**(c) 扇面气相流场**

图 3.56　0.7 ms 时 *XZ* 平面内涂料雾化状态

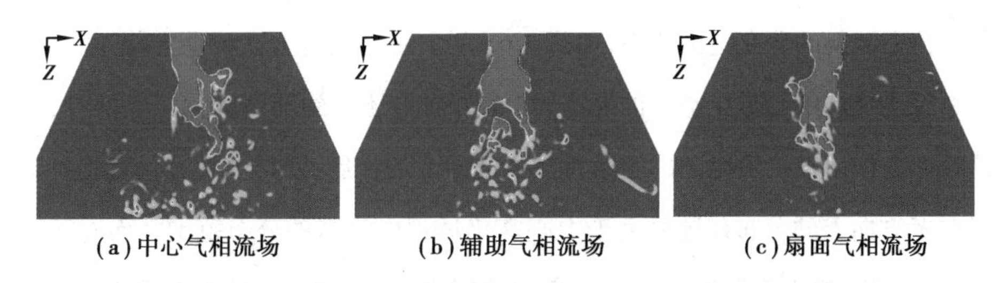

(a)中心气相流场　(b)辅助气相流场　(c)扇面气相流场

图 3.57　1.0 ms 时 *XZ* 平面内涂料雾化状态

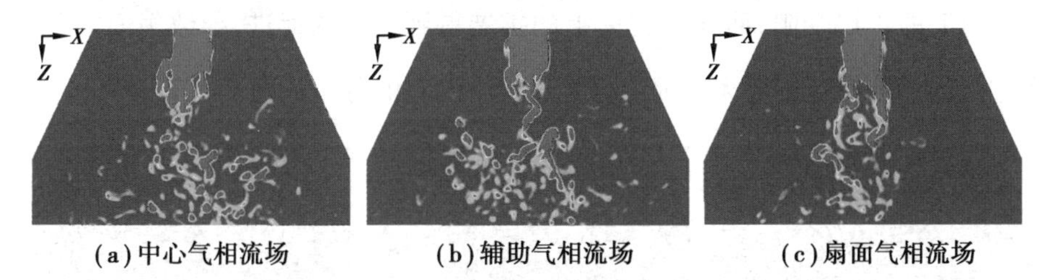

(a)中心气相流场　(b)辅助气相流场　(c)扇面气相流场

图 3.58　1.3 ms 时 *XZ* 平面内涂料雾化状态

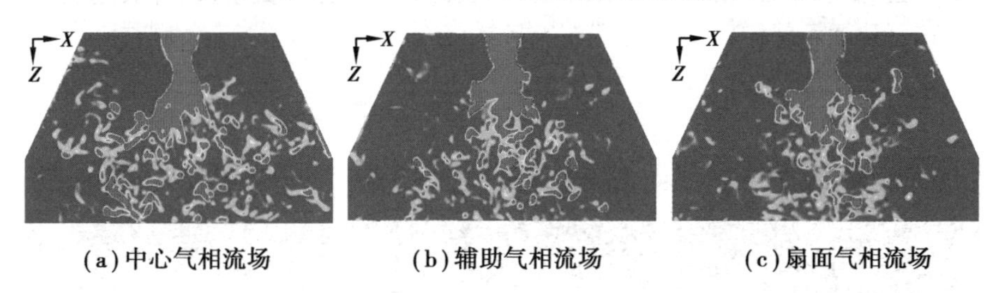

(a)中心气相流场　(b)辅助气相流场　(c)扇面气相流场

图 3.59　2.0 ms 时 *XZ* 平面内涂料雾化状态

(2)*YZ* 平面涂料雾化过程

图 3.60 至图 3.63 表示的是 *YZ* 平面内的涂料雾化过程，与 *XZ* 平面内的涂料雾化过程的表示方法类似，图(a)均表示中心雾化状态，图(b)均表示辅助雾化状态，图(c)均表示扇面雾化状态。

由图 3.60 至图 3.63 可知，三种涂料在雾化过程中，扇面雾化过程中的涂料微团和涂料液滴要多于中心雾化过程和辅助雾化过程；中心雾化过程中的连续涂料流最长，其次是辅助雾化过程中的连续涂料流，扇面雾化过程中的连续涂料流最短，如图 3.60 所示。对比三种最终的涂料雾化状态，在 *Y* 方向上，扇面雾化过程中涂料的分布范围最大，辅助雾化过程中涂料的分布范围略小，中心雾化过程中涂料的分布范围最小,如图 3.63 所示。这是因为在辅助雾化过程中,涂料除了受到中心雾化空气的冲击,在 X 方向上还受到辅助雾化空气的冲击,这种冲击作用直接促使破碎的涂料在 Y 方向上的扩展,使得辅助雾化过程中涂料在 Y 方向上的分布范围要大于中心雾化过程中涂料的分布范围。而对于扇面雾化过程,涂料还受到 X 方向上扇面控制空气的冲击,使得雾化后的涂料在 X 方向上的扩展受阻,而在 Y 方向上的扩展得到更大的促进,导致扇面雾化过程中涂料的分布范围要大于辅助雾化过程中涂料的分布范围。

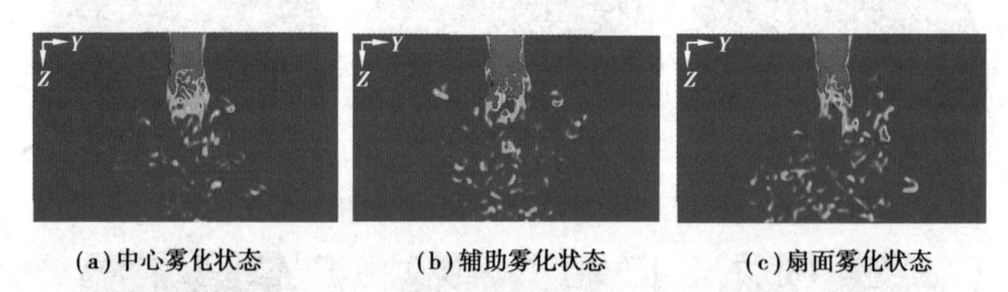

(a)中心雾化状态　(b)辅助雾化状态　(c)扇面雾化状态

图 3.60　0.7 ms 时 YZ 平面内涂料雾化状态

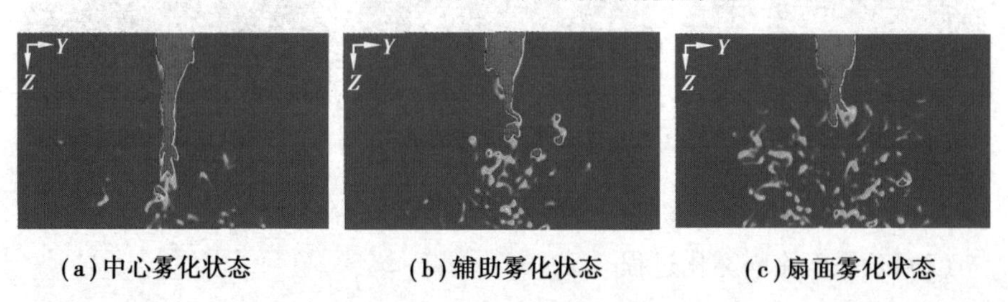

(a)中心雾化状态　(b)辅助雾化状态　(c)扇面雾化状态

图 3.61　1.0 ms 时 YZ 平面内涂料雾化状态

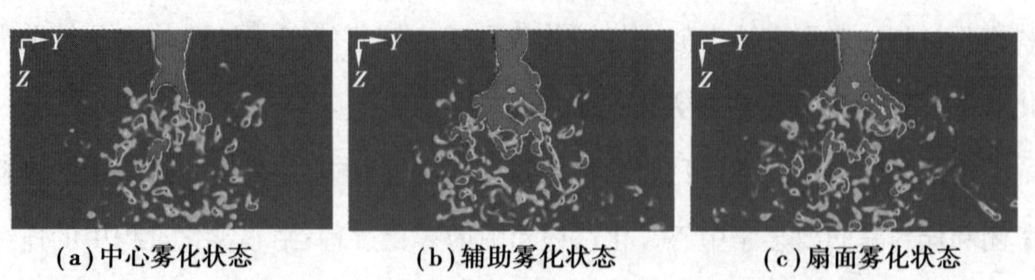

(a)中心雾化状态　(b)辅助雾化状态　(c)扇面雾化状态

图 3.62　1.3 ms 时 YZ 平面内涂料雾化状态

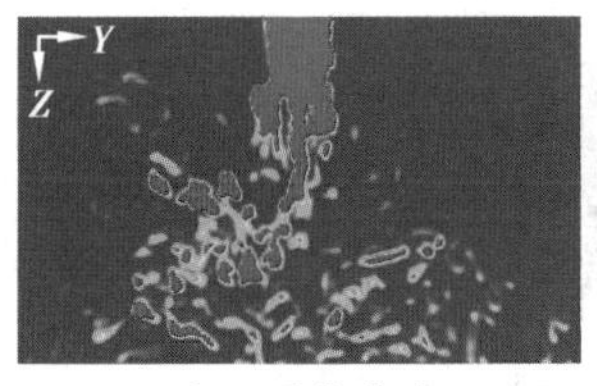

(a)中心雾化状态

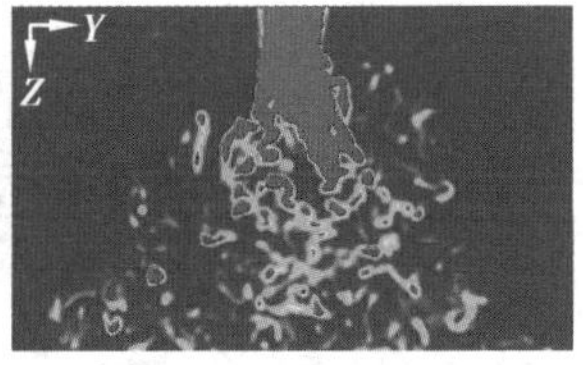

(b)辅助雾化状态

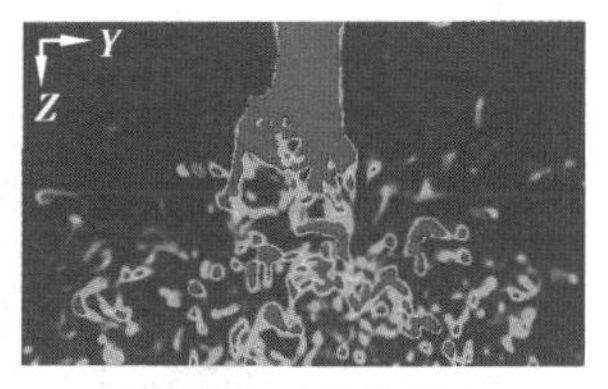

(c)扇面雾化状态

图 3.63　2.0 ms 时 *YZ* 平面内涂料雾化状态

2)喷雾流场速度分布特性

喷雾流场速度分布特性是空气喷涂喷雾流场特性的重要组成部分,其分析主要从中轴线喷雾速度分布、*XZ* 平面与 *YZ* 平面喷雾速度分布以及不同轴向距离的速度分布等方面进行展开。

(1)中轴线喷雾速度分布

与气相流场类似,喷雾流场中轴线喷雾速度随喷涂时间的变化过程直接体现了喷雾流场在轴线方向上的扩展状态。针对 0.7 ms、1.0 ms、1.3 ms 和 2.0 ms 四个喷涂时刻,将不同喷雾流场的中轴线喷雾速度导出,对涂料雾化过程进行定量分析,如图 3.64 所示。其中,图(a)~(d)分别表示 0.7 ms、1.0 ms、1.3 ms 和 2.0 ms 时不同流场喷雾速度在中轴线上的分布情况。

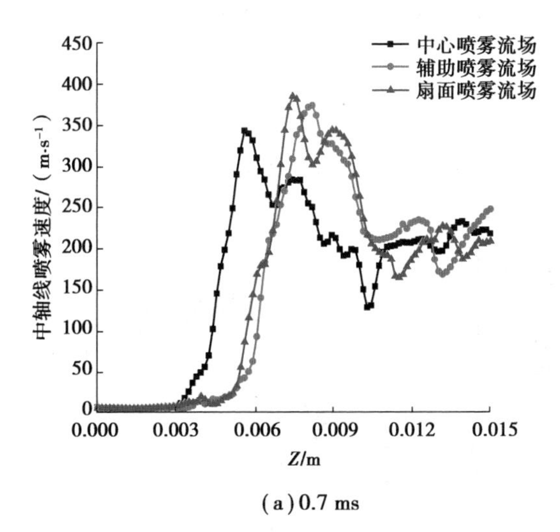

(a)0.7 ms

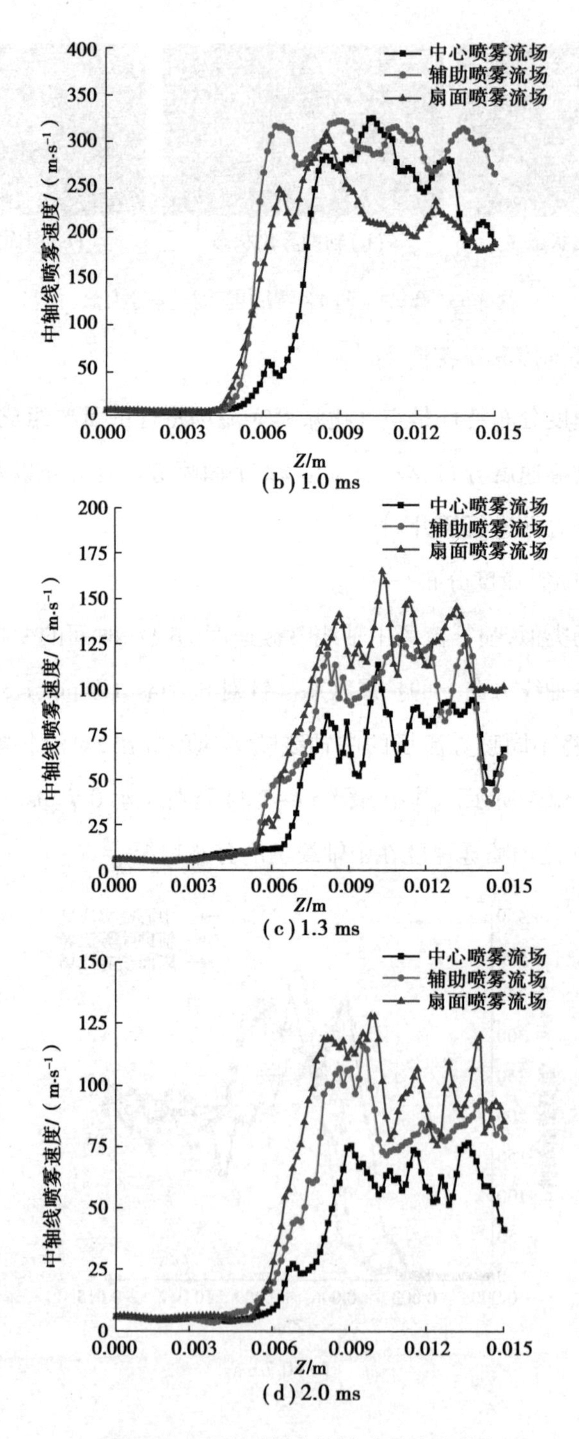

图 3.64　不同时刻中轴线喷雾速度分布

由图 3.64 可知,不同雾化过程的中轴线喷雾速度分布差异较大,且这种差异在涂料雾化过程中并不始终保持一致,而是随着喷雾流场的扩展阶段不断变化。从总体上看,三种喷雾流场的中轴线喷雾速度变化先保持不变,然后突然波动上升,最后波动下降,且其最大值随着喷雾时间的增加而不断降低;在中轴线上靠近喷嘴的部分(约 0~0.006 m)。三种喷雾流场的中轴线喷雾速度都趋于零,这是因为连续涂料流的存在,而在轴向距离 0.06 m 处喷雾速度突然增大,这是因为连续涂料流在高压空气的冲击下开始破碎,并获得较大动能,使得喷雾速度突然增加;对于最终形成的喷雾流场(喷涂时间为 2.0 ms),扇面喷雾流场的中轴线喷雾速度最大,辅助喷雾流场次之,中心喷雾流场最小。

在 0.7 ms 时,三种喷雾流场的中轴线喷雾速度变化趋势基本一致,特别是辅助喷雾流场和扇面喷雾流场,两者几乎相同,这是因为此时涂料刚刚喷出,其雾化主要取决于中心雾化空气和扇面控制空气;中心喷雾流场的中轴线喷雾速度突增的位置要明显早于辅助喷雾流场和扇面喷雾流场,这说明中心喷雾流场中的连续涂料流长度要明显短于其余两者,而其余两者的连续涂料流长度基本相同。在 1.0 ms 时,中心喷雾流场的中轴线喷雾速度突增、位置后移,这表明其连续涂料流长度大于其余两者的连续涂料流长度;从后半段看,辅助喷雾流场的喷雾速度最大,中心喷雾流场次之,扇面喷雾流场最小,说明辅助雾化空气有助于提高喷雾速度,而此时由于扇面控制空气是斜向冲击中心的气液混合流场的,所以其速度在 X 方向上有所抵消,导致扇面喷雾流场的喷雾速度最小,如图 3.65 所示。

当喷涂时间增加至 1.3 ms 时,三种喷雾流场中心的连续涂料流长度大小与 1.0 ms 时的规律一致,而此时扇面喷雾流场的喷雾速度最大,辅助喷雾流场次之,中心喷雾流场最小。这是因为在高压空气的冲击下,流场中积聚了大量破碎后的涂料微团和涂料液滴,扇面控制空气在 X 方向上的冲击降低喷雾速度的同时,也在轴向方向上促进喷雾速度的增加,且这种促进作用在体积较小的离散涂料微团和涂料液体上表现得尤为明显,故而使得喷雾速度不减反增。而辅

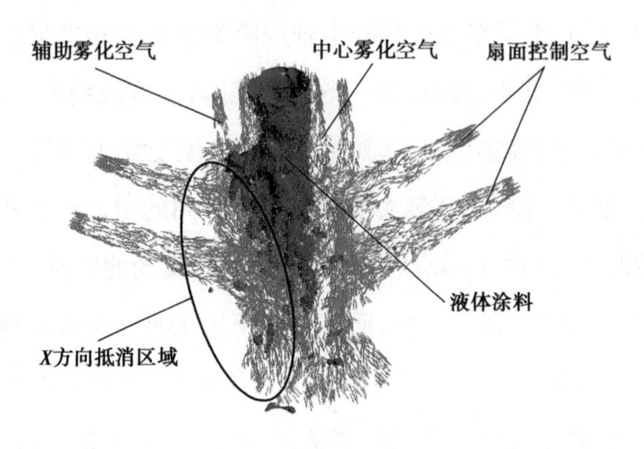

图 3.65　1.0 ms 时扇面喷雾流场的气液两相示意图

助喷雾流场的喷雾速度大于中心喷雾流场的喷雾速度，其原因仍在于辅助雾化空气的促进作用。当喷雾流场相对稳定后，即喷雾时间为 2.0 ms 时，三种喷雾流场中心的连续涂料流长度大小和喷雾速度大小排列均保持不变，且后者排列的差距更加明显。

(2) *XZ* 平面和 *YZ* 平面喷雾速度分布

针对三种喷雾流场的喷雾速度，结合对应的三种气相流场中的气相速度分布，对稳定状态下的喷雾速度分布进行对比分析。之所以选择稳定状态下的喷雾流场和气相流场进行对比分析，是因为由气相扩展过程和涂料雾化过程可知，气相流场的扩展要明显快于喷雾流场的扩展，且涂料的出口速度较小。当涂料刚刚喷出时，气相流场已基本扩展充分，达到稳定状态，造成两者在时间上的不对等性，故选择稳定状态下的喷雾流场和气相流场进行对比分析更合理。

①*XZ* 平面内喷雾速度分布。

由前面的分析可知，在 0.2 ms 时，气相流场已处于稳定状态，而在 2.0 ms 时，喷雾流场也已趋于稳定。因此，下面选择 0.2 ms 时的气相流场和 2.0 ms 时的喷雾流场进行对比分析，如图 3.66 至图 3.68 所示。其中，图 3.66(a)~(c)分别表示稳定状态下的中心气相流场、辅助气相流场和扇面气相流场的气相速度分布；图 3.67(a)~(c)分别表示稳定状态下的中心喷雾流场、辅助喷雾流场和扇面喷雾流场的喷雾速度分布；图 3.68(a)~(c)分别表示稳定状态下的中心喷雾流场、辅助喷雾流场和扇面喷雾流场的喷雾速度矢量分布和体积分数为 1%的涂料相分布。

由图 3.66 和图 3.67 对比可知，气相流场形态和喷雾流场形态在喷嘴出口的外形上相似度很高，但喷雾流场存在涂料液相，使得原来气相流场中的回流区域逐渐消失；在距离喷嘴涂料出口较远的位置，大量的涂料雾化，且雾化的涂料获得了原先气相流场中的动能，使得空气相被冲散，且气相速度大幅降低。

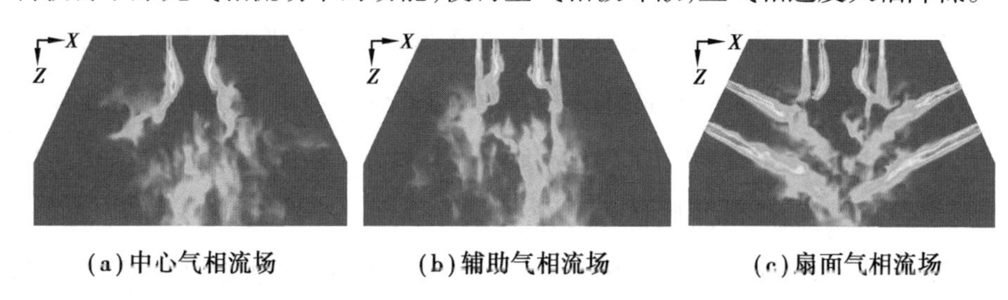

(a) 中心气相流场　(b) 辅助气相流场　(c) 扇面气相流场

图 3.66　*XZ* 平面内气相流场形态

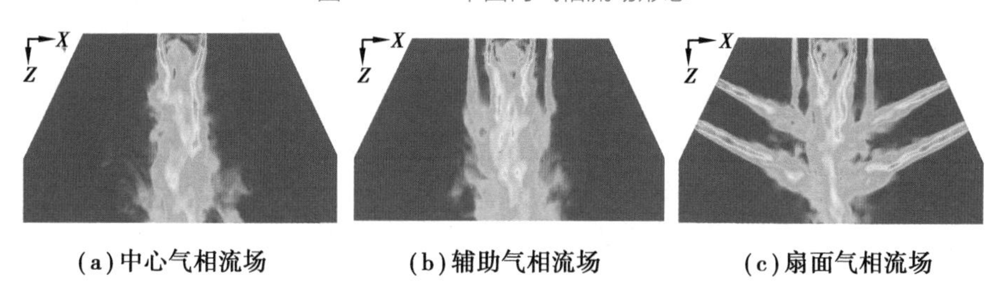

(a) 中心气相流场　(b) 辅助气相流场　(c) 扇面气相流场

图 3.67　*XZ* 平面内喷雾流场形态

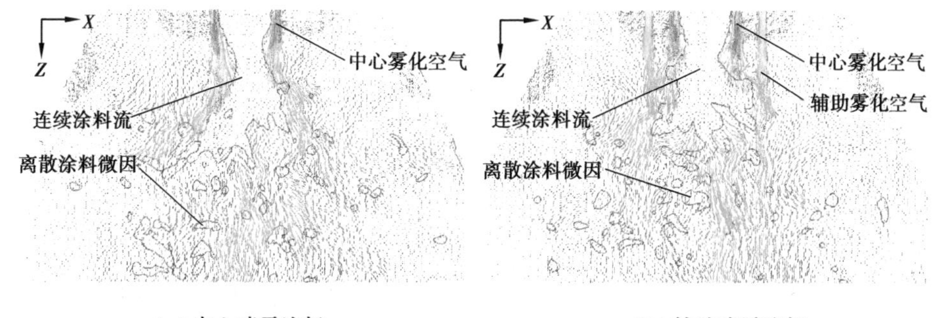

(a) 中心喷雾流场　(b) 辅助喷雾流场

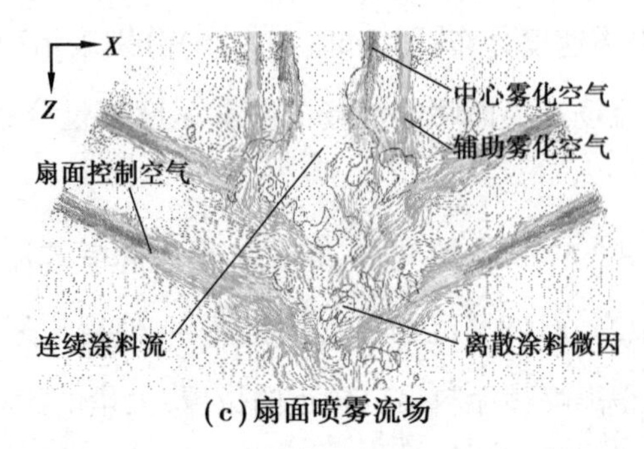

(c)扇面喷雾流场

图 3.68　*XZ* 平面内喷雾流场气液两相分布

图 3.68 清楚地表示了三种喷雾流场中的涂料在 *XZ* 平面内各自的雾化状态,从中不难看出,连续涂料流两端受高速气流的强烈冲击,破碎形成大量涂料微团,同时,原来气相流场中的空气涡旋逐渐消散。在扇面喷雾流场中,由于涂料受到来自左右两端扇面控制空气的冲击,涂料在 *XZ* 平面内的分布范围要比中心喷雾流场和辅助喷雾流场小。在连续涂料流即将破碎成涂料微团时,连续涂料流尾部的速度会逐渐增加,且在连续涂料流外部存在高速运动的气流,如图 3.69 所示。

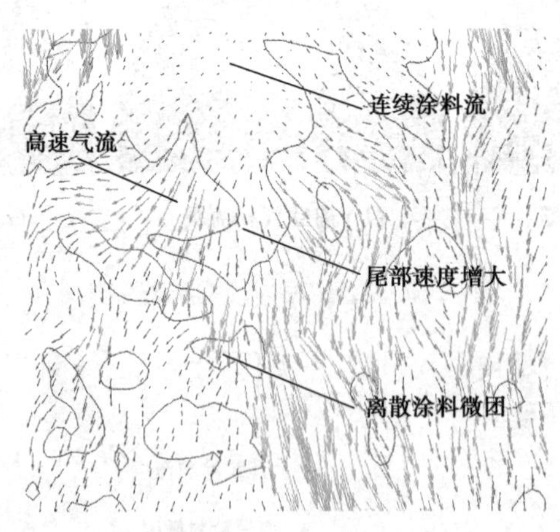

图 3.69　涂料流尾部雾化状态

②*YZ* 平面内喷雾速度分布。

同理,下面对 *YZ* 平面内 0.2 ms 时的气相流场和 2.0 ms 时的喷雾流场进行对比分析,如图 3.70 至图 3.72 所示。其中,图 3.70(a)~(c)分别表示稳定状态下的中心气相流场、辅助气相流场和扇面气相流场的气相速度分布;图 3.71(a)~

(c)分别表示稳定状态下的中心喷雾流场、辅助喷雾流场和扇面喷雾流场的喷雾速度分布；图 3.72(a)～(c)分别表示稳定状态下的中心喷雾流场、辅助喷雾流场和扇面喷雾流场的喷雾速度矢量分布和体积分数为 1%的涂料相分布。

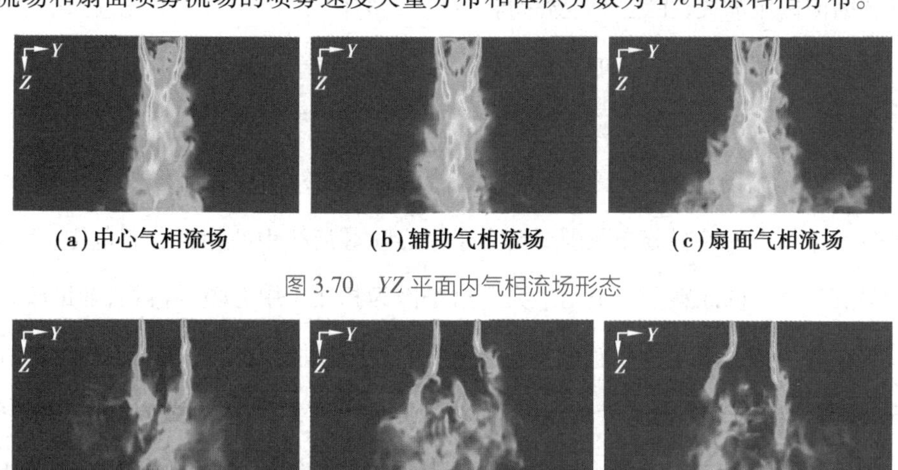

(a) 中心气相流场　(b) 辅助气相流场　(c) 扇面气相流场

图 3.70　*YZ* 平面内气相流场形态

(a) 中心喷雾流场　(b) 辅助喷雾流场　(c) 扇面喷雾流场

图 3.71　*YZ* 平面内喷雾流场形态

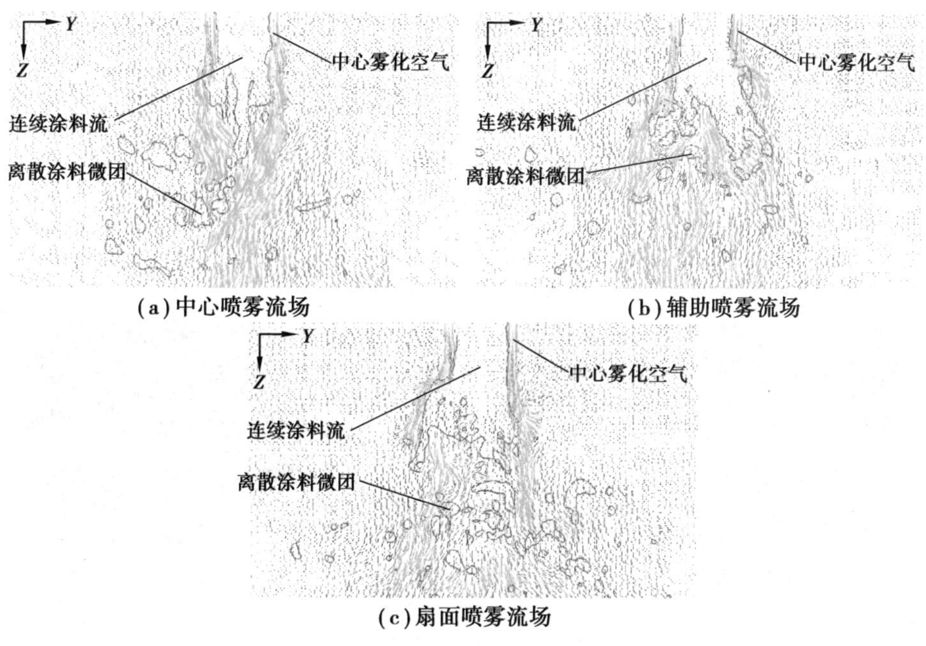

(a) 中心喷雾流场　(b) 辅助喷雾流场

(c) 扇面喷雾流场

图 3.72　*YZ* 平面内喷雾流场气液两相分布

由图 3.70 至图 3.72 可知，在 YZ 平面内，无论是三者的气相流场还是喷雾流场，其基本形态都相差不大。相比于气相流场，三者的喷雾流场在喷嘴出口处的回流区域消失；在距离喷嘴涂料出口较远的位置，由于涂料雾化，雾化的涂料吸收了气相流场中空气的动能，使得流场中的空气相被冲散，且气相速度大幅降低。

从喷雾流场看，中心喷雾流场中的涂料分布相对集中在流场中心区域，辅助喷雾流场中的涂料分布范围要略大于中心喷雾流场中的涂料分布范围，而辅助喷雾流场中的涂料分布范围最大。这是因为相比于中心喷雾流场，辅助喷雾流场在 X 方向上多了两个辅助雾化空气孔，由于辅助雾化空气在 X 方向上的冲击，喷雾流场在 X 方向上受到压缩，而在 Y 方向上得到促进，导致扇面两相流场中的涂料沿着 Y 方向扩展。同理，相比于辅助喷雾流场，扇面喷雾流场在 X 方向上多了四个扇面控制孔，使得喷雾流场在 Y 方向上进一步得到促进，导致扇面两相流场中的涂料沿着 Y 方向进一步扩展。

(3)不同轴向距离喷雾速度分布。

不同轴向距离的喷雾速度分布都各不相同。按照不同轴向距离气相速度分布的分析方法，选取轴向距离为 3.0 mm、5.0 mm 和 15.0 mm 的 YX 平面，对平面上稳定状态下的喷雾速度分布进行形态对比分析，如图 3.73 至图 3.75 所示。

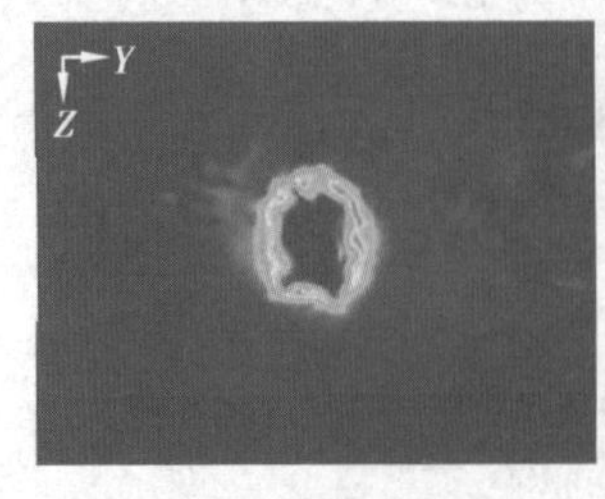

(a)中心喷雾流场

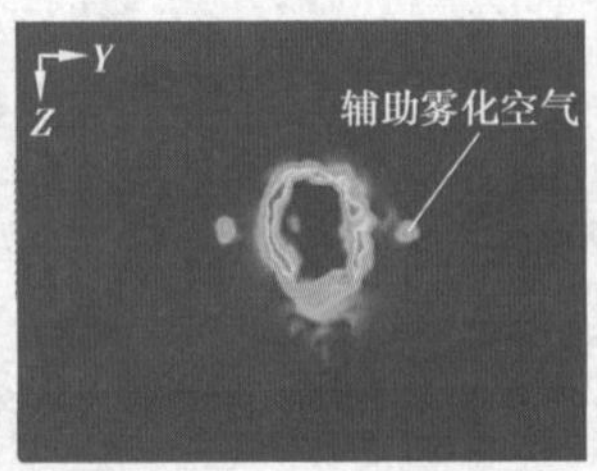

(b)辅助喷雾流场

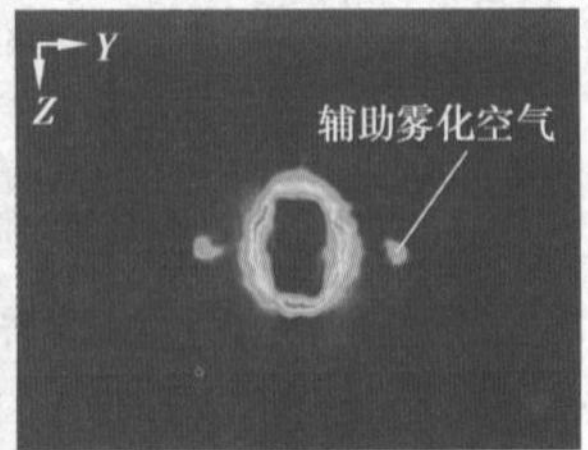

(c)扇面喷雾流场

图 3.73　喷雾流场形态(Z=3.0 mm)

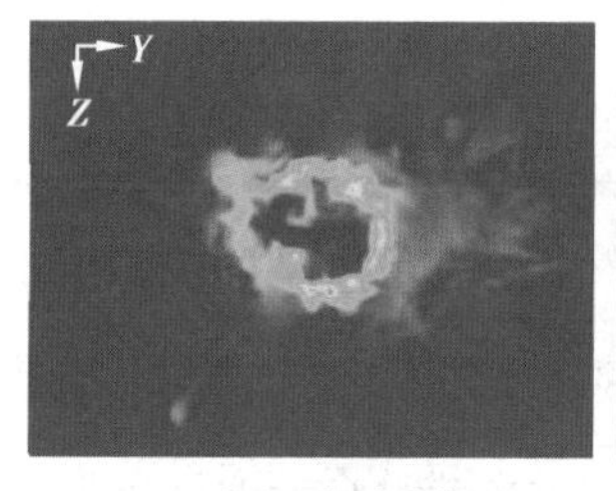

(a) 中心喷雾流场

(b) 辅助喷雾流场

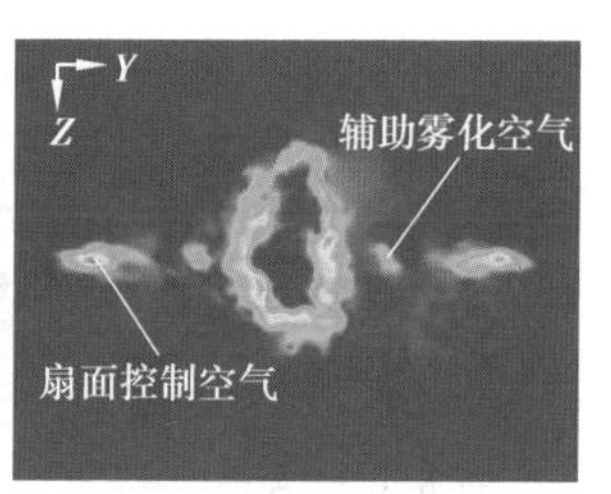

(c) 扇面喷雾流场

图 3.74 喷雾流场形态($Z=5.0$ mm)

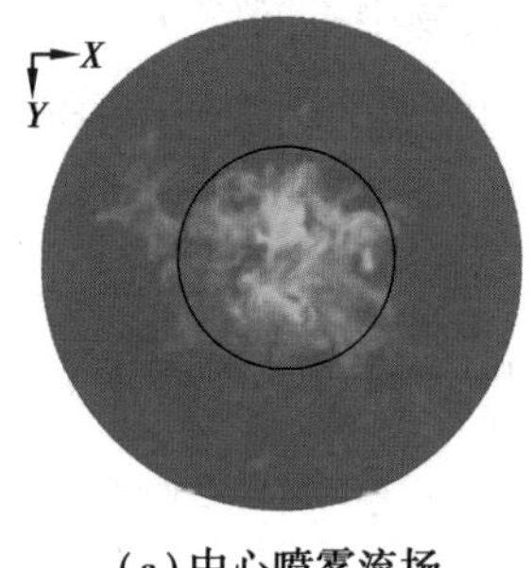

(a) 中心喷雾流场

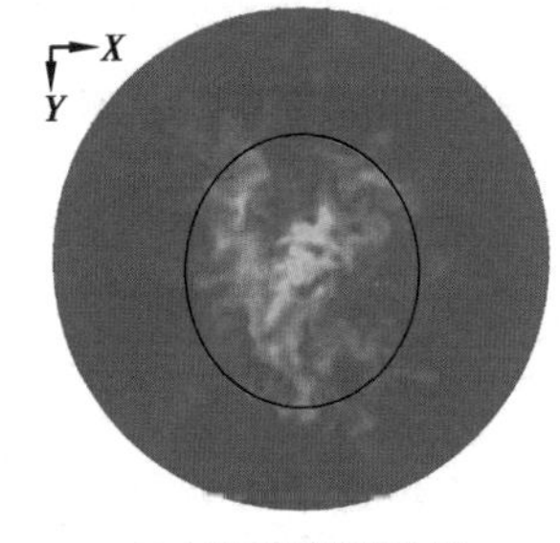

(b) 辅助喷雾流场

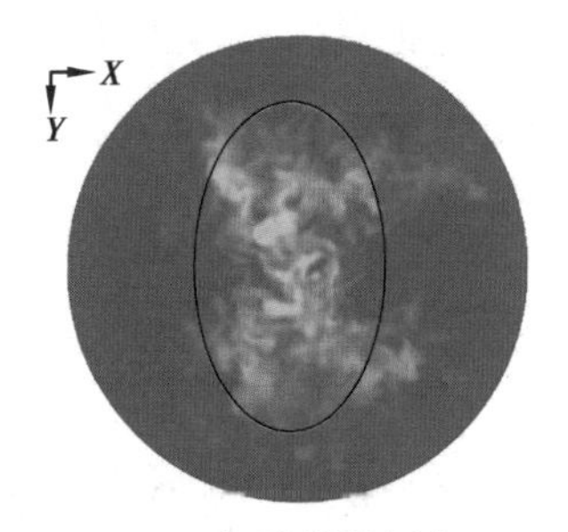

(c) 扇面喷雾流场

图 3.75 喷雾流场形态($Z=15.0$ mm)

由图 3.73 至图 3.75 可知,对于三种稳定的喷雾流场,在轴向距离为 3.0 mm 的 *YX* 平面内,三种喷雾速度分布差别不大,中心流场均呈椭圆环形,与气相流场相比(图 3.43),其中间被刚从喷嘴喷出的连续液体涂料占据,速度远低于四周的高速气流;对于辅助喷雾流场和扇面喷雾流场,在 *X* 方向上还分布着两个很小的圆团,主要由辅助雾化空气组成。

当轴向距离为 15.0 mm 时,在整个 *XY* 平面内,三种喷雾流场已基本扩展充分,喷雾速度最大值大幅减小,四周喷雾速度明显增大,如图 3.75 所示。三种喷雾流场形态差别较大,其中,中心喷雾流场速度中心区域呈圆形,辅助喷雾流场速度中心区域呈椭圆形,扇面喷雾流场速度中心区域也呈椭圆形且椭圆特征更加明显。这是因为,相比于中心喷雾流场,辅助喷雾流场在 *X* 方向上增加扇面控制空气,使得喷雾流场在 *X* 方向上的扩展受到限制,在 *Y* 方向上的扩展受到促进,导致在 *XY* 平面内喷雾速度中心区域呈椭圆形。而对于扇面喷雾流场,由于扇面控制空气的存在,流场在 *X* 方向上扩展的限制作用和在 *Y* 方向上扩展的促进作用更加明显，扇面喷雾流场在 *XY* 平面内喷雾速度中心区域的椭圆形特征也更加明显。

由于在 *X* 方向上存在扇面控制空气的冲击，与气相流场的分析方法相同，只针对已扩展充分的 *YZ* 平面内不同轴向距离的喷雾速度进行分析，因此，选择轴向距离为 3.0 mm、5.0 mm、7.0 mm、10.0 mm 和 15.0 mm 处 *YZ* 平面内的喷雾速度进行对比分析，如图 3.76 所示。其中，图 3.76(a)表示中心喷雾流场中不同轴向距离的喷雾速度分布，图 3.76(b)表示辅助喷雾流场中不同轴向距离的喷雾速度分布，图 3.76(c)表示扇面喷雾流场中不同轴向距离的喷雾速度分布。

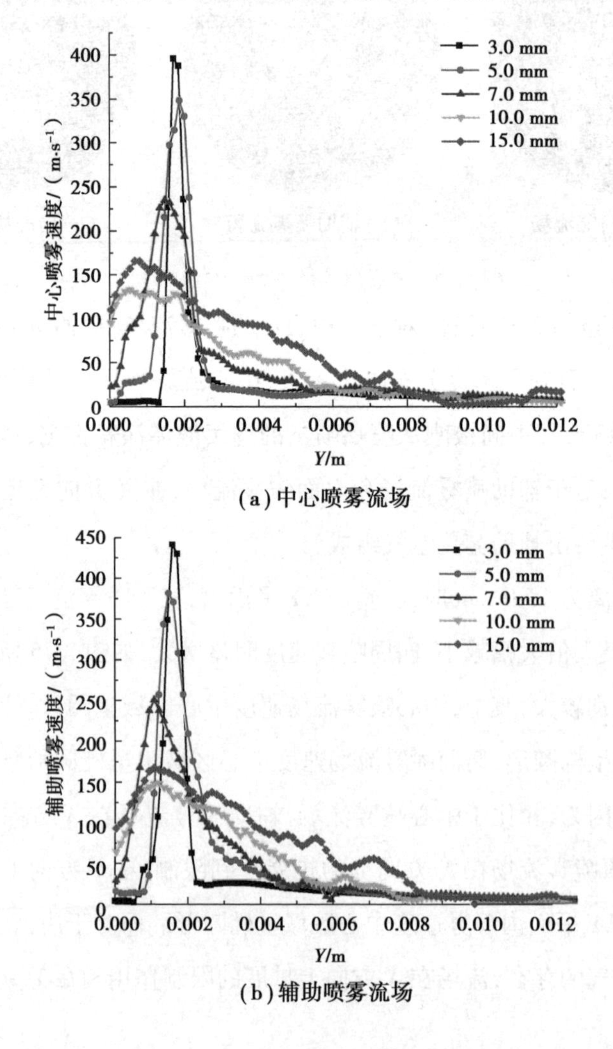

(a)中心喷雾流场

(b)辅助喷雾流场

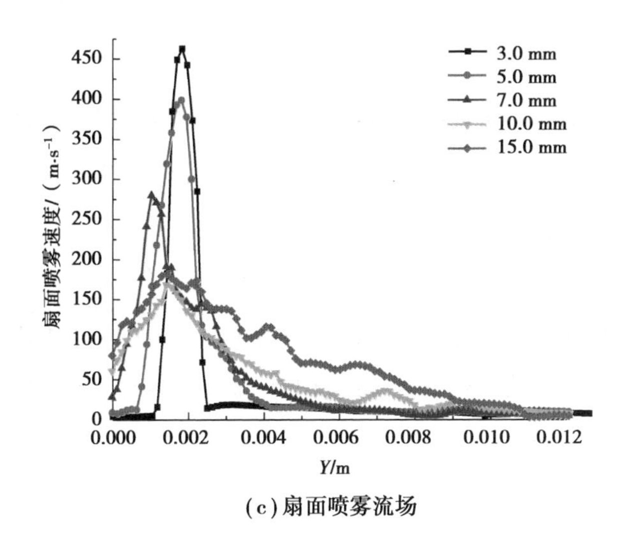

(c)扇面喷雾流场

图 3.76　不同喷雾流场在不同轴向距离的速度分布

由图 3.76 可得，对于三种稳定的喷雾流场，随着轴向距离的增加，喷雾速度最大值不断降低，但在 Y 轴方向上的分布范围不断变大，且中轴线上的喷雾速度也不断增加，最大喷雾速度的所在位置先靠近中轴线，然后逐渐远离中轴线。

将三种喷雾流场进行对比分析，在稳定状态下，扇面喷雾流场的喷雾速度最大，辅助喷雾流场次之，中心喷雾流场最小。这说明辅助雾化空气和扇面控制空气对整个流场的喷雾速度具有促进作用。此外，从 Y 轴方向上的分布范围看，扇面喷雾流场中的喷雾速度分布范围最大，其次为辅助喷雾流场，而中心喷雾流场最小。这是因为在 X 方向上，辅助喷雾流场比中心喷雾流场多了扇面控制空气，从而促进了喷雾流场在 Y 方向上的扩展，使得辅助喷雾流场中的喷雾速度分布比中心喷雾流场大。而扇面喷雾流场除了辅助雾化空气，还有扇面控制空气，使得 Y 方向上的促进作用更加明显，导致扇面喷雾流场中的喷雾速度分布范围最大。

3) 喷雾流场压力分布特性

喷雾流场压力分布特性的分析主要是针对稳定状态下的三种喷雾流场,同时结合稳定状态下的三种气相流场,从中轴线压力分布、*XZ* 平面与 *YZ* 平面压力分布进行对比分析。

(1) 中轴线压力分布

雾化的液体涂料会对原来气相流场中的压力分布产生重大影响,如图 3.77 所示。该图表示了三种稳定喷雾流场的中轴线压力分布情况,并与对应的稳定气相流场中轴线压力分布进行了对比。

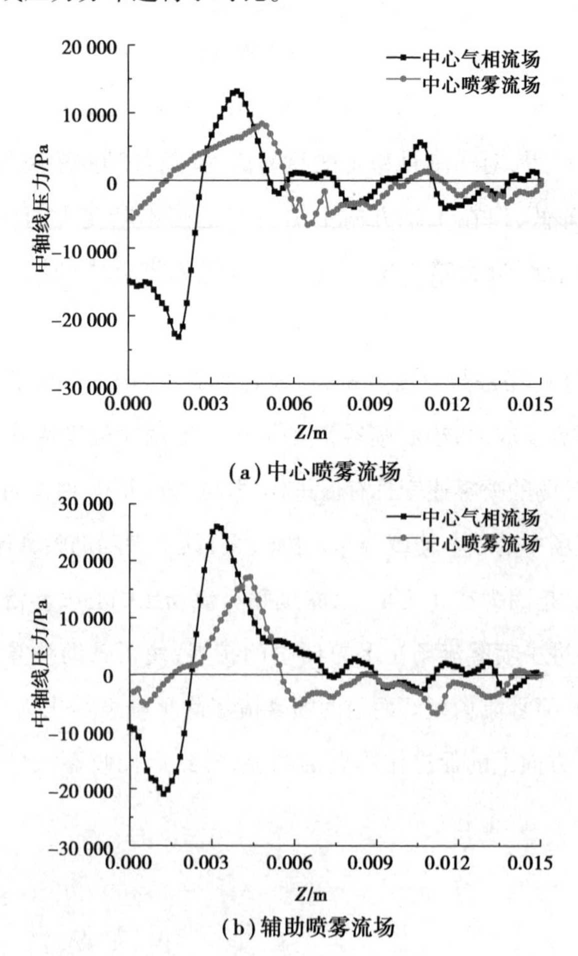

(a) 中心喷雾流场

(b) 辅助喷雾流场

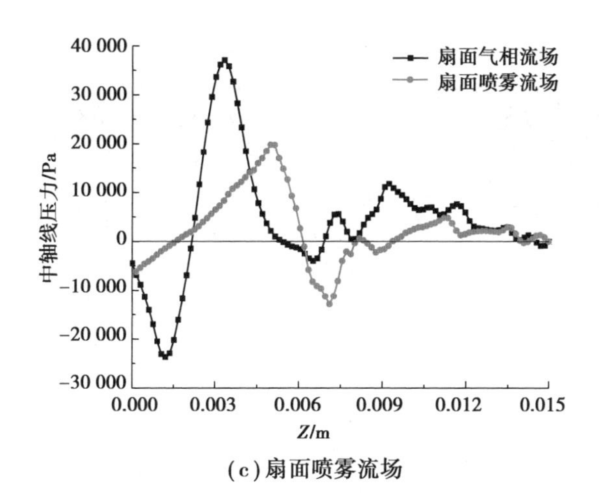

(c)扇面喷雾流场

图 3.77　不同喷雾流场中轴线压力分布

由图 3.77 可知，在三种稳定喷雾流场中，随着轴向距离增大，中轴线压力从负压开始增加，在轴向距离 2 mm 左右转变为正压并继续增大，在轴向距离 5 mm左右达到最大正压值后逐渐降低，当轴向距离达到 6 mm 后，中轴线上的压力在 0 Pa 附近上下波动。相比于三种喷雾流场对应的气相流场，喷雾流场中轴线压力的最大正压和最大负压明显降低，且最大正压出现的位置比气相流场中轴线最大正压出现的位置更加靠后；在围绕 0 Pa 上下波动段，中轴线上大部分位置的喷雾流场压力比气相流场压力略小。对比三种稳定的喷雾流场，扇面喷雾流场中轴线最大正压最大，其次为辅助喷雾流场中轴线最大正压，而中心喷雾流场中轴线最大正压最小。

(2)*XZ* 平面和 *YZ* 平面喷雾流场压力分布

针对图 3.70 和图 3.71 三种稳定喷雾流场的速度分布，从 *XZ* 平面和 *YZ* 平面的压力分布上进行对比分析，如图 3.78 至图 3.80 所示。其中，图 3.78 至图 3.80分别表示中心喷雾流场、辅助喷雾流场和扇面喷雾流场的压力分布。

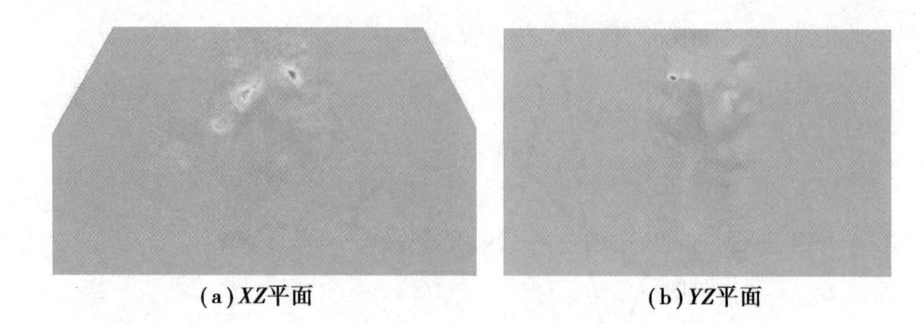

(a) *XZ*平面　　(b) *YZ*平面

图 3.78　中心喷雾流场压力分布

(a) *XZ*平面　　(b) *YZ*平面

图 3.79　辅助喷雾流场压力分布

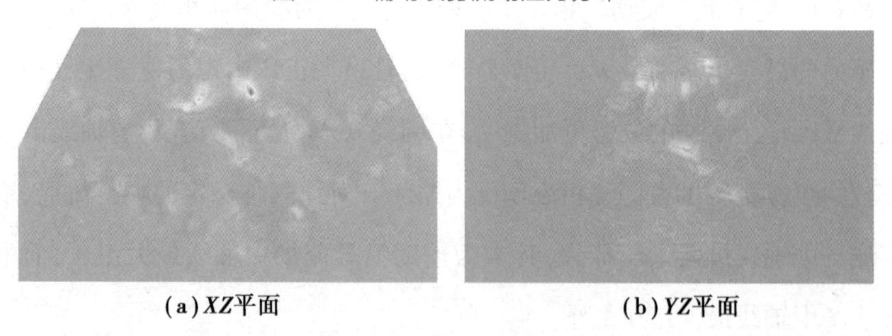

(a) *XZ*平面　　(b) *YZ*平面

图 3.80　扇面喷雾流场压力分布

由图 3.78 至图 3.80 可知，无论是在 *XZ* 平面还是 *YZ* 平面内，三种喷雾流场的压力分布都存在大量的压力涡旋，相比于气相流场的压力分布（图 3.48 至图 3.50），涡旋的数量和强度都大幅下降，这表明涂料在雾化过程中降低了流场中的压力强度。对于辅助雾化空气和扇面控制空气，其压力分布仍呈现出正压涡旋与负压涡旋相交替的现象，但涡旋强度大幅降低，甚至部分压力涡旋已经消散，如图 3.81 至图 3.82 所示。

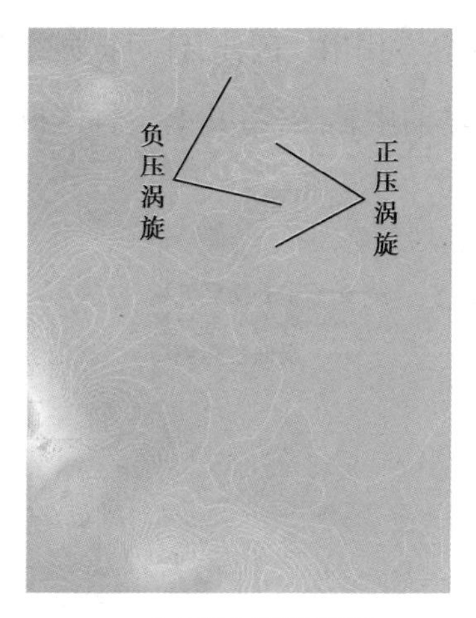

(a)扇面喷雾流场

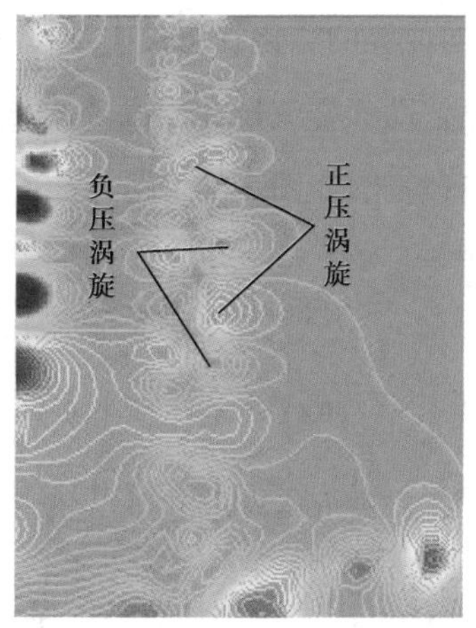

(b)扇面气相流场

图 3.81 辅助雾化空气压力分布

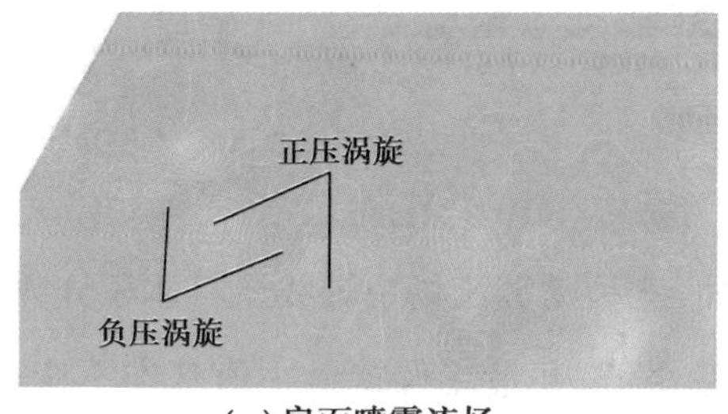

(a)扇面喷雾流场

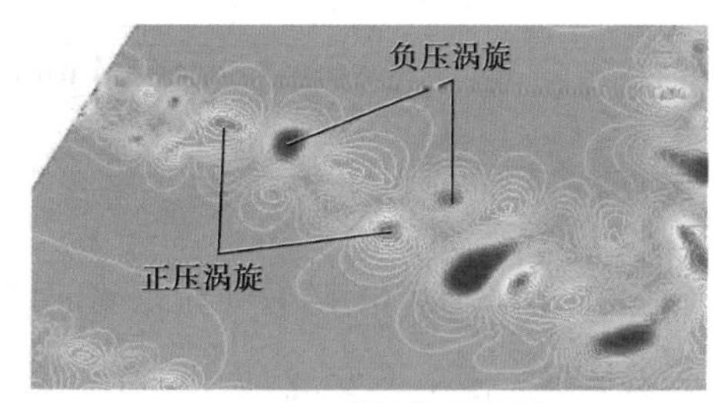

(b)扇面气相流场

图 3.82 扇面控制空气压力分布

4)喷雾流场涂料相分布特性

涂料相分布特性是指喷涂过程中涂料在高压空气冲击下雾化的机理和规律,其分析主要是结合三种喷雾流场形成过程中涂料体积分数的变化,揭示连续涂料流在高压气流冲击下破碎成涂料微团、涂料微团进一步破碎成更小的涂料液滴以及涂料液滴在流场中的扩散等过程。

(1)涂料体积分数分布

雾化后的涂料主要以较大的涂料微团和较小的涂料液滴存在于喷雾流场之中,因此,涂料在喷雾流场中的分布情况可用体积分数进行表示。中轴线上涂料体积分数直接体现了连续涂料流的长度和涂料的雾化状态,对于研究液体涂料在不同位置的雾化状态具有重要的参考作用。因此,针对扩展充分的中心喷雾流场、辅助喷雾流场和扇面喷雾流场的中轴线,将其上涂料体积分数的分布情况进行对比,如图 3.83 所示。

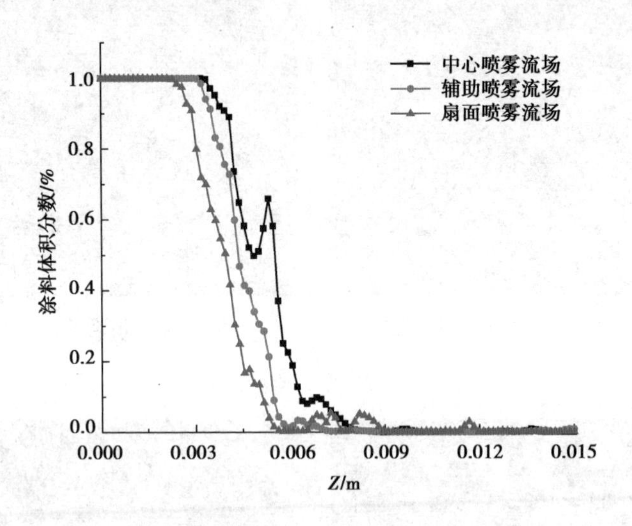

图 3.83　不同喷雾流场中轴线涂料体积分数分布

由图 3.83 可知,随着喷涂距离的增加,三种喷雾流场中轴线涂料体积分数先保持最大值 1 不变,然后迅速降低至最小值,并最终保持最小值基本不变。从三种喷雾流场中轴线涂料体积分数开始减小的位置看,减小之前涂料体积分数基本为 1,说明此时的涂料还主要以连续涂料流存在,当涂料体积分数突然开始下降时,涂料则开始雾化。从连续涂料流长度对比可得,中心喷雾流场的连续涂料流最长,其次为辅助喷雾流场,最短为扇面喷雾流场。从涂料体积分数减小的速度看,三者基本相同,说明三种喷雾流场中涂料流的雾化速度相差不大。

为进一步研究三种雾化空气对涂料雾化过程的影响,在轴向距离 0~15.0 mm 范围内,选取稳定喷雾流场中轴向距离为 5.0 mm、10.0 mm 和 15.0 mm 的 *XY* 平面内涂料体积分数分布情况进行对比分析,如图 3.84 至图 3.86 所示。其中,扇面喷雾流场中,上下两端的扇面控制空气与中间主流空气交汇的地方大约在轴向距离 5.0 mm 和 10.0 mm 处。图中涂料体积分数均设置为 1%。

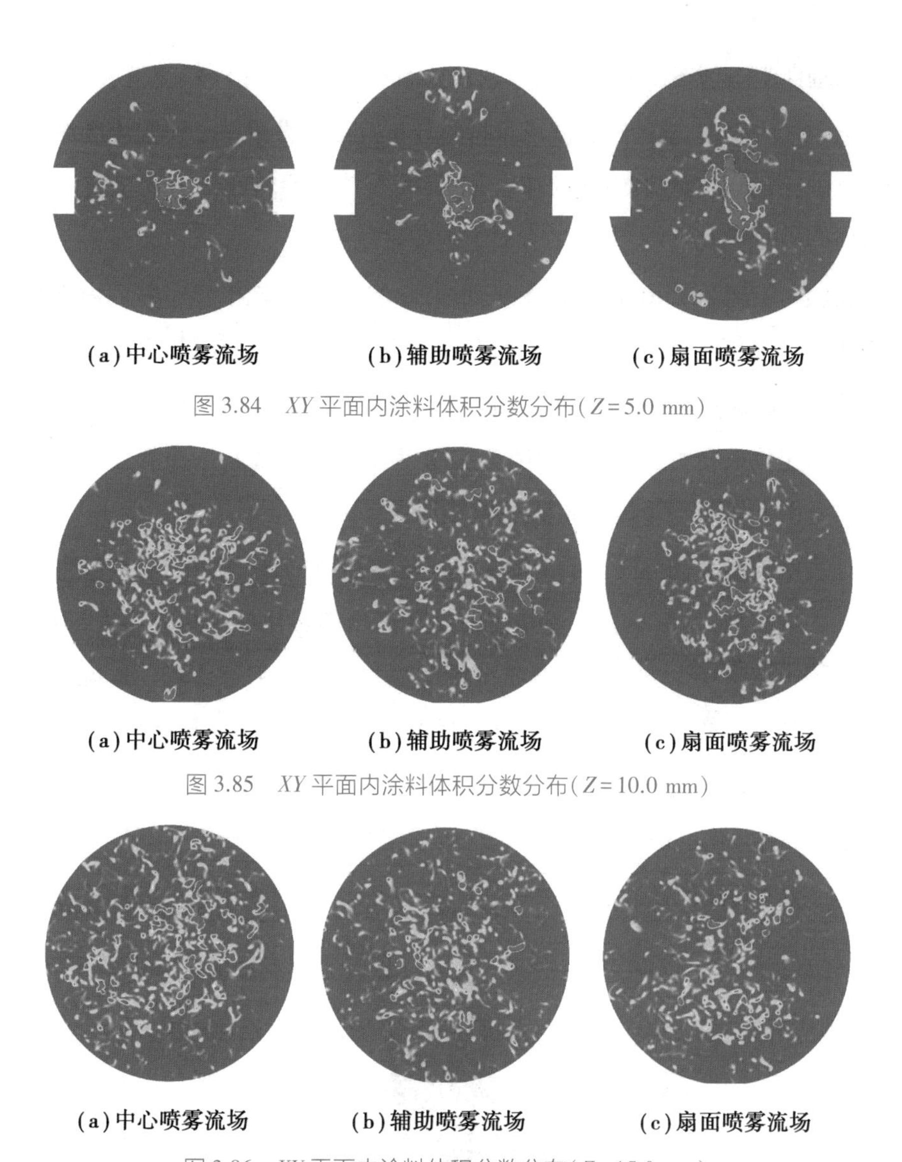

(a)中心喷雾流场　(b)辅助喷雾流场　(c)扇面喷雾流场

图 3.84　XY 平面内涂料体积分数分布(Z=5.0 mm)

(a)中心喷雾流场　(b)辅助喷雾流场　(c)扇面喷雾流场

图 3.85　XY 平面内涂料体积分数分布(Z=10.0 mm)

(a)中心喷雾流场　(b)辅助喷雾流场　(c)扇面喷雾流场

图 3.86　XY 平面内涂料体积分数分布(Z=15.0 mm)

由图 3.84 至图 3.86 可知,对于三种稳定的喷雾流场,轴向距离越大,涂料在 XY 平面内分布范围越大,且分布越均匀。在轴向距离为 5.0 mm 的 XY 平面内,涂料分布较为集中,说明此时流场中心区域还存在连续涂料流;在 Y 方向上,辅助喷雾流场和扇面喷雾流场中涂料的分布范围比 X 方向上的分布范围要大,且扇面喷雾流场中涂料在 Y 方向上的分布范围比辅助喷雾流场要大。

当轴向距离增至 5.0 mm 时，涂料已经部分雾化，连续涂料流消失；由于辅助雾化空气的存在，辅助喷雾流场涂料的分布范围要大于中心喷雾流场涂料的分布范围；由于扇面控制空气的存在，扇面喷雾流场涂料在 Y 方向上进一步扩展，且其分布范围明显大于在 X 方向上的分布范围。

在轴向距离为 15.0 mm 的 XY 平面内，涂料进一步雾化，整个平面内都充斥着雾化后的涂料微团或者涂料液滴；从中心部分看，红色微团范围越大代表此处的涂料体积越大，对比三种喷雾流场中的涂料体积分数分布可知，辅助喷雾流场的雾化效果要明显好于中心喷雾流场，且辅助喷雾流场中涂料在 Y 方向上的分布范围比 X 方向上的分布范围要大。

这表明辅助雾化空气有助于提高空气喷雾涂料的雾化效果，且能够促进涂料沿 Y 方向扩展；扇面喷雾流场和辅助喷雾流场的雾化效果相差不大，但扇面喷雾流场中涂料在 Y 方向上的分布范围明显大于辅助喷雾流场。这说明扇面控制空气能够改变流场形态，使得雾化后的涂料沿着 Y 方向扩展，从而形成截面为椭圆形的扇面流场。

(2)涂料雾化机理

涂料从喷嘴喷出后，立即受到中心雾化空气、辅助雾化空气和扇面控制空气的共同冲击，涂料由连续涂料流开始破碎，如图 3.87 所示。

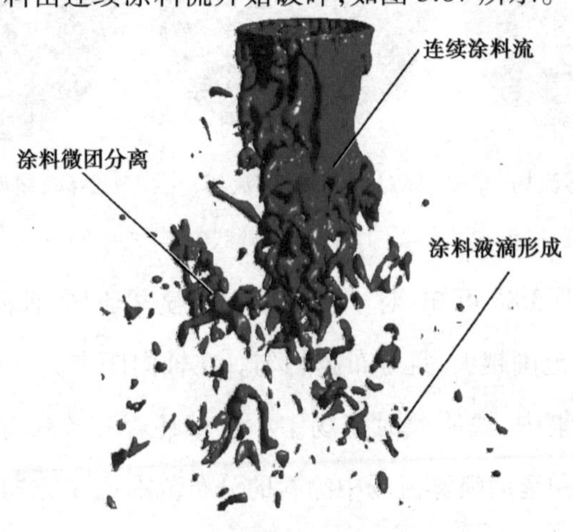

图 3.87　涂料雾化过程

由图 3.87 可知,在涂料雾化过程中,不断有较大的涂料微团从喷雾流场中心区域的连续涂料流分离出来,这些涂料微团随着高压空气向四周扩散,同时也受到高压空气的进一步冲击,最终破碎成更小的涂料液滴。因此,可将涂料的雾化过程分为两个阶段:第一个阶段为连续涂料流破碎成体积较大的涂料微团;第二个阶段为较大的涂料微团进一步破碎成微小的涂料液滴。空气喷涂涂料雾化机理的分析即从这两个雾化阶段展开。

针对第一阶段,连续涂料流破碎成较大涂料微团,如图 3.88 所示。图 3.88 中,图(a)~(c)分别表示喷涂时间为 0.710 ms、0.725 ms 和 0.740 ms 时扇面喷雾流场中涂料体积分数分布,其涂料体积分数为 1%。

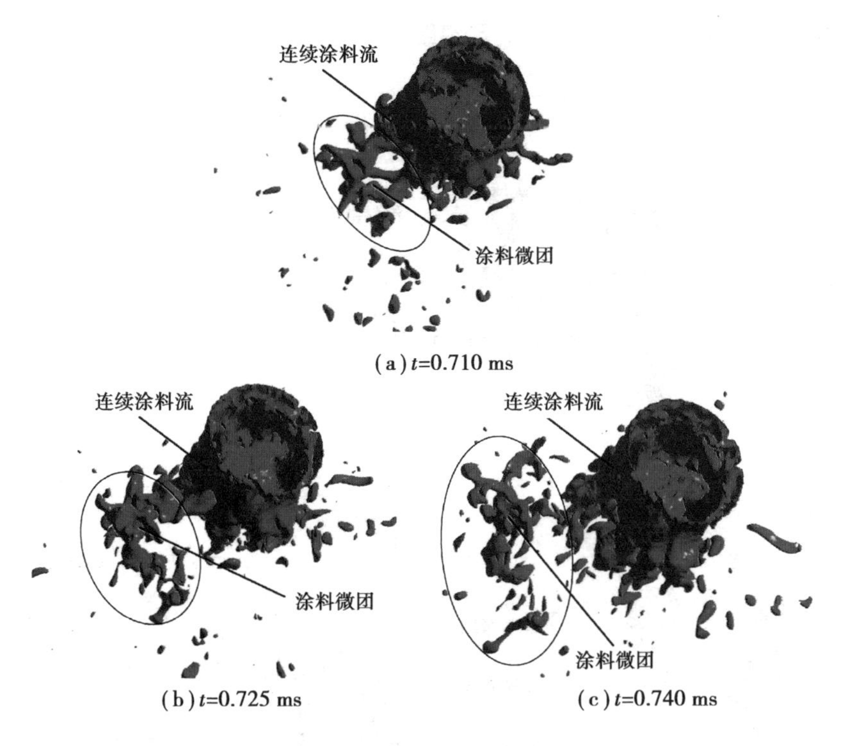

图 3.88　涂料微团形成过程

由图 3.88 可知,涂料开始雾化时,连续涂料流占据主体,且处于喷雾流场中间区域。在 0.710 ms 时,图 3.88(a)左侧有部分涂料已经开始从连续涂料流中脱离出来,但剩余部分仍存在于连续涂料流当中;随着喷涂时间增加,连续涂料流的已脱离部分受到高压空气的继续冲击,使其速度迅速增大并快速从连续涂料流中完全分离出来,形成离散的涂料微团,如图 3.88(b)所示;在喷涂时间增至0.740 ms的过程中,涂料微团在高压空气的进一步冲击下不断发生形变,演变成许多带状涂料微团,如图 3.88(c)所示,在图 3.88(c)圆圈中的下端可以看到明显的带状涂料微团。

在涂料微团形成的基础之上,对其进一步破碎成涂料液滴的过程进行分析。为了清晰表示涂料微小液滴的形成过程,选取了 0.740 ms、0.755 ms 和 0.770 ms三个具有代表性的喷涂时刻进行分析,对流场中的雾化情况进行局部放大处理,如图 3.89(a)~(c)所示,涂料相的体积分数仍为 1%。其中,图 3.89(a)为图 3.88(c)的变角度局部放大视图。

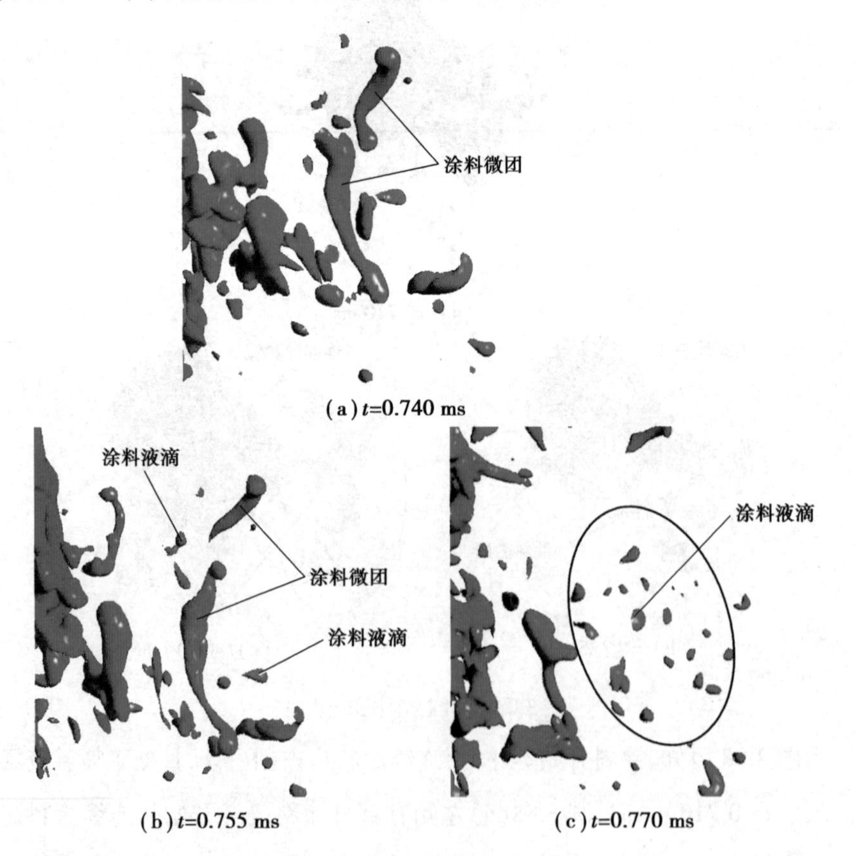

图 3.89 涂料液滴形成过程

从图 3.89 可知，在 0.740 ms 时，喷雾流场中存在明显的带状涂料微团，如图 3.89(a)所示；带状涂料微团随着高压气流继续运动，同时也受到高压空气的强烈冲击，当冲击力大于液体涂料的表面张力时，带状涂料微团开始破碎，进而形成涂料液滴，如图 3.89(b)所示，带状涂料微团附近已经有少量的微小涂料液滴形成；随着喷涂时间继续增加，在 0.770 ms 时，带状涂料已经完全破碎，形成大量体积相差不大的微小涂料液滴，如图 3.89(c)所示。随着微小涂料液滴越来越多，流场也越来越大，最终将形成用于喷涂作业的稳定喷雾流场。

4 空气喷涂成膜模型及求解

本章针对喷涂成膜过程,将其分解为喷雾传输过程和液滴沉积过程,采用欧拉—欧拉法和欧拉—拉格朗日法建立喷涂成膜模型。针对动态喷涂,将建立的喷涂成膜模型与流体域运动模型结合,建立动态喷涂数值模拟方法。最后对比分析不同模型的计算结果和效率,为建立合理的喷涂成膜模型提供依据,为研究喷涂成膜特性打下基础。

4.1 欧拉—欧拉法建模及求解

4.1.1 欧拉—欧拉法喷雾传输模型

喷雾传输模型用来描述喷雾流场内空气和充分雾化后的涂料液滴的运动。下面基于欧拉—欧拉法,建立两相流基本控制方程、湍流模型和近壁区壁面函数。

1)喷雾两相流基本控制方程

欧拉—欧拉法将液滴相视为连续的流体,在喷雾流场每个位置,气相和液相共存并且相互渗透,一个相所占的体积无法再被另一个相占有。每一相占有控制体的比率称为相体积率,用 α_q 表示,各相体积率之和等于1,即:

$$\alpha_g + \sum_{l=1}^{n} \alpha_l = 1 \tag{4.1}$$

式中，下标 g 表示空气相（gas phase），下标 l 表示液滴相（liquid droplet phase），n 表示不同液滴尺寸的液滴相的个数。当 $n=1$ 时，表示只有一种尺寸的液滴，这种喷雾称为单分散喷雾（monodispersed spray）；当 $n\geqslant 1$ 时，表示有多种尺寸的液滴，这种喷雾称为多分散喷雾（polydispersed spray）。

欧拉—欧拉法将液滴相视为与空气相类似的连续流体，所以液滴相和空气相的控制方程具有相同的形式。根据模型假设忽略流动中的传热现象，故而不建立能量守恒方程，只建立各相的质量和动量守恒方程，如式（4.2）和式（4.3）所示。

质量守恒方程为：

$$\frac{\partial \alpha_q \rho_q}{\partial t} + \nabla \cdot (\alpha_q \rho_q \boldsymbol{v}_q) = 0 \tag{4.2}$$

式中，下标 q 为 g 和 l 时，分别表示空气相和液滴相，α_q 为相体积率，ρ_q 为 q 相的密度，$\boldsymbol{v}_q$ 为 q 相的速度。

动量守恒方程为：

$$\frac{\partial}{\partial t}(\alpha_q \rho_q \boldsymbol{v}_q) + \nabla \cdot (\alpha_q \rho_q \boldsymbol{v}_q \boldsymbol{v}_q) = -\alpha_q \nabla p + \nabla \cdot \boldsymbol{\tau}_g + \boldsymbol{F}_{\mathrm{d},q} \tag{4.3}$$

式中，p 为相共用的压力，$\boldsymbol{\tau}_q$ 为 q 相的黏性应力，$\boldsymbol{F}_{\mathrm{d},q}$ 为拽力。

2）拽力模型

喷雾流场中的液滴可视为球形，而且由于空气与液滴的密度比远小于 1，所以拽力 $\boldsymbol{F}_{\mathrm{d}}$ 可根据 Schiller and Naumann[128] 提出的拽力模型进行计算：

当方程（4.3）中的下标 q 为 l，即该方程为液滴相动量守恒方程时，空气相对其拽力为：

$$\boldsymbol{F}_{\mathrm{d},l} = \frac{\rho_l \alpha_l}{\boldsymbol{\tau}_l}(\boldsymbol{v}_g - \boldsymbol{v}_l) \tag{4.4}$$

式中，$\boldsymbol{\tau}_l$ 为液滴松弛时间：

$$\tau_l = \frac{4}{3}\frac{\rho_l d_l^2}{\mu_g C_D \mathrm{Re}_l} \tag{4.5}$$

式中，d_l 为液滴直径，C_D 和Re_l 分别为拽力系数和液滴雷诺数：

$$C_D = \begin{cases} 24(1 + 0.15\mathrm{Re}_l^{0.687})/Re_l & Re_l \leqslant 1\ 000 \\ 0.44 & Re_l > 1\ 000 \end{cases} \tag{4.6}$$

$$Re_l = \frac{\rho_g d_l |\boldsymbol{v}_g - \boldsymbol{v}_l|}{\mu_g} \tag{4.7}$$

当方程(4.3)中的下标 q 为 g，即该方程为气相动量守恒方程时，其拽力可写为空气相对所有液滴相拽力的反作用力之和：

$$\boldsymbol{F}_{\mathrm{d},g} = -\sum \boldsymbol{F}_{\mathrm{d},l} \tag{4.8}$$

3)湍流模型

气相和液滴相湍流运动采用 dispersed k-ε 湍流模型进行计算。此模型中，用修正的标准 k-ε 湍流模型来模拟液相湍流。该模型考虑了气液两相间的湍流动量传递[129]，液滴相湍流模拟则基于 Tchen 提出的均相湍流粒子扩散理论[112]。

(1)气相湍流方程

采用涡旋黏度模型计算平均脉冲值，因此动量守恒方程式(4.3)中的黏性应力张量由式(4.9)计算：

$$\boldsymbol{\tau}_g = \rho_g \boldsymbol{\nu}_{t,g}(\nabla \boldsymbol{v}_g + \nabla \boldsymbol{v}_g^{\mathrm{T}}) - \frac{2}{3}(\rho_g k_g + \rho_g \boldsymbol{\nu}_{t,g}\nabla\cdot \boldsymbol{v}_g)\boldsymbol{I} \tag{4.9}$$

式中，$\boldsymbol{\nu}_{t,g}$为气相运动黏度；$\boldsymbol{I}$ 为 3 阶单位矩阵。

湍流黏度为：

$$\mu_{t,g} = \rho_g C_\mu \frac{k_g^2}{\varepsilon_g} \tag{4.10}$$

湍流动能 k_l 及其耗散率 ε_l 的标量方程为：

$$\frac{\partial}{\partial t}(\alpha_g \rho_g k_g) + \nabla\cdot(\alpha_g \rho_g \boldsymbol{v}_g k_g) =$$

$$\nabla g\left(\alpha_g \frac{\mu_{t,g}}{\sigma_k} \nabla k_g\right) + \alpha_g G_{k,g} - \alpha_g \rho_g \varepsilon_g + \alpha_g \rho_g \prod{}_{k,g} \tag{4.11}$$

$$\frac{\partial}{\partial t}(\alpha_g \rho_g \varepsilon_g) + \nabla g(\alpha_g \rho_g \boldsymbol{v}_g \varepsilon_g) =$$

$$\nabla g\left(\alpha_g \frac{\mu_{t,g}}{\sigma_\varepsilon} \nabla \varepsilon_g\right) + \alpha_g \frac{\varepsilon_g}{k_g}(C_{1\varepsilon} G_{k,g} - C_{2\varepsilon} \rho_g \varepsilon_g) + \alpha_g \rho_g \prod{}_{\varepsilon,g} \tag{4.12}$$

式中,气相湍流动能生成项为:

$$G_{k,g} = \frac{1}{2}\mu_{t,g}[\nabla \boldsymbol{v}_g + (\boldsymbol{v}_g)^T]^2 \tag{4.13}$$

因相间动量交换引起的附加湍流动能项为:

$$\prod{}_{k,g} = \sum_{l=1}^{M} \frac{K_{lg}}{\alpha_g \rho_g} X_{lg}[k_{lg} - 2k_g + (\boldsymbol{v}_l - \boldsymbol{v}_g) g \boldsymbol{v}_{dr}] \tag{4.14}$$

式中,M 为液滴相的粒径种类的数量,K_{lg} 为连续相气相 g 和分散相液滴 l 的速度协方差,$X_{lg} = \dfrac{\rho_l}{\rho_l + C_V \rho_g}$,$C_V = 0.5$,漂移速度 $\boldsymbol{v}_{dr} = -\left(\dfrac{D_g}{Pr_{gl}\alpha_g}\nabla\alpha_g - \dfrac{D_l}{Pr_{gl}\alpha_l}\nabla\alpha_l\right)$,Prandtl 数 $Pr_{gl} = 0.75$。

因相间动量交换引起的附加湍流耗散率项为:

$$\prod{}_{\varepsilon,l} = C_{3\varepsilon} \frac{\varepsilon_l}{k_l} \prod{}_{k,l} \tag{4.15}$$

式中,$C_{3\varepsilon} = 1.2$。

(2)液相湍流方程

用特征粒子松弛时间表征惯性效应,其计算式为:

$$\tau_{F,lg} = \alpha_l \rho_l K_{lg}{}^{-1}\left(\frac{\rho_l}{\rho_g} + C_V\right) \tag{4.16}$$

沿着粒子轨道计算所得的 Lagrangian 积分特征时间为:

$$\tau_{t,lg}=\frac{\tau_{t,g}}{\sqrt{(1+C_{\beta}\xi^{2})}} \tag{4.17}$$

式中，$\xi=\dfrac{|\boldsymbol{v}_g-\boldsymbol{v}_l|\tau_{t,l}}{L_{t,l}}$，$L_{t,l}$为涡流涡旋的特征长度，$C_{\beta}=1.8-1.35\cos^2\theta$，$\theta$ 为粒子平均速度与相对平均速度的夹角。

将两个特征时间的比值定义为：

$$\eta_{gl}=\frac{\tau_{t,lg}}{\tau_{F,lg}}$$

可得：

$$k_l=k_l\left(\frac{b^2+\eta_{lg}}{1+\eta_{lg}}\right),k_{lg}=2k_g\left(\frac{b+\eta_{lg}}{1+\eta_{lg}}\right) \tag{4.18}$$

式中，$b=(1+C_V)\left(\dfrac{\rho_l}{\rho_g}+C_V\right)^{-1}$。

根据 Tchen 多相流理论，扩散率 $D_l=D_g=D_{t,lg}=\dfrac{1}{3}k_{lg}\tau_{t,lg}$。

4）近壁面函数

上述建立的 k-ε 湍流模型只有针对充分发展的湍流才有效。当气相运动到壁面附近时，气相的雷诺数减小，湍流发展并不充分。此时，需要在近壁区域建立近壁区壁面函数配合 k-ε 模型使用。

研究表明[130]，当充分发展的气相湍流流动遇到固体壁面时，其运动范围可以沿壁面法线方向分为湍流核心区和近壁区。湍流核心区内湍流发展完全，而近壁区内湍流发展不充分。根据湍流发展程度以及起主导作用的力的差别，近壁区可分为三层：黏性底层、过渡层和充分发展湍流层。

气相在湍流核心区的流动可以用湍流模型表示，当气相在近壁面区域流动时，其控制方程不能完全由标准 k-ε 模型决定。目前，主要应用两种方法解决气相在近壁区域的流动问题:一种方法是通过求解气相在近壁区域的流动状态的方程。当采用这种方法时,要求在近壁区附近的网格划分比较细密。另一种方法是不直接对固体壁面附近区域的气相湍流运动进行求解,而是利用公式的方法将近壁区域气相流动的物理量跟气相在湍流核心区流动时相应的物理量联系起来,这就是壁面函数法。

在低 Re 数 k-ε 模型中,近壁区内受黏性影响较大的区域必须划分足够密的网格才能达到计算要求,增加了计算量。因此,为提高计算效率,使用壁面函数法来求解气相在近壁区的流动问题。

壁面函数法是在远离壁面的气相湍流核心区域使用 k-ε 模型进行求解,壁面上的气相的物理参数利用公式与湍流核心区域内的求解变量相互关联。利用壁面函数法就不需要对壁面附近的网格进行加密处理,仅需在充分发展湍流层内布置一个节点即可。如图 4.1 所示,节点 P 布置在充分发展湍流层,通过壁面函数法,便可以求得气相在过渡层和黏性底层的物理量。

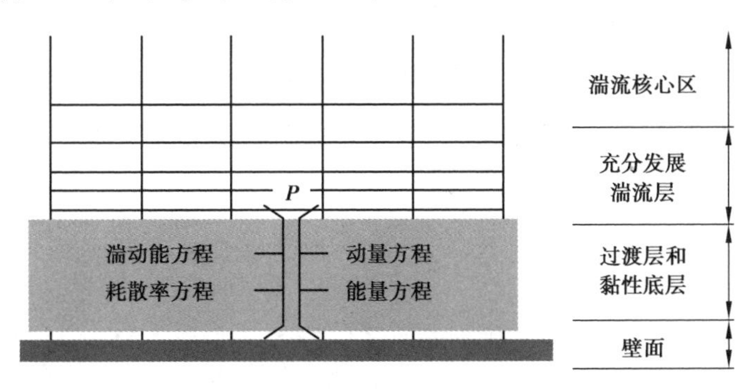

图 4.1　壁面函数法示意图

为了用公式描述充分发展湍流层和黏性底层的流动,用两个参数 u^+ 和 y^+,分别表示速度和距离:

$$u^+ = \frac{u}{u_\tau} \tag{4.19}$$

$$y^+ = \frac{\Delta y \rho u_\tau}{\mu} = \frac{\Delta y}{\nu}\sqrt{\frac{\tau_w}{\rho}} \tag{4.20}$$

式中,u 是流体的速度,u_τ 是壁面摩擦速度,$u_\tau = (\tau_w/\rho)^{1/2}$,$\tau_w$ 是壁面切应力,Δy 是节点 P 到壁面的距离。

当和壁面节点 P 相邻的控制体积的节点满足 $y^+>11.63$ 时,就认为流动已经进入了充分发展湍流层,这时,速度 u^+ 可以通过下式得到,即:

$$u^+ = \frac{1}{k}\ln y^+ + B = \frac{1}{k}\ln(Ey^+) \tag{4.21}$$

式中,k 为 Karman 常数,B 和 E 是与壁面表面粗糙度有关的常数。由于油气设施设备主要为钢材质,其表面粗糙度 K_s 为 0.05 mm,粗糙度常数 C_s 为 0.5,根据手册[112],取 $k=0.4$,$B=5.5$,$E=9.8$,B 的数值随着表面粗糙度的增加而减小,y^+ 按下式计算:

$$y^+ = \frac{\Delta y_p (C_\mu^{1/4} k_p^{1/2})}{\mu} \tag{4.22}$$

$$\tau_w = \rho C_\mu^{1/4} k_P^{1/2} \mu_p / \mu^+ \tag{4.23}$$

式中,u_p 是节点 P 的时均速度,k_P 是节点 P 的湍动能,μ 是流体的动力黏度。

4.1.2 液滴沉积模型

1)液膜守恒方程

液滴沉积模型通过建立液膜的运动方程求解壁面上液膜的流动和液膜厚度,该模型基于欧拉液膜模型[131]建立,包括液膜质量和动量守恒方程。

液膜质量守恒方程为:

$$\frac{\partial h}{\partial t} + \nabla_S \cdot (h \cdot \boldsymbol{v}_f) = \frac{\dot{m}_s}{\rho_l} \tag{4.24}$$

式中,ρ_l 为液膜密度,∇_S 为曲面梯度算子,h 为液膜厚度,$\boldsymbol{v}_f$ 为液膜速度,$\dot{m}_s$ 为单

位壁面面积液膜的质量源。

液膜动量守恒方程为：

$$\frac{\partial h\boldsymbol{v}_f}{\partial t}+\nabla_S\cdot(h\boldsymbol{v}_f\boldsymbol{v}_f)=-\frac{h\nabla_s\boldsymbol{P}_l}{\rho_l}+\frac{3}{2\rho_l}\boldsymbol{\tau}_{fs}-\frac{3\nu_f}{h}\boldsymbol{v}_l+\frac{\dot{\boldsymbol{q}}_s}{\rho_l} \tag{4.25}$$

式中，右侧第 1 项代表液膜压力 $\boldsymbol{P}_l$，为空气流动压力 $\boldsymbol{P}_{\mathrm{gas}}$ 与液膜表面张力 $\boldsymbol{P}_\sigma$ 之和，其中 $\boldsymbol{P}_\sigma=-\sigma\nabla_S\cdot(\nabla_S h)$；第 2 项代表空气涂膜界面黏性剪切力 $\boldsymbol{\tau}_{fs}$ 的作用；第 3 项代表液膜内黏滞力的作用，$\boldsymbol{\nu}_l$ 为液体运动黏度；第 4 项代表液膜方程的动量源 $\dot{\boldsymbol{q}}_s$ 的作用。

2）液膜质量和动量源

喷雾流场中涂料液相接触壁面并沉积成膜过程中，液相的质量和动量从喷雾流场两相流中移出，作为源项加入液膜的质量守恒方程（式（4.24））和动量守恒方程（式（4.25））中。

液膜质量源项为：

$$\dot{m}_s=\alpha_l\rho_l v_{ln} \tag{4.26}$$

式中，v_{ln} 为液相速度 v_l 垂直于壁面的分量。

液膜动量源项为：

$$\dot{\boldsymbol{q}}_s=\dot{m}_s\boldsymbol{v}_l \tag{4.27}$$

式中，$\boldsymbol{v}_l$ 为液相速度矢量。

4.1.3 模型求解

建立喷涂成膜模型后，选择合适的数值求解方法，可有效提高计算精度和效率。

1）空气喷涂成膜数值模拟流程

为求解建立的喷涂成膜模型，采用有限体积法。数值模拟流程如图 4.2 所示，主要包括建立喷涂成膜模型，流体域建立、网格生成或更新、流体域运动模型、离散成膜模型的方程以及对离散方程数值求解，仿真结果输出及实验验证。

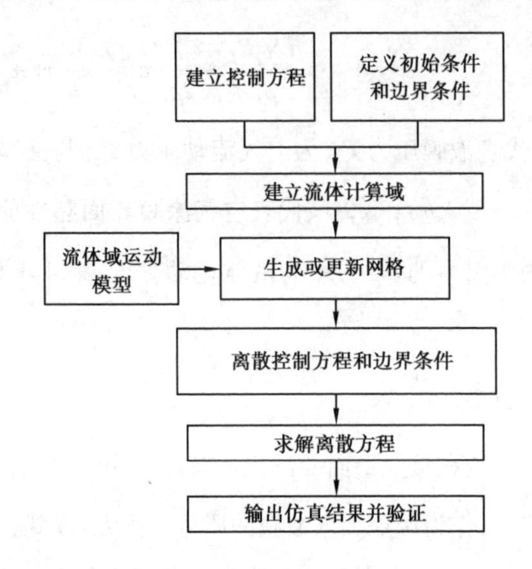

图 4.2　喷涂成膜数值模拟流程

2）流体域建立

建立流体域的目的是确定喷涂成膜数值模拟的计算范围以及建立几何模型，可按如下三步程序完成：

首先分析模拟目标，确定喷枪的位置。对于动态喷涂复杂曲面成膜特性研究，目标有两个：其一，得到并分析喷枪运动至复杂曲面某一处的流场特性和涂膜特性；其二，得到并分析喷枪沿既定轨迹动态喷涂复杂曲面的涂膜特性。对于第一个研究目标，关心的主要区域是某一处的形面特征对流场和涂膜的影响，所以建立流体域时需要将喷嘴按既定的位置和姿态相对被喷曲面建立，计算时保持喷枪的位姿不变，得到该处的喷雾流场和涂膜厚度增长速率，这种喷涂称为静态喷涂。对于第二个研究目标，关心的主要是喷枪按既定运动轨迹喷涂完复杂曲面后的涂膜厚度分布，计算时喷枪的位姿每计算一步，都会按照既定轨迹改变位姿，因此建立流体域时，喷枪需要根据实际情况建立在壁面边缘的外侧，这种喷涂称为动态喷涂。

然后分析并适当简化模型。喷嘴作为工业产品，实际具有很多包括倒角在内的细节设计。若流体域建立考虑这些细微的几何特征，数值模拟结果的变化非常小，但却大大增加了网格划分的难度和数值求解的计算量。因此，建立流体域几何模型时可以简化这些结构。

最后分析并建立边界的位置。对于空气喷涂数值模拟，其入口边界包括：空气入口和涂料入口；其壁面边界包括喷枪和被喷涂表面；除此之外，还有压力出口。前两种边界需要根据喷枪和被喷壁面的实际情况建立。压力出口的位置需要根据被喷壁面的尺寸和喷锥大小来确定。

3）网格生成

采用数值方法求解喷涂成膜模型时，需要将其在流体域中进行离散，得到离散方程组，所以必须将流体域划分成许多个网格。动态喷涂复杂曲面数值模拟计算网格的生成，需要从以下方面考虑：

首先，需要根据流体域的几何特征选择合适的网格类型。喷嘴的几何特征较为复杂，六面体网格生成非常困难，所以流体域网格生成应该考虑适应性更强的四面体网格或多面体网格。多面体网格是一种更加规则、有更多接触面的网格，比四面体网格有更高的填充率，能够大大减少总的网格数量，可以降低计算机内存使用量，提高计算的速度。

其次，需要根据采用的流体域运动模型选择合适的网格类型。运用动网格模型时，多面体网格的歪斜率会增高。动态喷涂成膜仿真若采用多面体网格，计算网格很快产生负体积，造成计算失败。所以运动流体域采用动网格模型时，应采用四面体网格。滑移网格模型不存在网格变形，所以可以采用多面体网格。

另外，根据喷雾流场特点，考虑网格的分辨率，即网格疏密程度。如图 4.3 所示，喷嘴附近的压力梯度大，需要适当加密以提升计算精度；壁面处的压力梯度大而且存在边界层流动，应该采用网格较为细密的边界层网格。

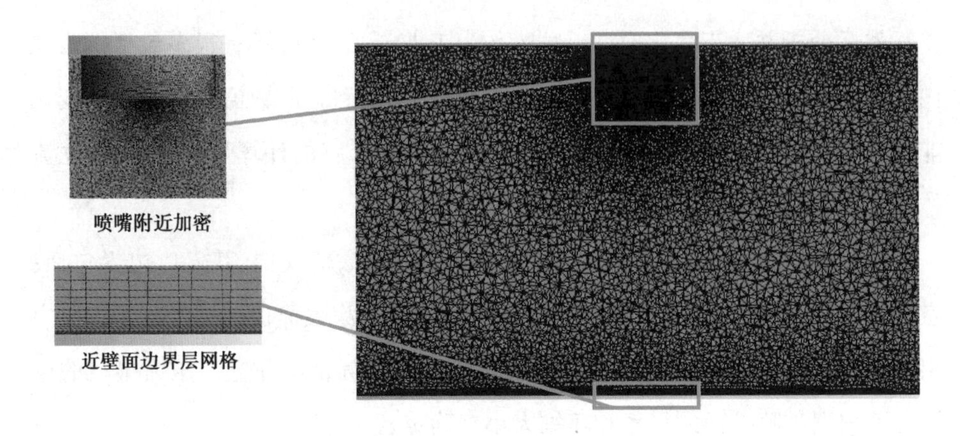

图 4.3　网格加密区域

最后,还需要结合数值模拟进行网格无关性验证,以保证数值模拟结果与网格数量没有关联。

4)流体域运动模型

在喷涂机器人实际喷涂作业中,喷枪沿着既定轨迹运动。在对喷枪运动喷涂成膜过程进行数值模拟时,必须要考虑流体域的运动。流体域运动模型主要有两种,即动网格模型和滑移网格模型。下面引入两种解决边界运动问题的方法:动网格法和滑移网格法。

动网格适用于求解动态喷涂成膜模拟中流体域形状因边界(喷嘴壁面)运动随时间变化的问题,使用动网格法需解决体网格的再生方法。动网格法有三种模型,即铺层模型(Layering)、弹性光顺模型(Spring Smoothing)和局部重构模型(Local Remeshing)。

滑移网格模型是动网格模型的一种特例,即在滑移网格模型中,网格真实运动,但是网格不变形,同一运动域内网格节点做相同运动,相互间相对位置不发生变化。此外,相互间有相对运动的流体域通过交界面连接,但是如果想让流体可以从一个流体域流到另一个通过交界面连接的域,就必须使两个流体域的交界面在网格运动过程中保持接触。

5)模型离散化

模型偏微分控制方程转换成网格节点上代数方程的方法叫离散化方法。控制方程的离散使用有限体积法,其基本思路是:确定网格节点位置,将控制体划分网格,使每个节点周围有一个互不重叠的控制体积。在每个控制体积内对控制方程积分,得到一组离散方程。通过模型离散化方法,可以将非线性的微分控制方程转化成为控制体上的代数方程组。

有限体积法控制体界面上的物理量要通过节点物理量插值得到,插值的方式称为离散格式。常用的离散格式有:一阶迎风格式、二阶迎风格式和 QUICK 格式等。

由于控制域网格划分使用的非结构网格,对于四面体网格和多面体网格,一般要使用二阶离散格式以获得足够精度的结果,因此喷雾流场内湍动能、耗散率、动量和能量等流动变量的离散使用二阶迎风格式。液膜模型在平行于壁面的局部坐标上求解,因此液膜物理量的离散使用一阶迎风格式。

6)数值求解方法

离散后的控制方程组的求解使用 PC-SIMPLE 算法(即多相耦合的 SIMPLE 算法),该算法是上述 SIMPLE 算法在两相流中的扩展。采用 PC-SIMPLE 算法同时求解两相控制方程,可得到各相的速度、压力分布等。

PC-SIMPLE 算法的基本思路是:对于给定的压力场(上一步迭代计算得到的结果,或假定的值),求解各相的动量方程得到速度场。由于压力场是不精确的或假定的,这样,得到的速度场一般不满足两相体积分数之和为 1 的连续性条件,因此,需要修正给定的压力场。修正方法是把动量方程的离散形式内的速度和压力的关系代入连续方程的离散形式,得到修正的压力方程,进而得到修正的压力,再计算得到修正的速度场。检查速度场是否满足连续性条件。若不满足连续性条件,则使用修正压力场作为新的给定压力场,开始下一个计算步骤。如此反复,直到满足连续性条件,则输出收敛的数值解。

4.1.4 算例

根据数值模拟流程,可开展平面喷涂成膜过程仿真计算,分析喷涂成膜特性。下面针对平面喷涂沉积过程进行仿真。

1)喷枪几何模型和网格划分

喷枪空气帽模型在实际计算中将进行一定的简化处理,如图 4.4(a)所示。空气帽中心是涂料入口孔,孔径为 1.1 mm,涂料入口孔外侧是环形的中心雾化孔,中心雾化孔两侧分别排列两个辅助雾化孔,空气帽两侧喇叭口上分别布置两个扇面压力孔。为更好地描述仿真结果,建立喷嘴如图 4.4(b)和(c)所示,原点位于涂料入口的中心,*Z* 轴沿喷嘴轴线朝向流动方向,*X* 轴与扇面压力孔在同一平面内,*Y* 轴根据右手定则确定,在与扇面压力孔所在平面垂直的方向。

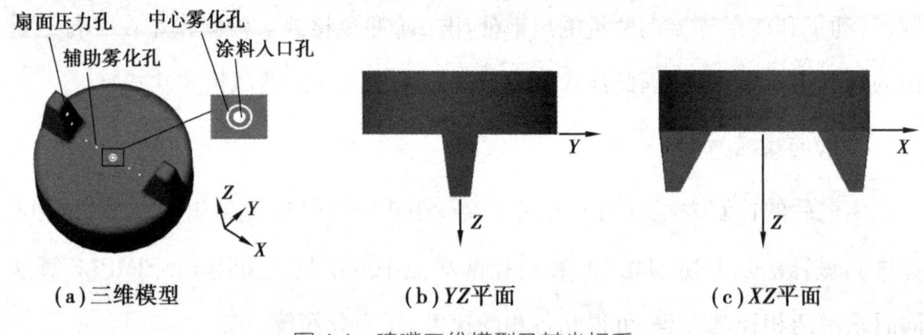

图 4.4 喷嘴三维模型及其坐标系

静态喷涂平面成膜数值模拟的流体域采用多面体网格划分,如图 4.5 所示,喷嘴距壁面 180 mm,其轴线垂直于平面。

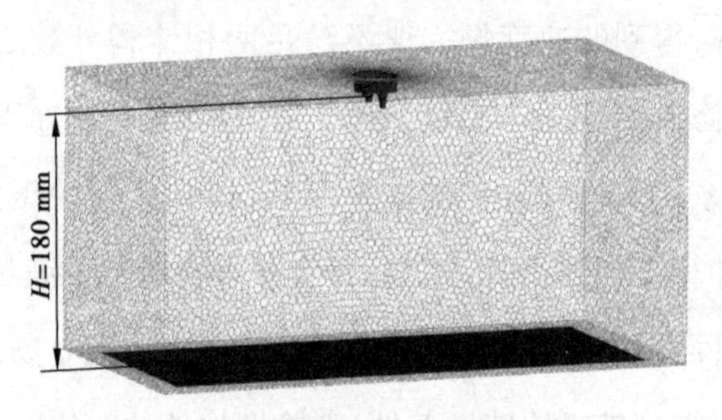

图 4.5 平面静态喷涂网格划分

用动网格模型求解动态喷涂成膜过程时，动态喷涂仿真计算域网格划分采用四面体网格，如图 4.6 所示，喷嘴运动时网格变化如图 4.7 所示。用滑移网格模型求解动态喷涂成膜过程时，由于运动计算域整体相对于静止计算域做刚性运动，网格不发生任何变化，采用计算效率较高的多面体网格，如图4.8 所示。

图 4.6　基于动网格模型的平面动态喷涂仿真流体域网格划分

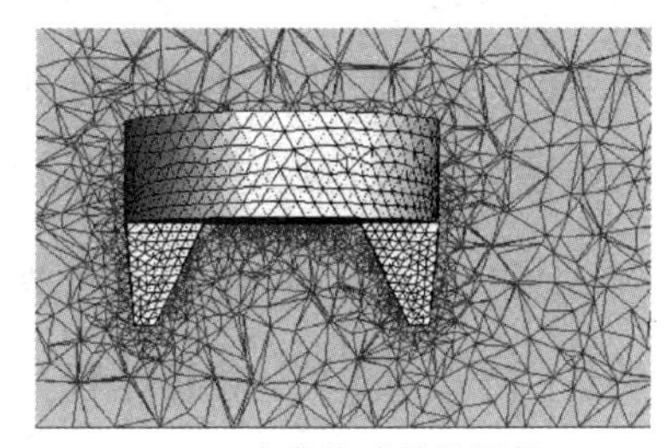

(a)喷嘴移动前的网格

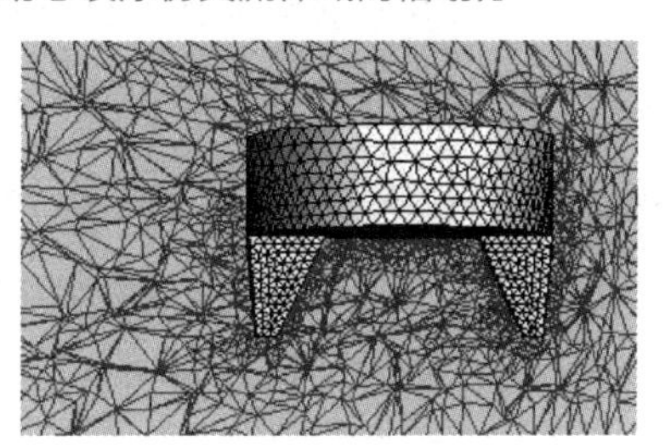

(b)喷嘴移动后的网格

图 4.7　用动网格法喷嘴附近网格的变形

图 4.8　基于滑移网格模型的动态喷涂仿真计算域网格划分

2)边界条件和喷涂参数

(1)气相边界条件

空气帽中心雾化孔和辅助雾化孔设为压力入口,气相压力为 120 kPa,水力直径根据其实际尺寸分别设置为 0.4 mm 和 0.6 mm。扇面压力孔也设为压力入口,根据研究需要设为 0 kPa(扇面压力孔关闭)或 120 kPa。数值模拟时,气相设置为不可压缩的空气。

(2)液相边界条件

求解喷涂成膜模型的液相边界条件就是要得到涂料射流充分雾化的位置、速度分布及液滴粒径分布。

在针对雾化过程的仿真中,涂料孔设为质量流量入口,质量流量为 0.006 6 kg/s,密度为 1.2×10^3 kg/m^3,黏度为 0.096 86 kg/(m·s)。图 4.9(a)为针对雾化过程的初始仿真得到的液相体积分数 0.001%等值面,可以反映雾化过程液相的基本外观形态。图 4.9(b)为液相体积分数 12%等值面,通常认为液相体积分数 12%是气液两相流为稠密流(液相具有连续的液团)和稀疏流(液相可视为液滴)的分界[108],所以认为涂料射流在涂料孔下游 5 mm 处(液相体积分数≤12%)被充分雾化成小液滴。该处涂料的轴向速度(喷枪 Z 方向)的横向分布如图 4.10 所示。

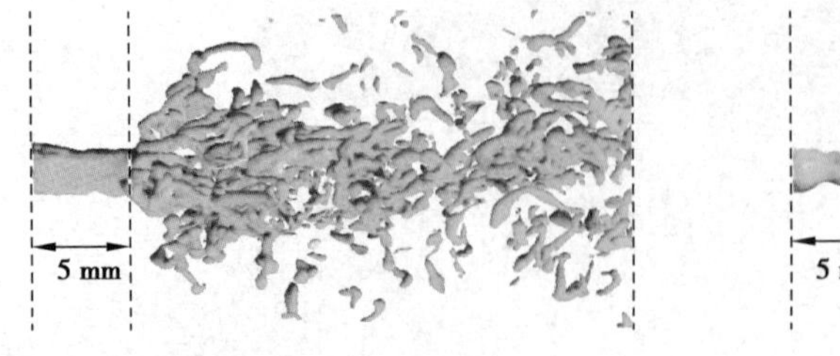

(a)体积分数0.001%等值面

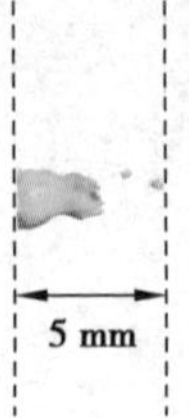

(b)体积分数12%等值面

图 4.9　涂料射流雾化形态

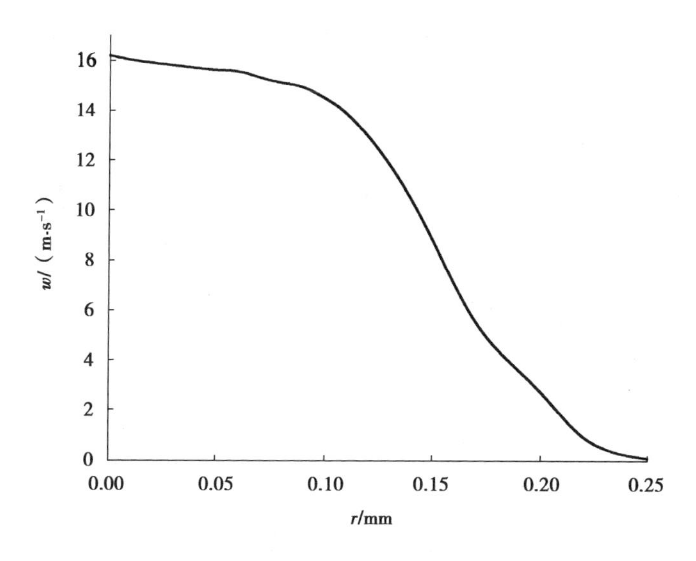

图 4.10　液相轴向(Z 方向)速度的横向分布

根据上述针对雾化过程的初始仿真结果,设定液滴相入口边界位置在距喷嘴 5 mm 的下方,其形状为 3 个同心圆(图 4.11),其中同心圆的各个半径 R_3 = 2.5 mm, R_2 = 1.5 mm, R_1 = 0.5 mm。为方便阐述,将中心圆区域称为 $R(1)$,其外的环形区域分别称为 $R(2)$ 和 $R(3)$。根据该处的轴向速度分布和涂料的密度,得到各个区域液相质量流量:区域 $R(1)$ 的质量流量为 $Q_{R(1)}$ = 0.94 g/s,区域 $R(2)$ 的质量流量为 $Q_{R(2)}$ = 0.264 g/s,区域 $R(3)$ 的质量流量为 $Q_{R(3)}$ = 0.132 g/s。初始仿真得到各个区域的液相体积分数为 $V_{R(1)}$ = 12%, $V_{R(2)}$ = 10%, $V_{R(3)}$ = 5%。

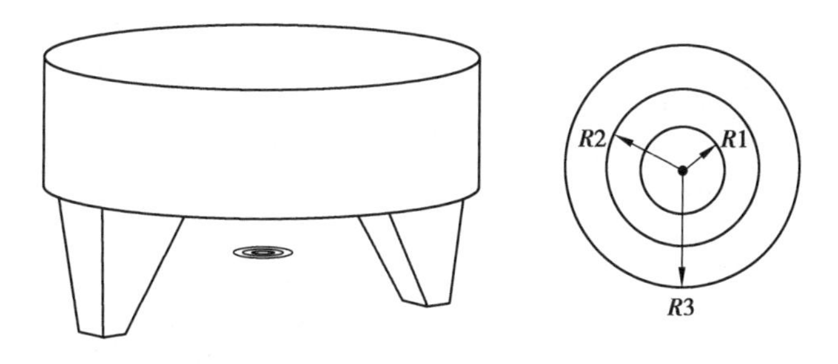

图 4.11　液相射流源边界示意图

涂料充分雾化后,其粒径分布可视为稳定不变的,各种粒径液滴占整体液相的质量分数如图 4.12 所示。喷雾流场中的液滴粒径服从 Rosin-Rammler 分

布,即直径大于 d 的涂料液滴的体积质量与总液相的比值为[132]:

$$Y(d) = \exp\left[-\left(\frac{d}{\bar{d}}\right)^n\right] \tag{4.28}$$

式中,$\bar{d}$为平均直径,n 为扩散系数,对于同一种粒径分布均为常数。

对图 4.12 的曲线进行积分,可得直径大于 d 的涂料液滴的质量分数 Y_d,如图 4.13 所示。可以求得式(4.28)中的常数:平均直径$\bar{d}=47\ \mu m$ 和扩散系数 $n=0.368$。

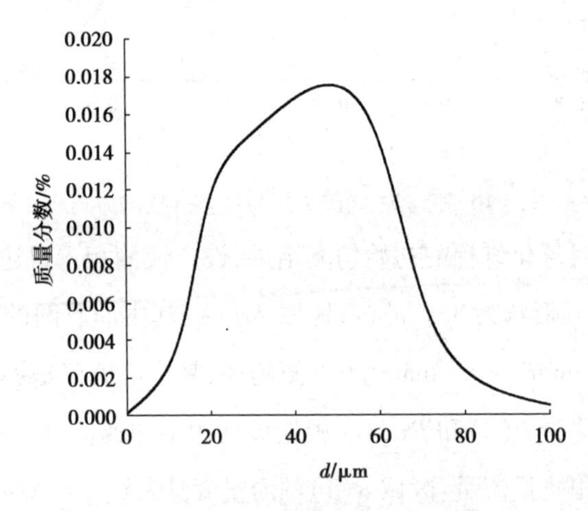

图 4.12 充分雾化后流场中的涂料液滴粒径分布

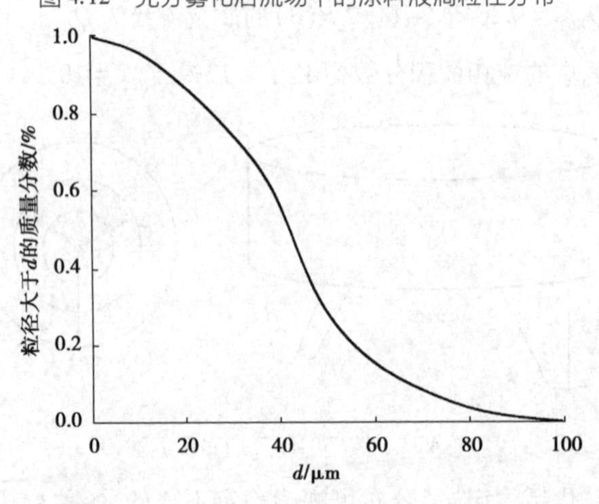

图 4.13 粒径大于 d 的涂料液滴的质量分数

液滴粒径设为 11 种，分别为 $d_1=2\ \mu m$，$d_2=10\ \mu m$，$d_3=20\ \mu m$，$d_4=30\ \mu m$，$d_5=40\ \mu m$，$d_6=50\ \mu m$，$d_7=60\ \mu m$，$d_8=70\ \mu m$，$d_9=80\ \mu m$，$d_{10}=90\ \mu m$，$d_{11}=100\ \mu m$。粒径为 d_n 的液滴质量与总液相质量之比为：

$$M(d_n)=Y(d_n)-Y(d_{n-1}) \tag{4.29}$$

式中，$n=1,2,\cdots,11$，$V(d_0)=1$。

粒径为 d_n 的液滴在区域 $R(i)$ 的质量流量为：

$$Q(d_{nR(i)})=M(d_n)\cdot Q_{R(i)} \tag{4.30}$$

由于涂料液滴被视为不可压缩流体，密度不变，各种液滴的质量与整体液相质量之比等于体积之比。粒径为 d_n 的液滴在区域 $R(i)$ 的体积分数为：

$$V(d_{nR(i)})=M(d_n)\cdot V_{R(i)} \tag{4.31}$$

根据式(4.30)和式(4.31)可以得到不同液滴在射流源处的体积分数和质量流量，见表 4.1。

表 4.1　成膜模型的液滴相边界条件

粒径/μm	区域 $R(1)$		区域 $R(2)$		区域 $R(3)$	
	体积分数/%	质量流量/$(g\cdot s^{-1})$	体积分数/%	质量流量/$(g\cdot s^{-1})$	体积分数/%	质量流量/$(g\cdot s^{-1})$
2	0.12	0.009 4	0.1	0.002 64	0.05	0.001 32
10	0.24	0.018 8	0.2	0.005 28	0.1	0.002 64
20	1.2	0.094	1	0.026 4	0.5	0.013 2
30	1.44	0.112 8	1.2	0.031 68	0.6	0.015 84
40	1.8	0.141	1.5	0.039 6	0.75	0.019 8
47	3.6	0.282	3	0.079 2	1.5	0.039 6
60	1.92	0.150 4	1.6	0.042 24	0.8	0.021 12
70	0.72	0.056 4	0.6	0.015 84	0.3	0.007 92
80	0.6	0.047	0.5	0.013 2	0.25	0.006 6
90	0.24	0.018 8	0.2	0.005 28	0.1	0.002 64
100	0.12	0.009 4	0.1	0.002 64	0.05	0.001 32

3）仿真结果分析

喷涂沉积过程中的两相流比较复杂，存在很多种物理现象。所以从最简单的无液滴加载（不加入液相边界条件）扇面压力孔关闭（0 kPa）的单相气流场开始分析，研究喷雾流场最基本的特性。然后，加入扇面压力和液滴等条件，进行气体和液滴的两相流场分析。

（1）单相流气相流场

①扇面压力孔关闭。

无液滴加载且扇面压力孔关闭（0 kPa）时的气相速度云图如图 4.14 所示，流场形状呈圆锥状，在 *YZ* 平面和 *XZ* 平面都以喷嘴轴线对称分布，且两平面内的分布范围一致。

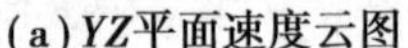

(a) *YZ*平面速度云图

(b) *XZ*平面速度云图

图 4.14　无涂料液滴加载下气相流场

喷嘴轴线上的速度分布如图 4.15 所示，在靠近喷嘴环形空气射流中部的速度为负数（即朝向喷嘴运动）。通过喷嘴附近的速度矢量分布（图 4.16）可知，这是由环形射流中心区域的回流和低压区造成的，该处产生回流和低压的原因是高速空气射流将其周围的低流速气体卷吸入其中。在回流区下游的轴线上，气相速度迅速增大，随后在气体射流卷吸作用下逐渐减小。

距喷嘴不同位置的截面（不同 *Z*）上的气相轴向速度的径向分布如图 4.17 所示，图中坐标 *Y* 表示径向方向上任意点距喷嘴轴线的距离，速度 *w* 为轴向速度。由图可知，随着距喷嘴的长度增大，中心线上的最大速度不断降低，速度分布径向扩展。其原因是高速射流将周围静止的气体卷吸入其中，而且随着射流的发展，被卷吸入并与射流一起运动的流体不断增多，导致射流边界逐渐径向扩展。

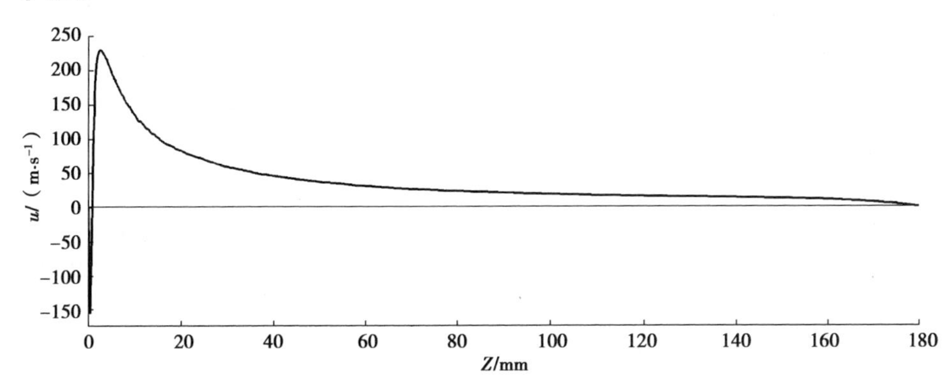

图 4.15　喷嘴中心线上的气体轴向速度分布

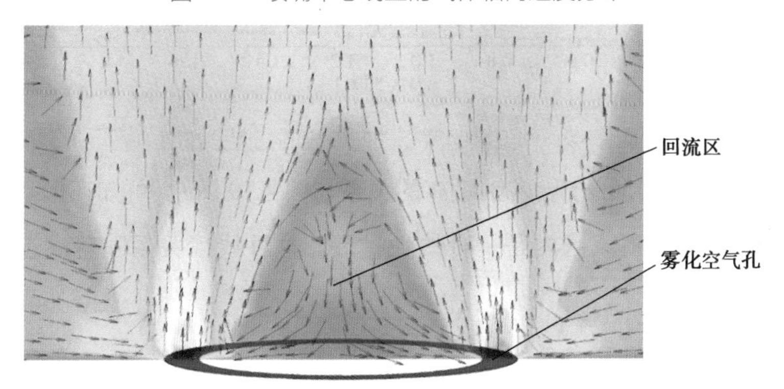

图 4.16　喷嘴附近速度矢量分布

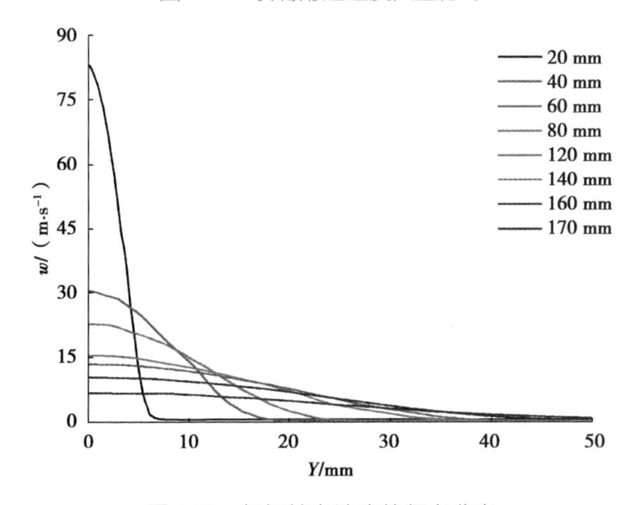

图 4.17　气相轴向速度的径向分布

用 Y(50%)表示速度半值宽,即在轴向速度为喷嘴轴线上的速度一半时的 Y 坐标值,则无量纲气相轴向速度的径向分布如图 4.18 所示。可以看出,不同截面上的轴向速度的径向分布具有相似性且服从高斯分布;近壁面处(Z = 170 mm时)的分布偏离相似性曲线。这与经典自由射流理论一致[133],因此将吻合相似性曲线的区域(与喷嘴距离小于 160 mm)称为自由射流区。

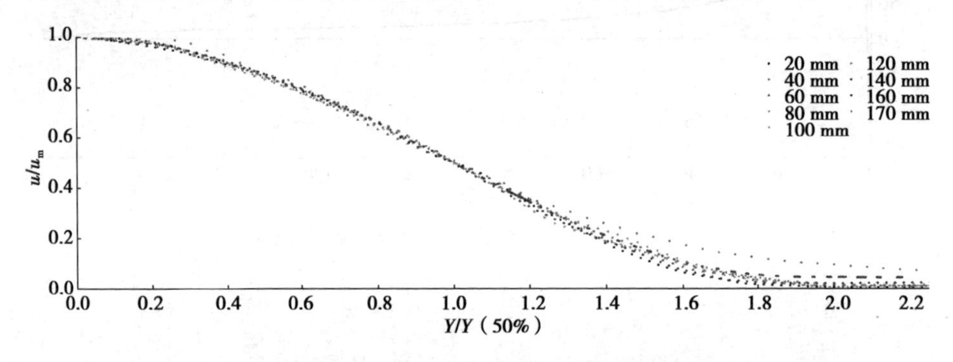

图 4.18　无量纲气相轴向速度的径向分布

速度半值宽 Y(50%)与 Z 轴距离的关系如图 4.19 所示,可知环形空气射流的横向扩展在自由射流区内是一种线性扩展。这种线性关系随着靠近壁面而迅速偏离。

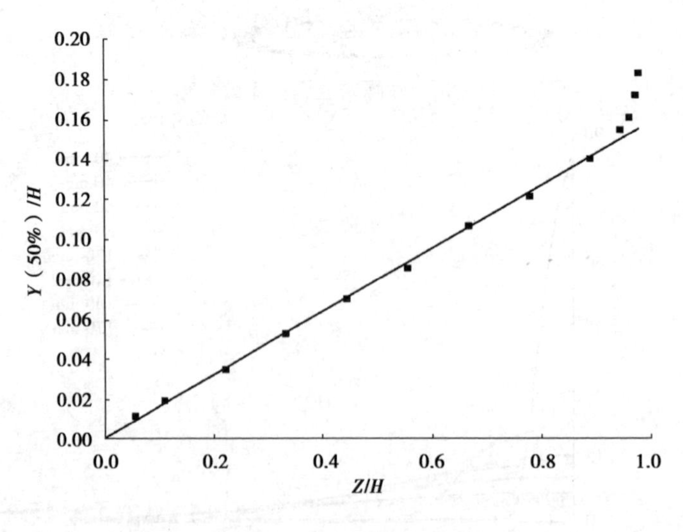

图 4.19　气相速度半值宽

据喷嘴不同位置的截面(不同 Z)上的气相横向速度 u 的分布(图 4.20)可知,气相横向速度在偏离轴线的位置达到最高值,随轴向距离增大气相横向速度的最大值不断降低。与同一截面上的气相轴向速度相比,气相横向速度极小,所以自由射流区内的气相速度矢量几乎垂直于壁面,如图 4.21(a)所示。

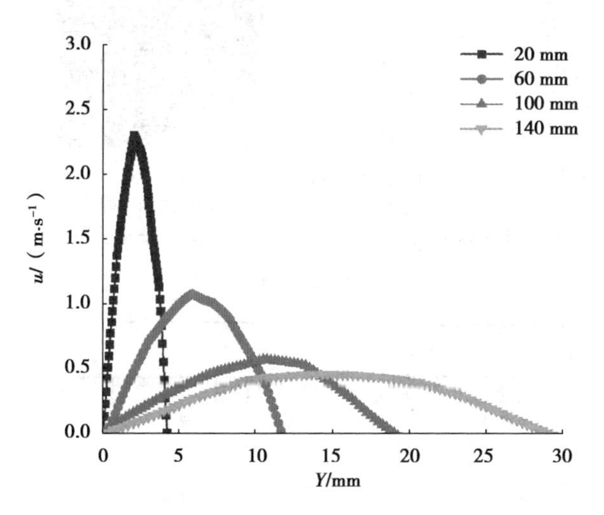

图 4.20　气相横向速度的横向分布

由图 4.18 可知,近壁面处轴向速度的横向分布偏离相似性曲线,由图 4.19 可知轴向速度半值宽偏离线性关系。由图 4.21(a)可知,速度矢量方向从垂直于壁面不断向两侧倾斜,最终平行于壁面。其主要原因是射流冲击壁面时,气相在壁面的法向速度迅速减小为 0(形成滞点),产生了较大的压力,如图 4.21(b)所示,与轴线两侧形成了压力梯度,不可压缩气体在压力的作用下向压力减小的方向(Y 方向)运动,使气体不断往轴线两边流动。这一变化规律与圆孔冲击射流理论类似,故而将该区域称为冲击区。

以喷枪轴线与壁面的交点为原点,建立如图 4.22 所示的坐标系,其中 Z_1 为远离壁面的法向方向,Y_1 为平行于壁面的方向。可以得到近壁面切向速度 v 与壁面距离 Z_1 的关系,如图 4.23 所示,图中不同颜色的线条代表不同纵截面(不同 Y)的切向速度随 Z_1 变化的关系。

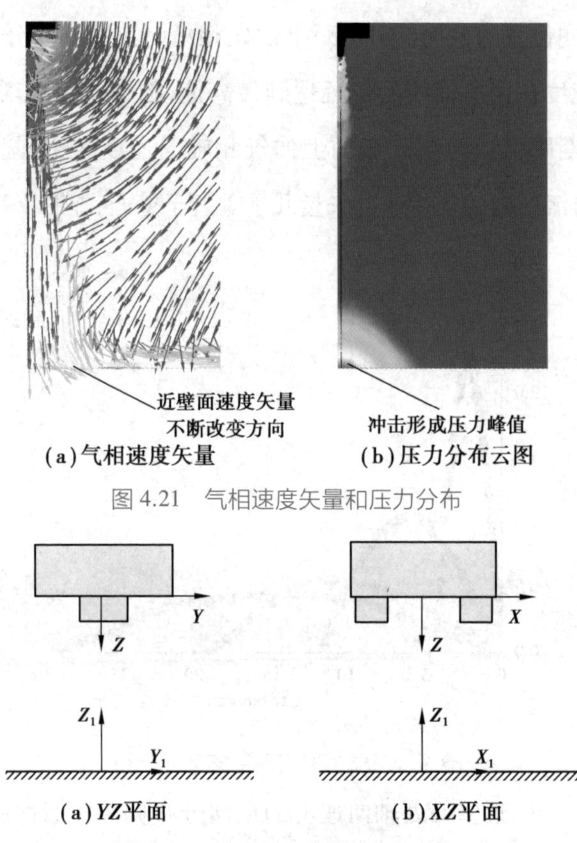

图 4.21　气相速度矢量和压力分布

图 4.22　壁面坐标系

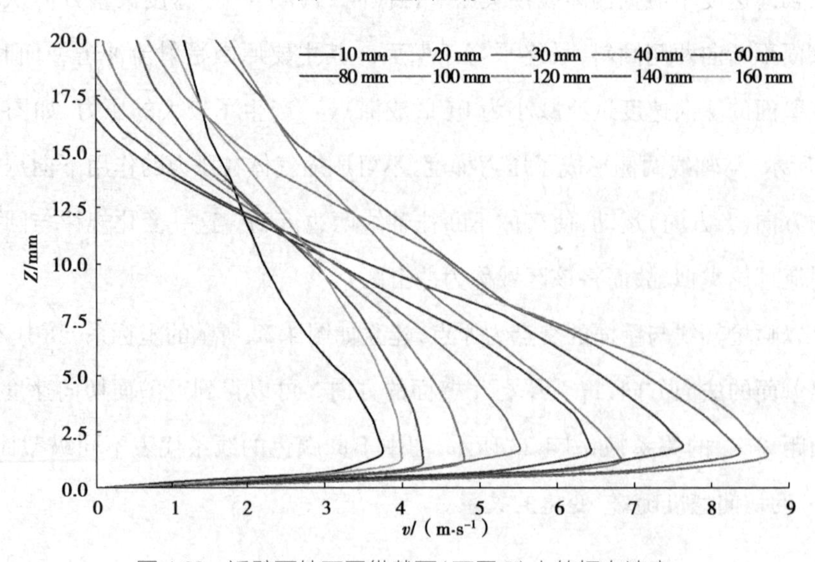

图 4.23　近壁面处不同纵截面(不同 Y)上的切向速度

可知,对于某一Y值,由于壁面的无滑移条件,壁面处的径向速度v为0。随着壁面距离增大,径向速度迅速增大到最大值,之后当壁面距离Z_1进一步增大时,切向速度减小。随着Y增大,切向速度最大值先由于压力梯度的影响而增大,然后由于壁面黏滞力而减小(图4.24)。该处的径向速度变化规律与经典的壁面射流一致[133],故而将该区域称为壁面射流区。

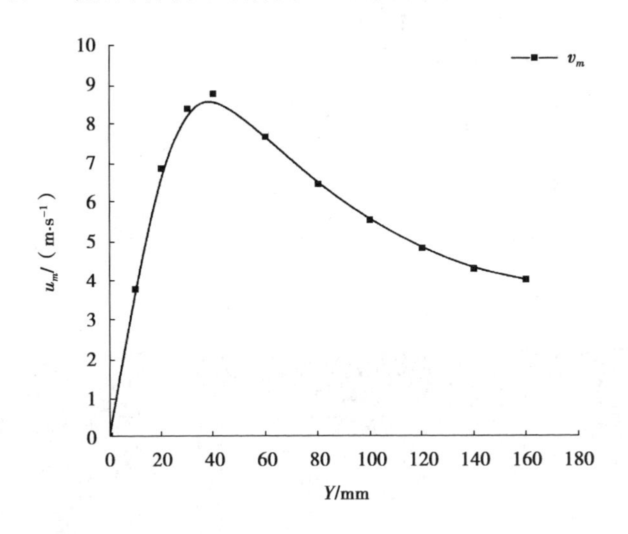

图4.24　近壁面切向速度最大值沿壁面(Y方向)的变化

基于上述分析,空气从环形喷嘴喷出并冲击壁面的流场可以分成三个明显的流动区域,包括自由射流区Ⅰ、冲击区Ⅱ和壁面射流区Ⅲ,如图4.25所示。环形空气射流冲击壁面的流动形态是对称分布的,各方向相似,所以图中仅给出YZ平面的示意图。冲击区Ⅱ在壁面处存在较大的横向压力梯度,气流弯曲显著,其速度减小形成滞点;随着气流远离滞点,形成横向壁面射流Ⅲ。

②扇面压力为120 kPa。

无液滴加载且扇面压力为120 kPa时的速度分布如图4.26所示。由图可知,气相速度分布在YZ平面上比XZ平面上大很多,且截面为椭圆形。

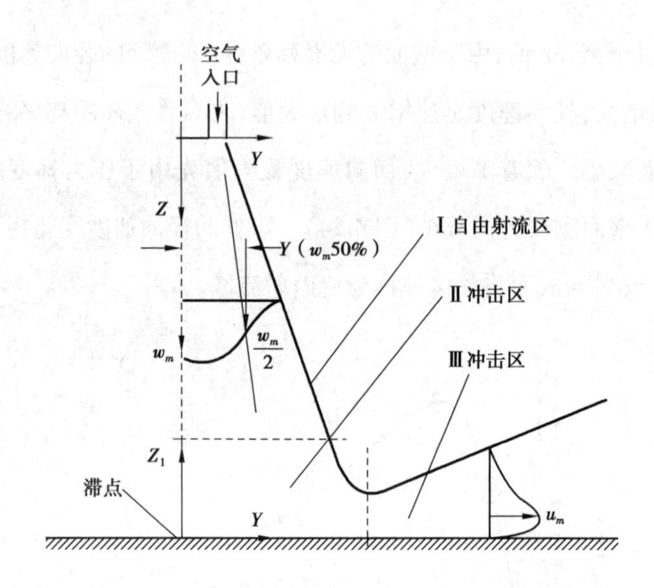

图 4.25　喷嘴环形空气射流冲击壁面流动示意图

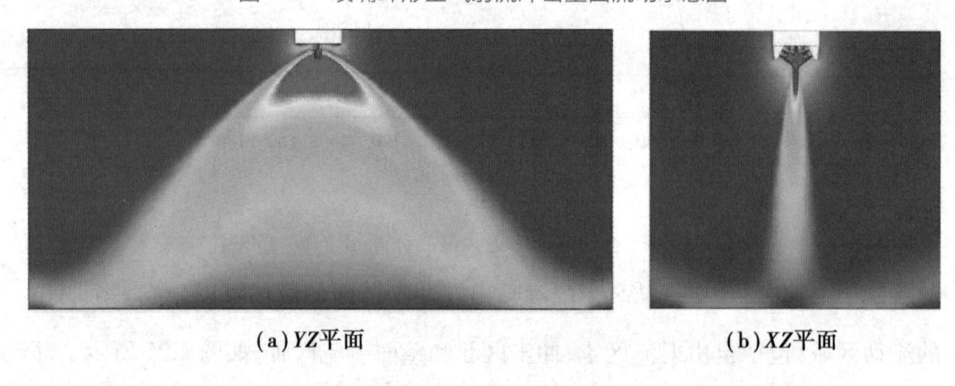

(a) YZ平面　　(b) XZ平面

图 4.26　扇面压力 120 kPa 无液滴加载下气相速度云图

喷锥轴线上的速度分布如图 4.27 所示，与扇面压力关闭时相似，轴线上的轴向速度在经历了微小的回流区之后迅速增大，在液滴完全破碎之前的位置(距雾化空气孔小于 5 mm 处)达到最大值，随后又较快减小，在雾化空气孔下游大约 20 mm 处缓慢变小，最终降低至 0。

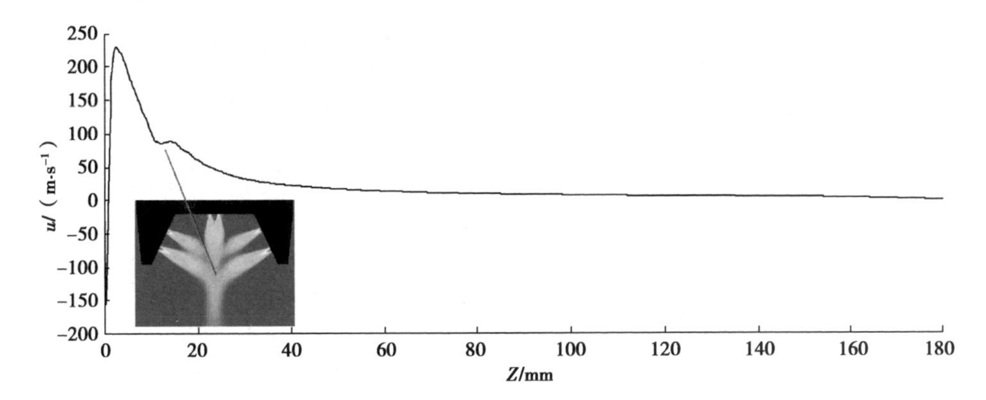

图 4.27 轴向速度沿喷嘴轴线的分布(无液滴加载，扇面压力 120 kPa)

与扇面压力关闭时的不同之处在于,在空气雾化孔下游 10~20 mm 处,轴线上的轴向速度略微提升,这是由于扇面空气孔喷出的高速气流给中心雾化孔的射流提供了额外的轴向动量。

距喷嘴不同位置的横截面上的气相轴向速度 w 在沿 Y 轴和 X 轴的横向分布分别如图 4.28(a)和(b)所示,图中坐标 Y 和 X 分别表示在 YZ 平面和 XZ 平面上的横向方向任意点距喷嘴轴线的距离。由图 4.24 可知,随着距喷嘴的长度增大,喷嘴轴线上的最大速度不断降低,速度分布在横向 Y、X 方向有扩展。

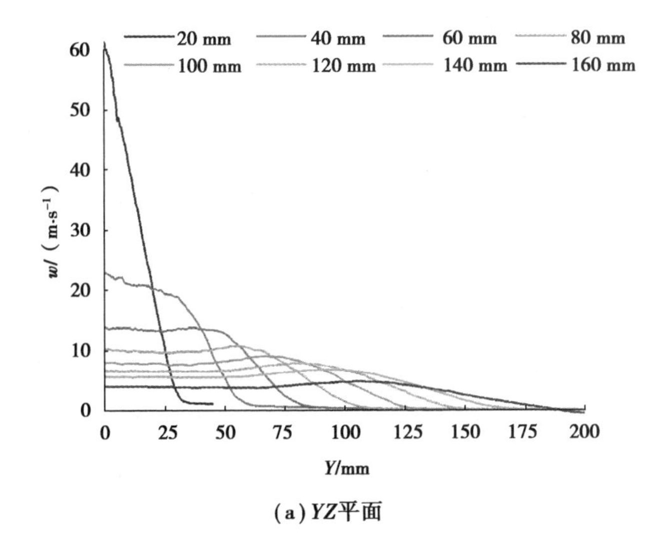

(a) YZ平面

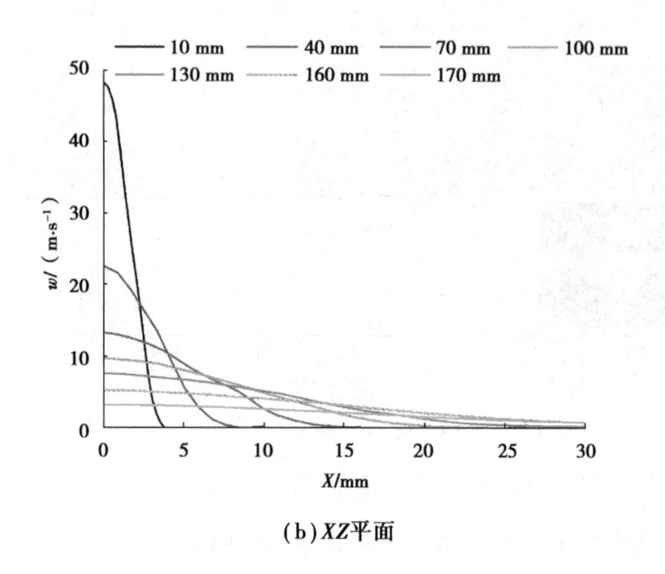

(b) XZ平面

图 4.28　无液滴加载时气相轴向速度的横向分布(扇面压力 120 kPa)

将图 4.28(a)与图 4.17 对比可知,当扇面压力为 120 kPa 时,与扇面压力为 0 kPa 时相比,在相同横截面上轴向速度 w 沿 Y 方向的横向分布更为平坦且更广;当截面轴向高度大于 20 mm 时,同一横截面 Y 轴上的轴向速度在远离喷嘴轴线的地方略比轴线速度高,形成了一种偏心峰值;由于流场分布是对称的,在 Y 轴负方向上也会有一个偏心峰值,所以 Y 轴上气体轴向速度的横向分布呈一种两边比中部略高的近似马鞍面分布。

将图 4.28(b)与图 4.17 对比可知,当扇面压力为 120 kPa 时,轴向速度在 X 轴上的横向分布和扇面压力为 0 kPa 时相似,轴向速度在 X 轴上的横向分布略微缩小。

YZ 平面和 XZ 平面内的气相速度的径向扩展同样由速度半值宽与 Z 轴距离的关系(图 4.29)表示,可知扇面压力为 120 kPa 时,自由射流区的径向扩展在 YZ 平面和 XZ 平面都是线性扩展。扇面压力为 120 kPa 时,与扇面压力孔关闭时相比,气流在 YZ 平面的径向扩展增大了,在 XZ 平面的径向扩展缩小了。

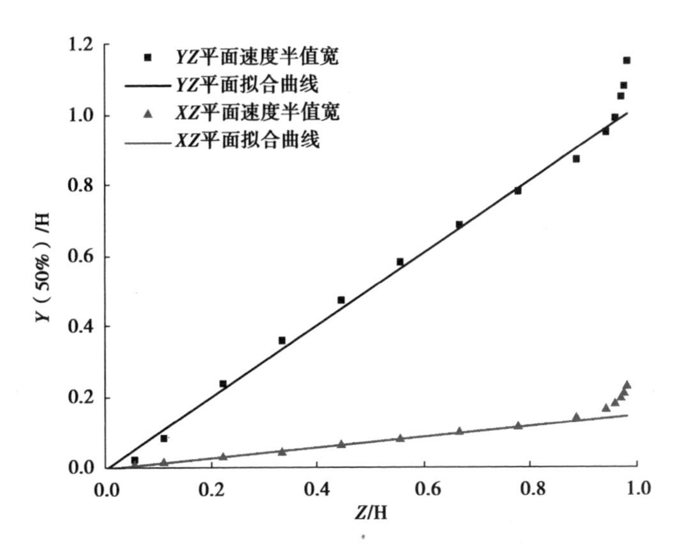

图 4.29　扇面压力 120 kPa 无液滴加载下气相轴向速度半值宽

上述扇面压力为 120 kPa 时自由射流区的变化,是由于扇面压力孔喷出的气流,产生了向外扩张的 Y 轴正方向和负方向的动量,使速度分布在 Y 轴正方向扩大。扇面空气射流可视为同一平面内有一定角度的两股相互冲击的射流:根据文献[134],同一平面内两股射流相互冲击之后,交汇形成沿 Z 方向的气体射流,其截面为椭圆形,椭圆形的长轴与两股射流垂直;沿椭圆形的长轴方向(Y 轴)上存在一定的向外扩张的横向速度,沿椭圆形短轴(X 轴)的横向速度几乎为 0。因此,与扇面压力关闭时相比,扇面压力为 120 kPa 时,气相流场获得了较大的沿 Y 方向向外扩张的横向速度;而沿 X 方向的横向速度为很小的负值,即较小的向内收缩的速度。

不同轴向距离横截面上的 YZ 平面内的横向速度如图 4.30 所示。随着横向距离增加(Y 值),首先增加至最大值,然后降为 0。与扇面压力为 0 时(图 4.20)相比,扇面压力为 120 kPa 时,气相横向速度增大十分明显,所以,如图 4.31所示,YZ 平面内的速度矢量与壁面法向会形成一定的角度,越远离喷嘴轴线,速度矢量与壁面法向的角度越大;XZ 平面内的速度矢量相对于轴向速度很小(故而未列出),所以自由射流区内 XZ 平面内的气相速度矢量与壁面几乎垂直,如图 4.31(b)所示。

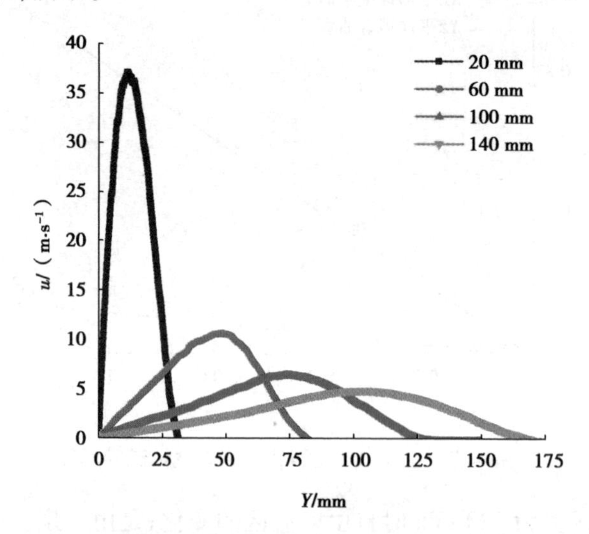

图 4.30 不同横截面横向速度(YZ 平面)

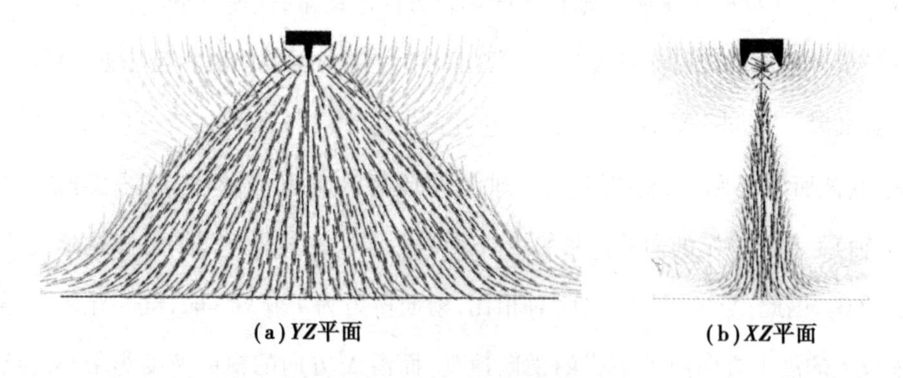

图 4.31 扇面压力 120 kPa 气相速度矢量分布

由图 4.29 可知,扇面压力为 120 kPa 时,轴向速度半值宽与扇面压力为 0 时一样(图 4.19)。在近壁面处偏离线性关系,由图 4.31 可知近壁面速度矢量方向从垂直于壁面不断向两侧倾斜,最终平行于壁面。

基于图 4.22 建立的壁面坐标系,已得到 YZ 平面内近壁面切向速度 v 与壁面距离 Z_1 的关系,如图 4.32(a)所示;以及 XZ 平面内近壁面切向速度 u 与壁面

法向距离 Z_1 的关系，如图 4.32(b)所示。可知在两平面内，由于壁面的无滑移条件，壁面处的切向速度 v 和 u 都为 0，当壁面距离 Y_1 和 X_1 增大时，YZ 平面和 XZ 平面内近壁面最大切向速度都会有一定程度的增加。

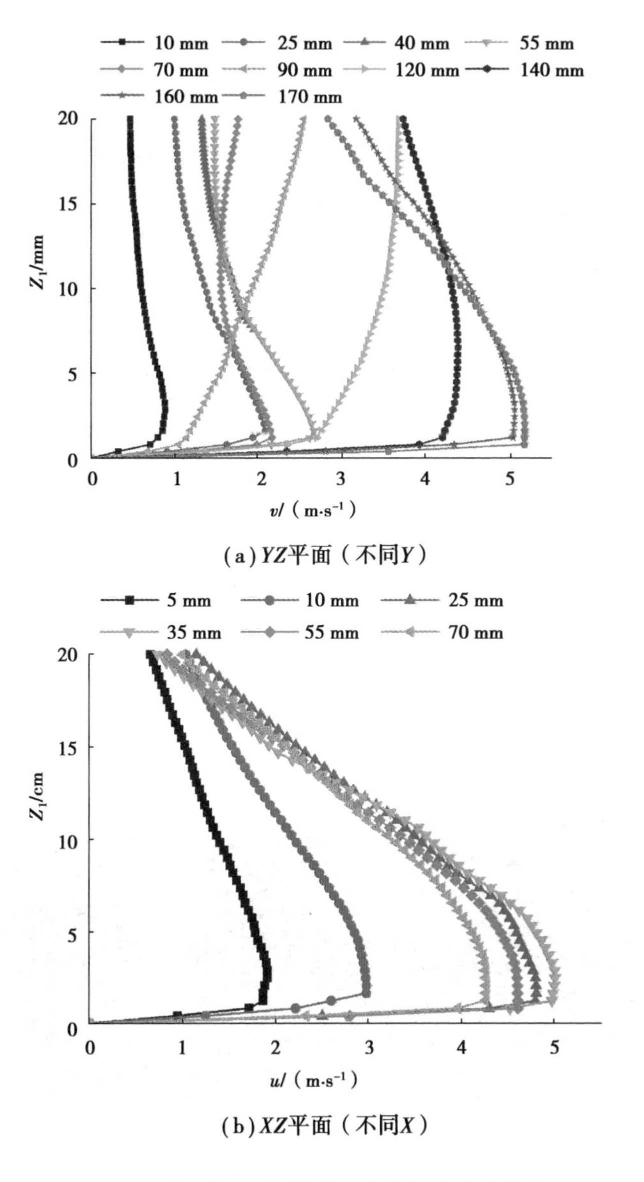

图 4.32　近壁面不同纵截面上处切向速度分布

由图 4.33 和图 4.24 对比分析可知,当扇面压力为 120 kPa 时,*YZ* 平面和 *XZ* 平面内近壁面径向速度 v 和 u 比扇面压力关闭时小。这是因为与扇面压力孔关闭时相比,扇面压力为 120 kPa 时气体轴向速度的横向分布增大,所以冲击壁面的法向速度沿壁面的切向分布增大,速度壁面处的压力分布范围增大,如图 4.34(a)所示。壁面最大压力为 30 Pa,远小于扇面压力关闭时的 100 Pa,所以切向速度略小。由图 4.30 可知,除气体冲击壁面形成的压力梯度提供了近壁面的切向速度外,*YZ* 平面内近壁面切向速度的增加还有一部分是自由射流内的扇面压力导致的沿 *Y* 方向的横向速度。

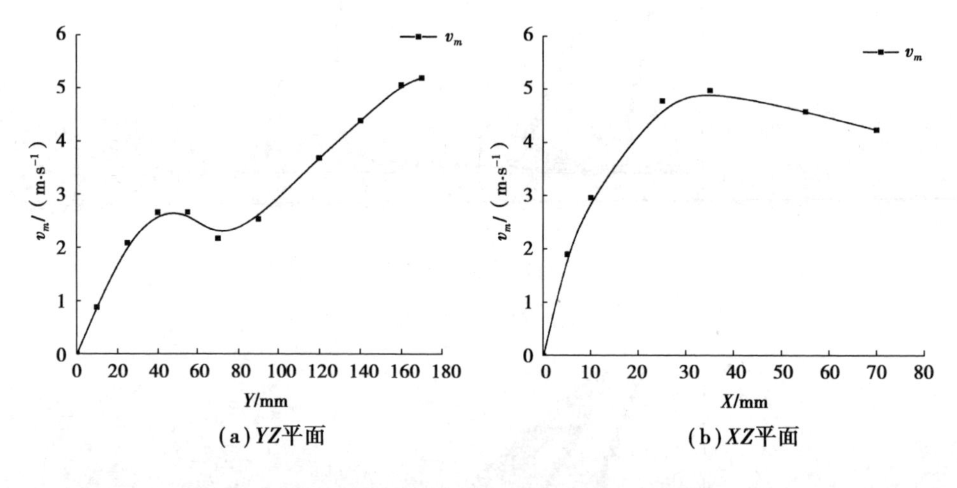

图 4.33　近壁面最大切向速度沿 *Y* 和 *X* 轴的变化

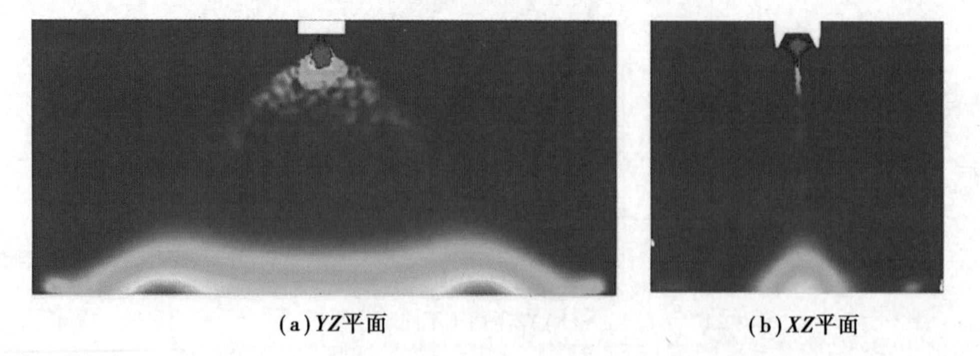

图 4.34　压力分布云图

基于上述分析可知，扇面压力孔开启时（120 kPa），空气从环形喷嘴喷出到壁面的流场也可以分成三个明显的流动区域（图 4.35），包括自由射流区Ⅰ、冲击区Ⅱ和壁面射流区Ⅲ。但与扇面压力关闭时不同，扇面压力孔开启时（120 kPa）在 *YZ* 平面扩大，在 *XZ* 平面略微缩小，气相轴向速度在 *YZ* 平面呈现中间平坦、两边大的近似马鞍面分布，在 *XZ* 平面内的分布与扇面压力关闭时相似。

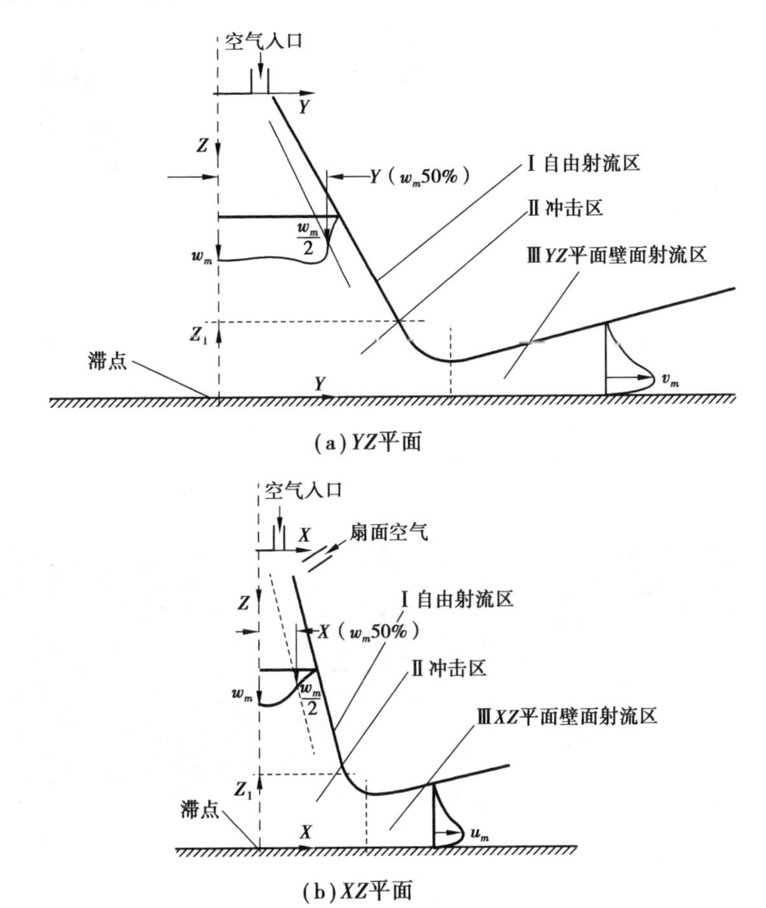

图 4.35　扇面压力孔开启时的气相流场示意图

（2）气相—液滴两相流流场特性

扇面压力为 120 kPa 并加入液相边界条件，通过求解成膜模型，可以得到气相和液滴的两相流流场，下面将分别进行介绍。

通过液相体积分数为 0.001%等值面,可以得到液滴喷射到达壁面的过程如图 4.36 所示。液滴从边界喷射到达壁面大约需要 3.5 ms 的时间;15 ms 之后,喷涂两相流充分形成。这时的流场具有稳定性和规律性,所以仅针对喷涂 15 ms 之后稳定的液滴和气体两相流场进行分析。

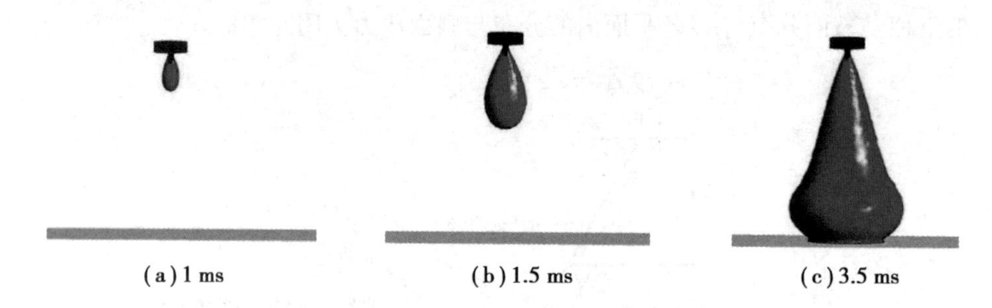

图 4.36　液滴喷射过程(液相体积分数 0.001%等值面)

①气相流场特性。

有涂料加载且扇面压力为 120 kPa 时的气相流场如图 4.37 所示。与扇面压力孔关闭的气相流场(图 4.26)类似,气相速度分布在 *YZ* 平面比 *XZ* 平面上大很多,且截面为椭圆形。

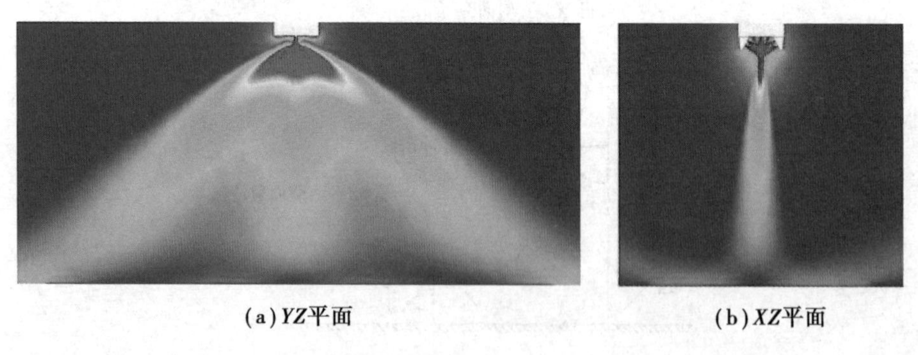

图 4.37　有涂料液滴加载扇面压力 120 kPa 气相速度分布云图

图 4.38 对比了有、无液滴加载两种情况得到的气体轴向速度在液滴边界下游(即喷嘴下游 5~180 mm)喷嘴轴线上的分布。由图 4.38 可知,在喷嘴轴线上,随着轴向距离增大,在射流卷吸作用的影响下,两种情况的气相速度都逐渐变小。

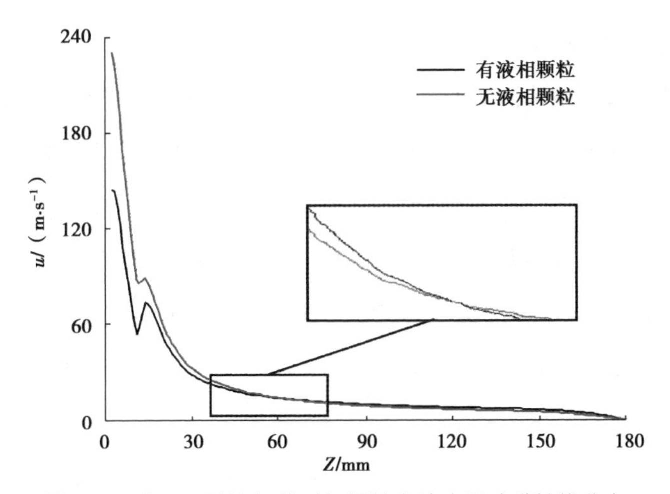

图 4.38　有、无液滴加载时气相轴向速度沿喷嘴轴线分布

无涂料液滴加载的气相速度在靠近喷嘴区域(喷嘴下游 5～30 mm)明显高于有液滴加载的速度。由轴线上气相和液滴速度分布(图 4.39)可知,这是因为在近喷嘴区域,气相速度高于液相速度,气相向液滴传递了动量。

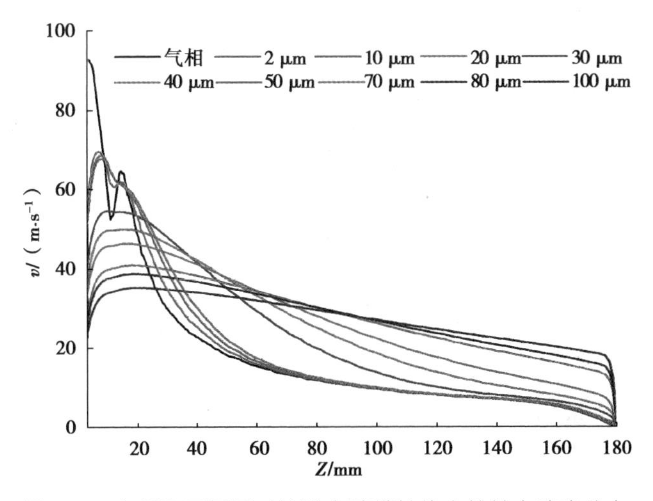

图 4.39　气相和不同尺寸液滴在喷嘴轴线上的轴向速度分布

随轴向距离的增加,有液滴加载的气相轴向速度的减小要比无液滴的慢,在距喷枪约 60 mm 处,两种情况下的轴向速度近乎一样;在距喷嘴大于60 mm的位置,越远离喷嘴的区域有液滴加载下的速度始终略高于无液滴加载的气相速度。由图 4.37 可知,此区域中所有的液滴速度都会高于气相速度,这时液滴

会向气流反向传递动量。

距喷嘴不同位置截面上的气相轴向速度在 YZ 平面和 XZ 平面的横向分布分别如图 4.40(a)和(b)所示,图中坐标 Y 和 X 分别表示在 YZ 平面和 XZ 平面上的横向方向任意点距喷嘴轴线的距离,速度 w 为沿 Z 方向的轴向速度。可知,随着距喷嘴的轴向距离增大,中心线上的最大速度不断降低,速度分布横向扩展,这一趋势与无液滴加载(图 4.28)的情况一致;轴向速度在 X 轴上的横向分布与图 4.28(b)也非常相似,所以 XZ 平面内气相冲击壁面形成的压力峰值与无液滴加载时也非常近似,如图 4.34(b)所示。

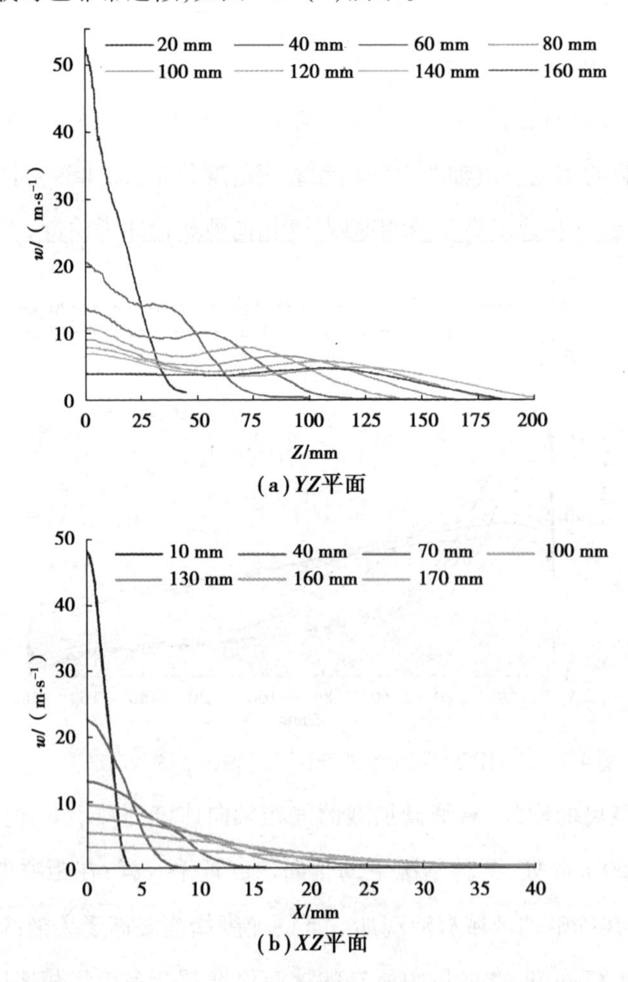

图 4.40 不同平面内有液滴加载时气相轴向速度的横向分布

与无液滴加载时(图 4.28(a))不同,有液滴加载时,Y 轴上气体轴向速度的横向分布虽然也呈近似马鞍面分布,但其中部和偏离轴线的两边一共形成了 3 处速度峰值,中心峰值速度高于偏心速度峰值,其原因是有液滴加载时,中部的液滴向气流反向输送的动量提高了轴线上的速度。所以,YZ 平面的壁面上的压力峰值也有一个中心压力峰值和两个偏心压力峰值(图 4.41(a)),壁面中心压力峰值高于偏心压力峰值。

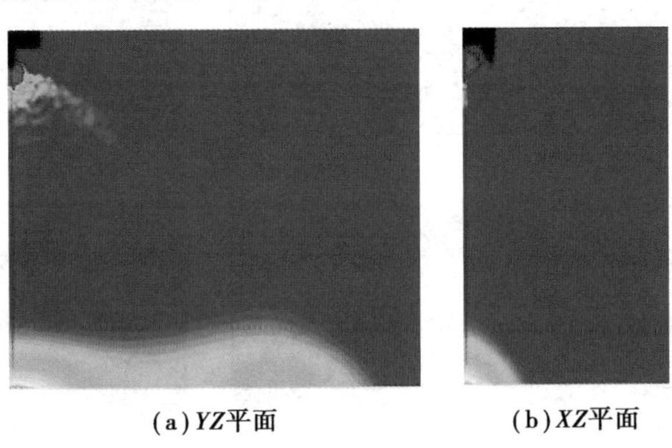

(a) YZ平面　　(b) XZ平面

图 4.41　压力分布云图

有液滴加载的气相轴向速度半值宽和其横向速度分布,与无液滴加载的非常相似,不再详细列出。其近壁面气相切向速度分布将在与圆弧面对比时列出。

②液相流场特性。

不同粒径的液滴在喷嘴轴线上的轴向速度分布如图 4.39 所示。可知,在喷嘴轴线上,随着离喷嘴轴向距离的增加,在靠近喷嘴的区域(喷嘴下游 5～10 mm)所有液滴由于获得了高速气流提供的动量,轴向速度都迅速增大,随后随着气相速度的减小而降低。随液滴粒径的增大,液滴的运动变化越平缓,这是由于粒径越大,液滴的惯性越大;小粒径(2～20 μm)液滴惯性小,其运动几乎与气相保持一致。

由于液滴的分布较广,限于篇幅限制,下文仅选取四种有代表性的粒径的液滴分析液相流场特性,包括代表小粒径的 20 μm 液滴,具有平均粒径的47 μm

液滴,代表较大粒径的 80 μm 液滴以及具有最大粒径的 100 μm 液滴。

四种液滴的速度分布云图如图 4.42 所示,可知涂料液相的速度分布云图与气相流场一样,形成了截面为椭圆形的锥形,将这种液滴分布形态称为喷锥,其与壁面的交点为喷锥底心。

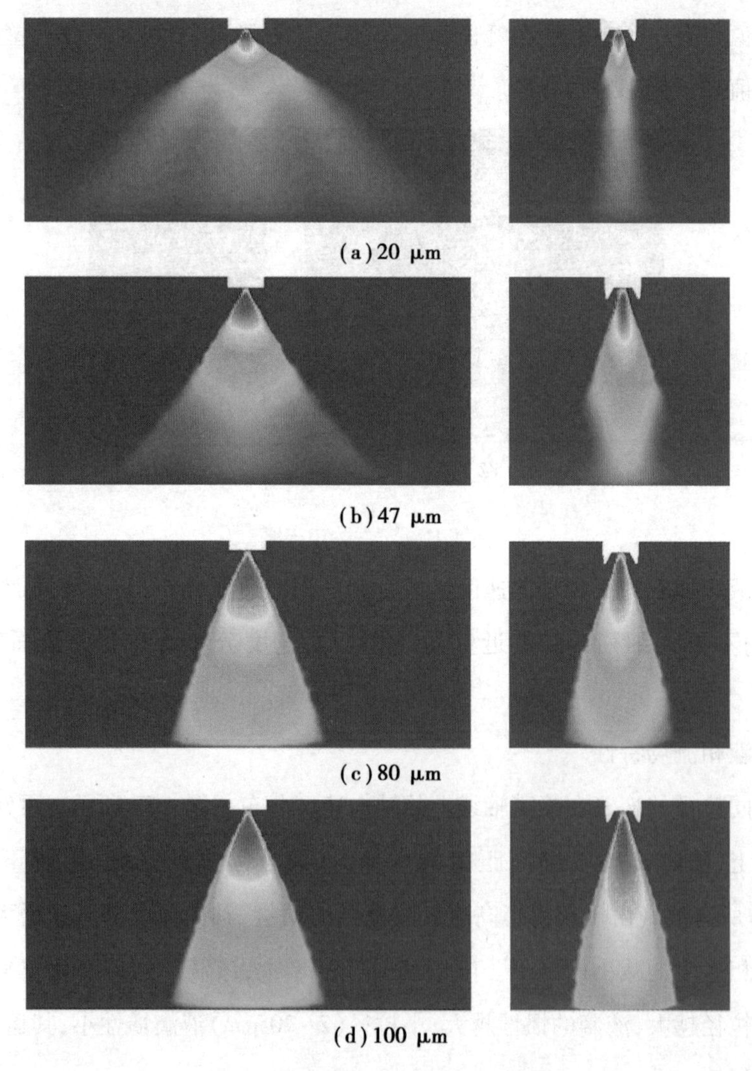

(a) 20 μm

(b) 47 μm

(c) 80 μm

(d) 100 μm

图 4.42　不同粒径液滴速度分布云图

通过对比不同粒径液滴的速度分布,可知粒径越小,液滴在 *YZ* 平面的分布越大,在 *XZ* 平面的分布越小,粒径为 20 μm 的液滴的速度分布云图与气相速度分布云图(图 4.34)几乎一致;随着粒径增大,*YZ* 平面的分布范围增大,*XZ* 平面的分布范围减小。当粒径增大到 100 μm 时,其速度在两平面的分布范围几乎一致。其原因为小粒径液滴的惯性小,大粒径液滴的惯性大,小粒径比大粒径更容易受气相流场的影响。

四种液滴在距喷嘴不同位置的横截面上的轴向速度在 *YZ* 平面和 *XZ* 平面的横向分布分别如图 4.43 所示。可知,随着距喷嘴的长度增大,液滴在中心线上的最大速度不断降低。速度随着横向距离增加,不同液滴的速度都会降低。对比不同液滴距喷嘴 170 mm(距壁面 10 mm)处的轴向速度(即垂直壁面的法向速度)可以发现,粒径越小,其近壁面垂直于壁面的法向速度越低;粒径越大,其近壁面垂直于壁面的法向速度越高。这是因为大粒径液滴的惯性大,运动状态不易受气流改变。

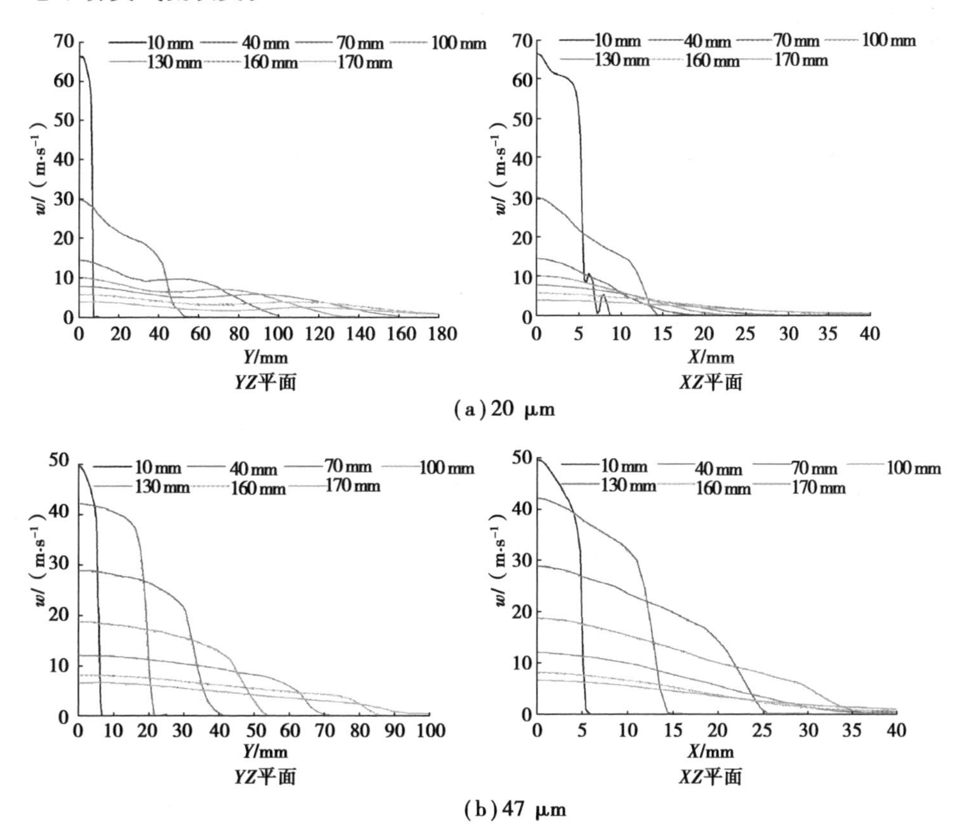

(a) 20 μm

(b) 47 μm

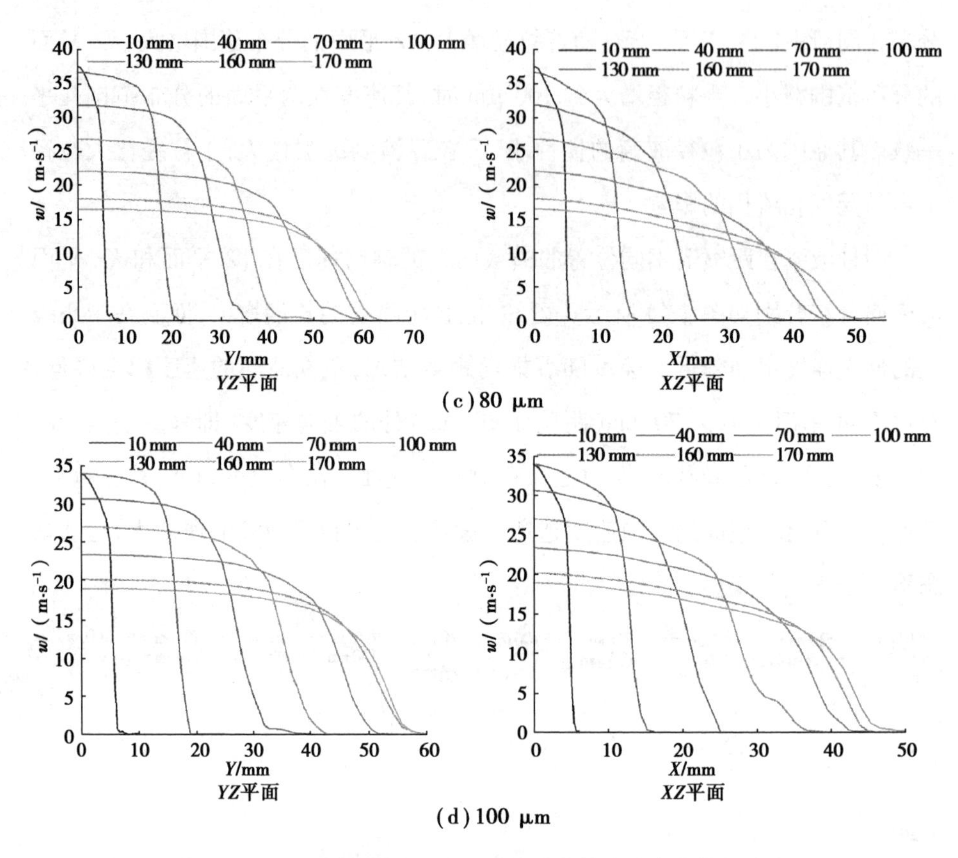

图 4.43　不同横截面上不同尺寸液滴的轴向速度的横向分布

YZ 平面和 *XZ* 平面内的四种液滴的轴向速度半值宽与 *Z* 轴距离的关系如图 4.44 所示。四种液滴的轴向速度在自由射流区的径向扩展，在 *YZ* 平面和 *XZ* 平面上都是线性扩展。可知粒径越小，液滴在 *YZ* 平面的横向扩展越大，在 *XZ* 平面的径向扩展越小；随着粒径增大，*YZ* 平面的横向扩展减小，*XZ* 平面的横向扩展增大。近壁面处，粒径 20 μm 的液滴的轴向速度的径向扩展偏离线性扩展；其他三种液滴轴向速度的径向扩展在壁面处保持线性扩展。这是因为小粒径液滴的惯性比大粒径液滴小，小粒径比大粒径更容易受气相流场的影响。

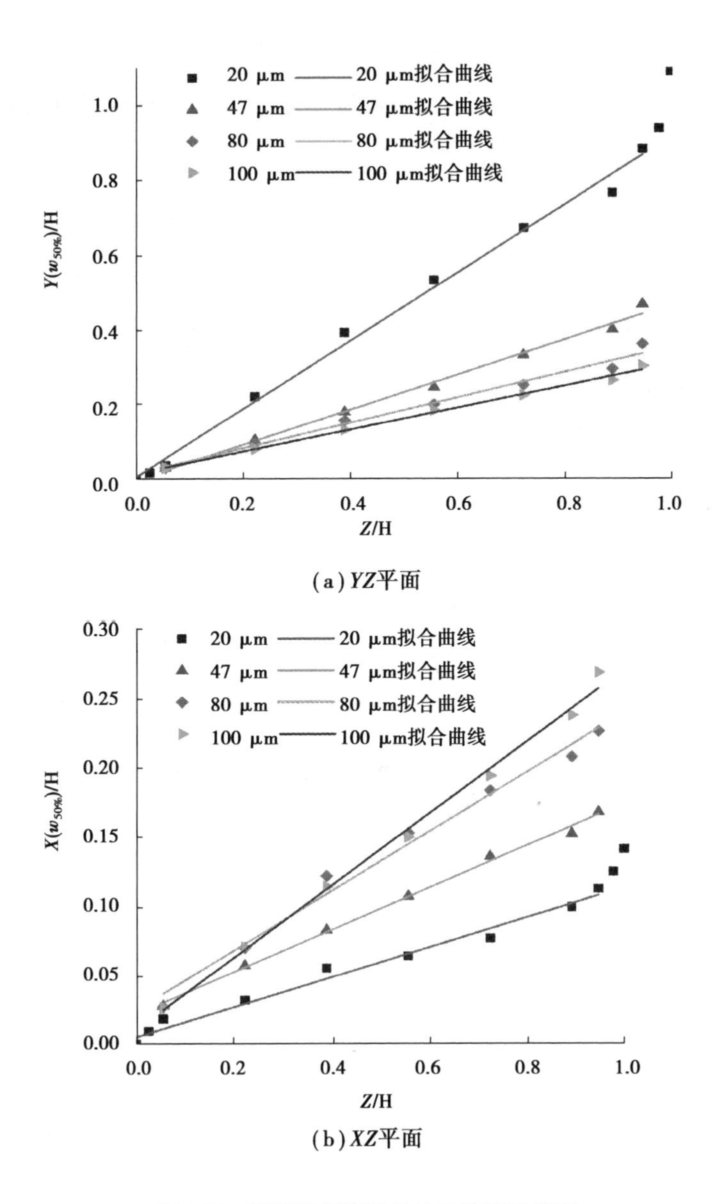

图 4.44　不同粒径液滴的轴向速度半值宽

由图 4.30 可知，在扇面压力孔的作用下，*YZ* 平面内的气体获得了较大的横向速度。受气流的影响，不同粒径的液滴也会获得一定的横向速度(图 4.45)。由图 4.45 可知，每种液滴的横向速度最高值都会在偏离轴线的横向方向上。液滴粒径越小,由于惯性小,液滴获得的横向速度越大:20 μm 液滴横向速度分布几乎同于气相横向速度分布(图 4.30);液滴粒径越大,获得的横向速度越小。所以如图 4.46 所示,在自由射流区,*YZ* 平面内,小粒径液滴的速度矢量随着横向距离的增加,与喷嘴轴线的角度比大粒径液滴的大;最大粒径液滴(100 μm)几乎垂直于壁面运动。由上节分析可知,在 *XZ* 平面内,气相横向速度很小,提供给液滴的横向速度很小(故而未列出),所以自由射流区内 *XZ* 平面上所有液滴都几乎垂直于壁面运动。

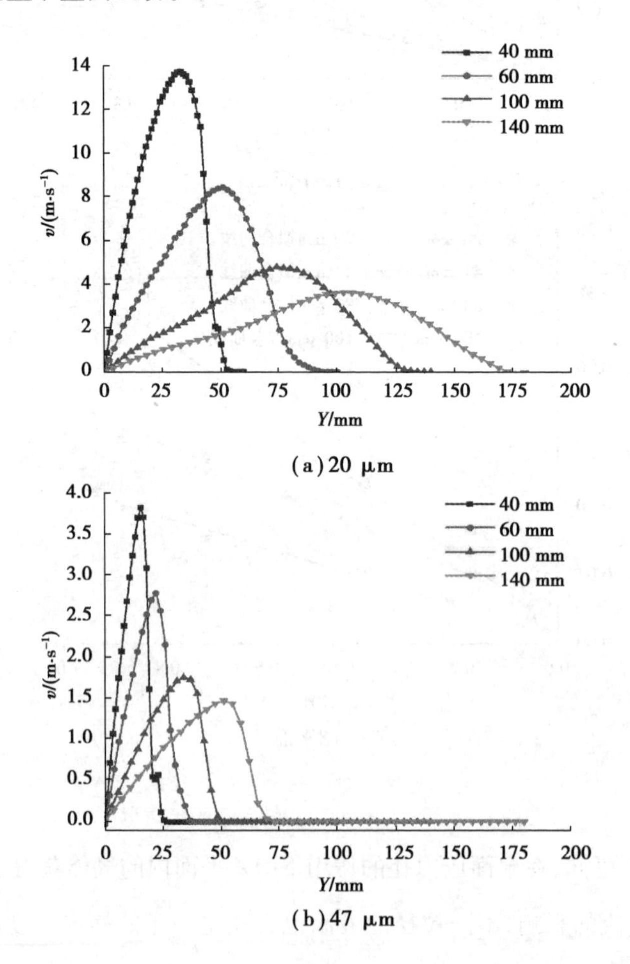

(a)20 μm

(b)47 μm

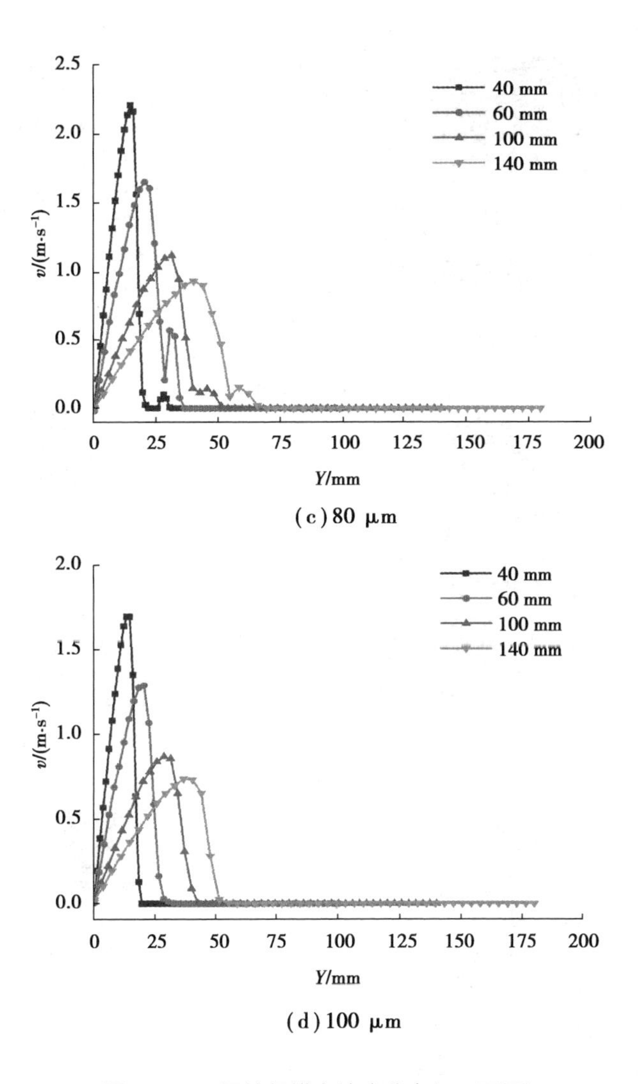

(c) 80 μm

(d) 100 μm

图 4.45　不同粒径横向速度分布(YZ 平面)

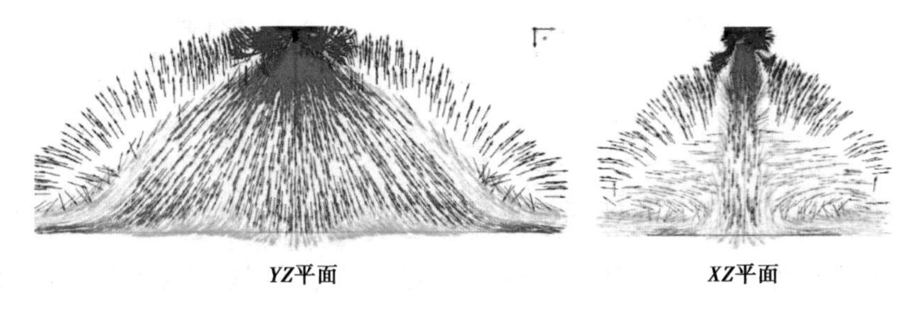

(a) 20 μm

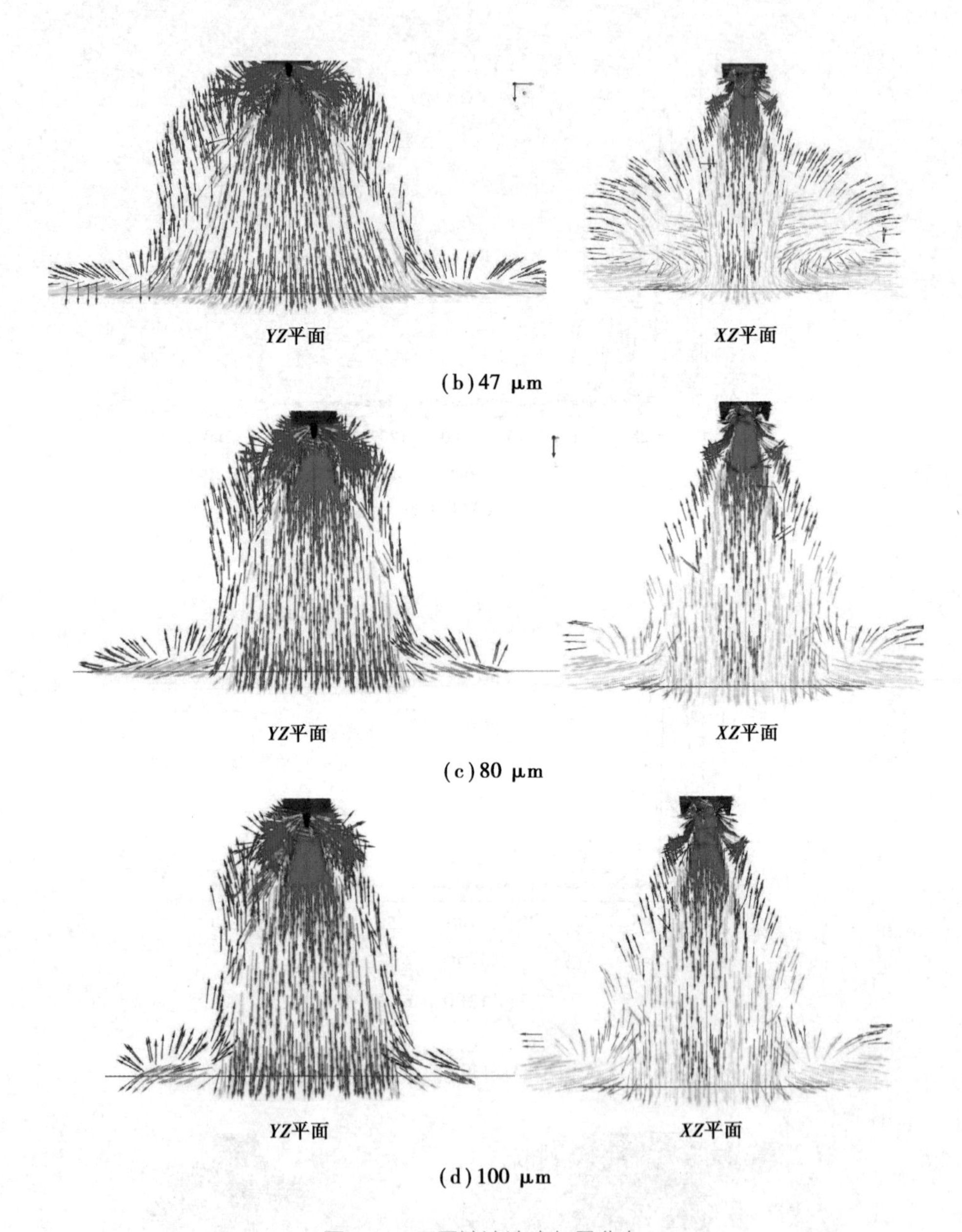

图 4.46　不同液滴速度矢量分布

数值模拟得到了不同粒径液滴近壁面切向速度分布，如图 4.47 所示。每种液滴在近壁面都能获得一定的切向速度。通过对比不同粒径液滴近壁面切向速度最大值分布（图 4.48）可知，粒径越小，惯性越小，液滴获得的切向速度越大,大粒径液滴获得的切向速度较小。

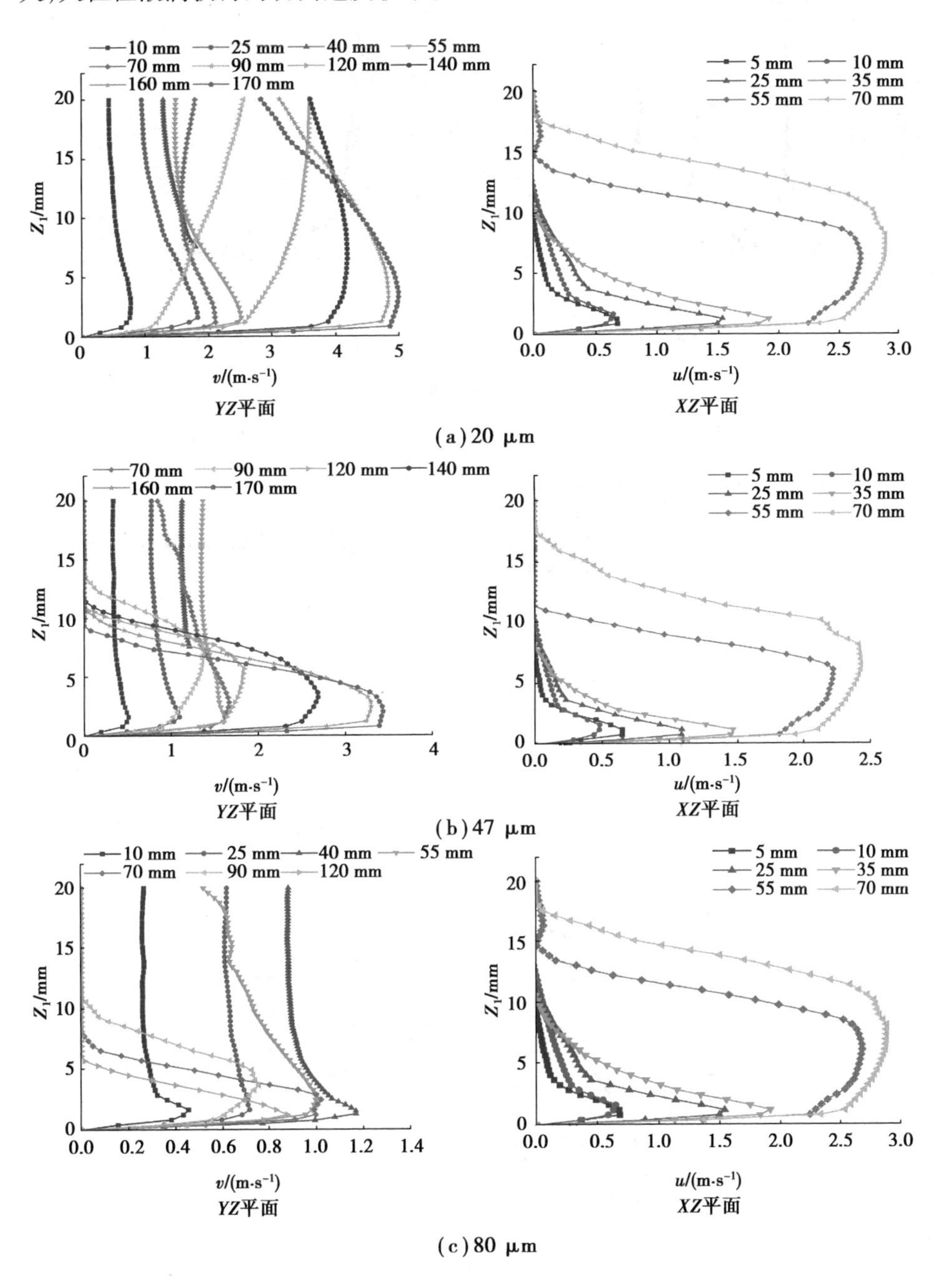

(a) 20 μm

(b) 47 μm

(c) 80 μm

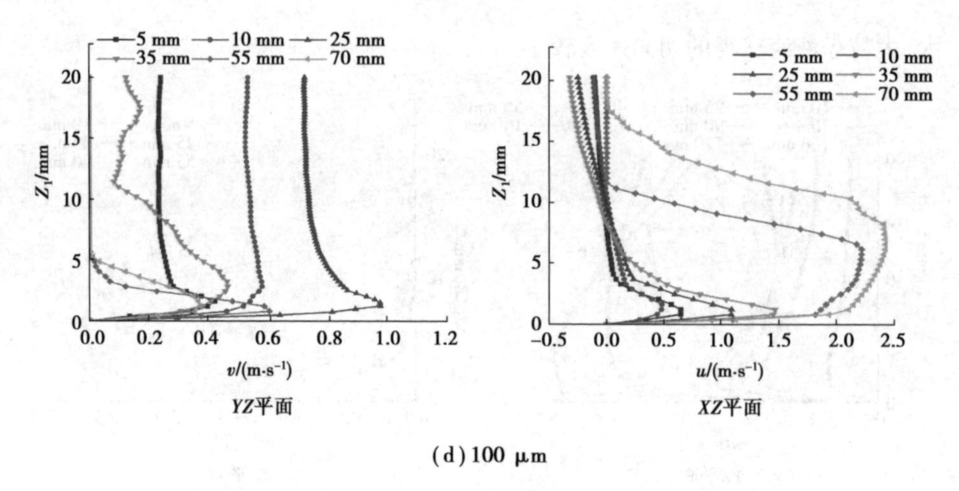

(d) 100 μm

图 4.47　近壁面不同液滴的、平行于壁面的切向速度分布

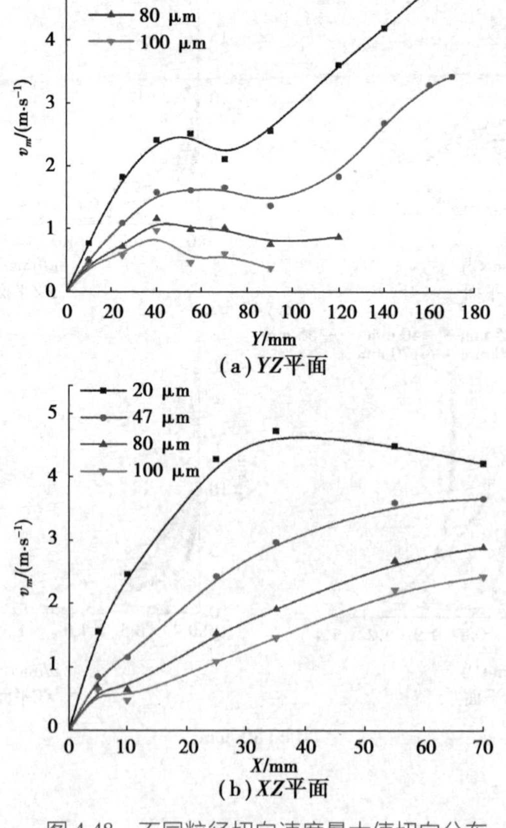

图 4.48　不同粒径切向速度最大值切向分布

(3)液相沉积特性

由式(2.24)和式(2.26)可知,影响涂层厚度大小的参数主要是壁面处液相垂直于壁面的轴向速度,所以壁面处液滴相法向速度大小沿壁面的分布决定了壁面涂膜厚度的分布。通过上节分析可知,不同粒径的液滴在近壁面处都会产生一定的平行于壁面的切向速度。若平行于壁面的切向速度越大,垂直于壁面的法向速度越小,则液滴越容易随气流偏离壁面而无法成膜。

①过喷现象和涂着效率。

液滴不能黏附在被喷表面的现象叫作过喷。通过对出口边界的液滴进行采样分析,可以得到发生过喷的各种尺寸的液滴的质量分数如图 4.49 所示,可知发生过喷的主要是粒径小于 20 μm 的液滴和 47 μm 左右的液滴。由于粒径 47 μm 左右的液滴在流场中的含量远高于粒径 20 μm 以下的液滴(由液滴初始条件表 4.1 可知),可以推断,小粒径液滴更容易发生过喷现象。

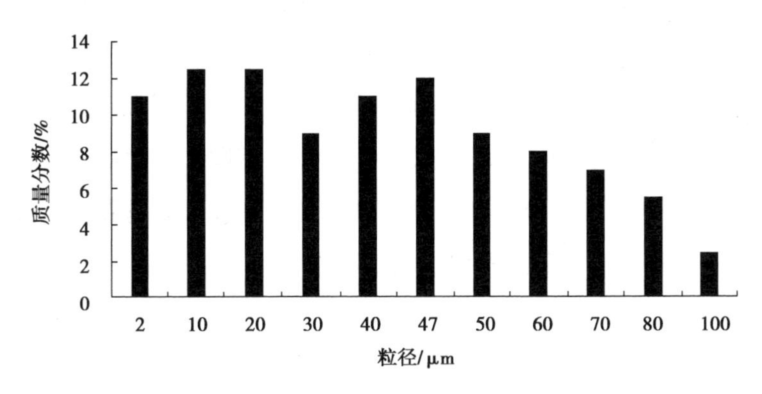

图 4.49　发生过喷液滴粒径质量分数

涂着效率是沉积于被喷壁面的涂料与所用涂料之比。通过对发生过喷的不同粒径液滴进行统计,根据液相初始条件(表 4.1),可以计算出总体涂着效率和不同粒径的涂着效率(表 4.2)。总体的涂着效率是 65.2%。粒径越小,液滴涂着效率越低;粒径高于 80 μm,涂着效率接近 100%。

通过上一节的分析可知,其原因是在近壁区内,液滴粒径越小,其垂直于壁面的法向速度越低,沿壁面的切向速度越高,越容易偏离壁面发生过喷,导致涂着效率降低；液滴粒径越大，其垂直于壁面的法向速度越高，沿壁面的切向速度越低，所以涂着效率越高。

表 4.2　不同液滴涂着效率和总体涂着效率

粒径/μm	2	10	20	30	40	47
涂着效率/%	10.3	21.2	50.6	72.8	80.6	85.6
粒径/μm	60	70	80	90	100	总体涂着效率
涂着效率/%	88.7	91.4	96.8	98.1	99.8	65.2

②涂膜厚度增长率。

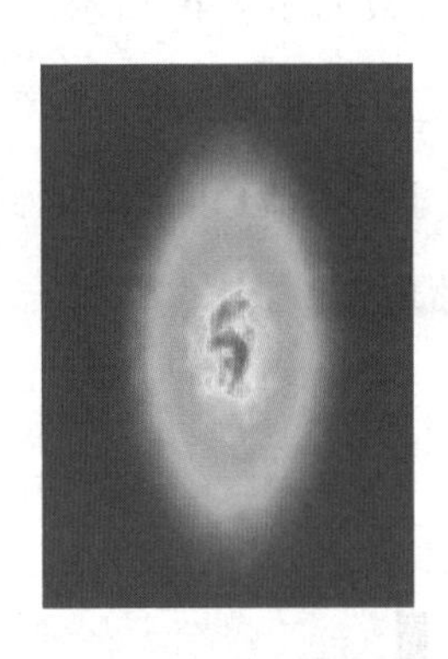

图 4.50　平面喷涂涂膜增长率云图

由图 4.36 可知，液滴从喷嘴喷出到达壁面大约需要 3.5 ms。为减少这一过程带来涂膜厚度分布误差，用喷涂时间为 1.5 s 的算例得到的涂膜厚度减去喷涂时间为 0.5 s 的，得到每秒平面上涂膜厚度的增长，即涂膜增长率。得到涂膜厚度增长率分布云图如图 4.50 所示，可知涂膜呈椭圆形分布。椭圆形涂膜的长轴和短轴上的涂膜增长率如图 4.51 所示，可知越靠近椭圆形中心的位置，涂层增长率越大。

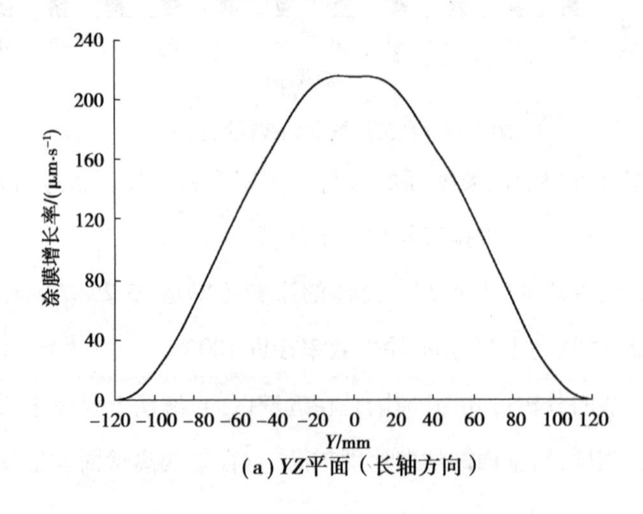

(a) *YZ*平面（长轴方向）

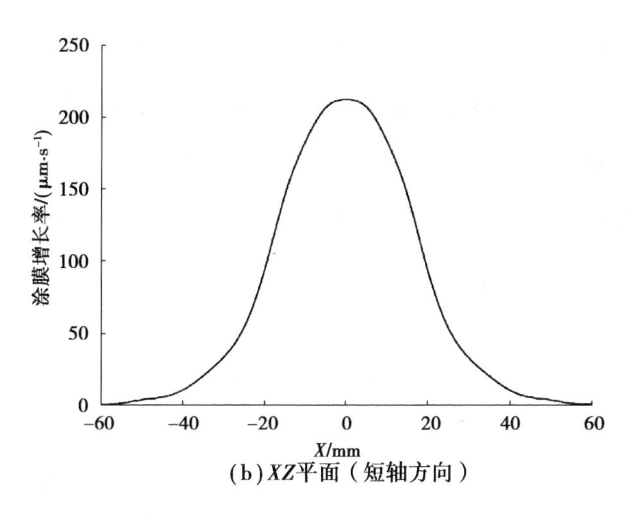

(b) XZ平面（短轴方向）

图 4.51　平面喷涂涂膜增长率分布

(4)动态仿真结果分析

动态喷涂时喷嘴沿着喷枪 X 轴(即短轴方向)运动,图 4.52 和图 4.53 分别为利用动网格模型和滑移网格模型求得的喷嘴线速度为 100 mm/s 时,动态喷涂不同时刻 XZ 平面内的喷雾流场,YZ 平面上的流场与图一致。动态喷涂平面的每一时刻的喷雾流场特性与静态喷涂平面的喷雾流场是一致的,所以不再对流场特性进行具体分析。

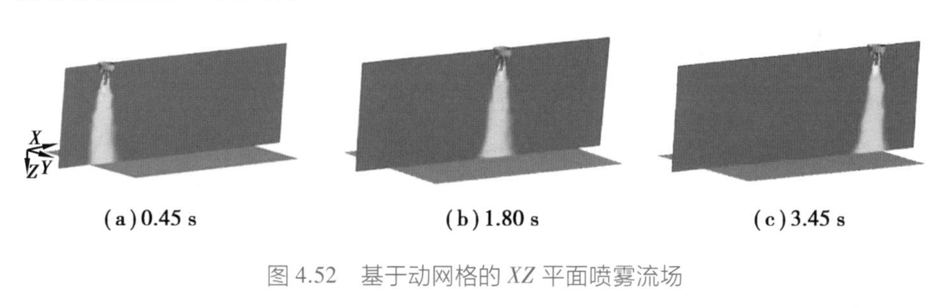

(a) 0.45 s　(b) 1.80 s　(c) 3.45 s

图 4.52　基于动网格的 XZ 平面喷雾流场

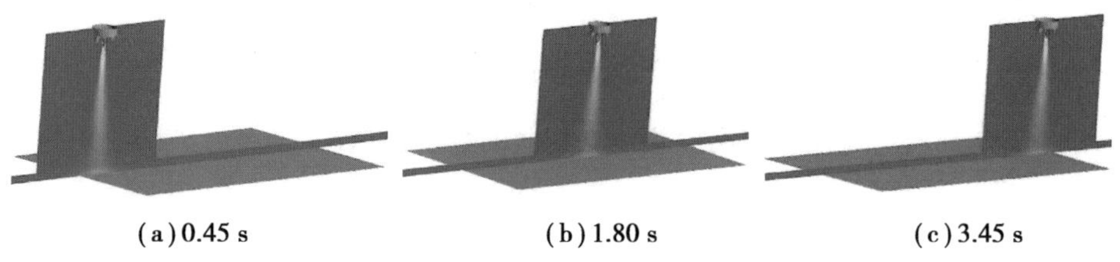

(a) 0.45 s　(b) 1.80 s　(c) 3.45 s

图 4.53　基于滑移网格的 XZ 平面喷雾流场

两种模型求得的厚度分布如图 4.54(a)所示,可知两种流体域运动模型得到的动态喷涂涂膜厚度是吻合的。由于基于动网格模型和基于滑移网格模型得到的涂膜厚度分布云图非常相似,所以仅给出一幅涂膜厚度分布云图,如图 4.54(b)所示。由此可知得到的涂膜厚度分布在中间区域高,向外逐渐降低。

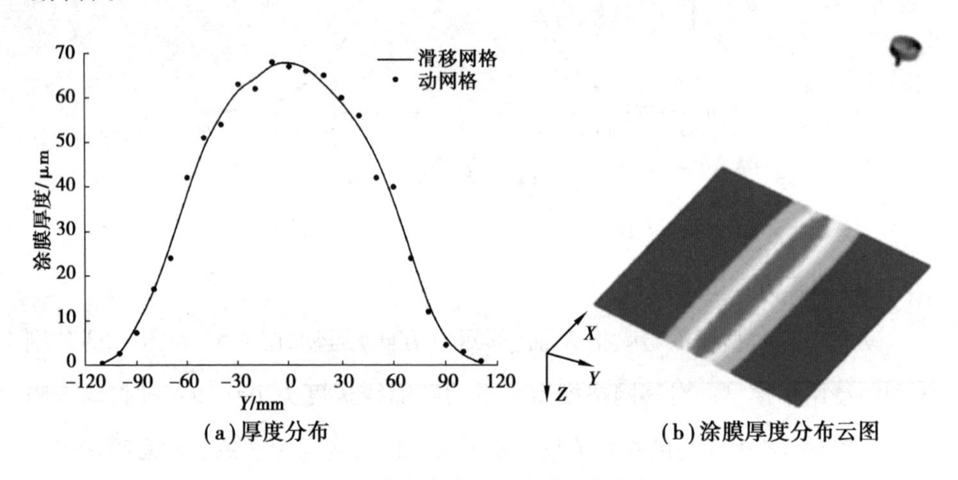

图 4.54　动态喷涂平面涂膜厚度分布图

4.2　欧拉—拉格朗日法建模及求解

4.2.1　欧拉—拉格朗日法喷涂成膜模型

不同于欧拉—欧拉法,采用欧拉—拉格朗日法建立喷雾传输模型时,将喷雾流场中的空气相视为连续相,将液滴相视为离散相,在拉格朗日坐标中求解。因此,需要分别对连续相和离散相建立相应的数学模型。

1)连续相的数学模型

欧拉—拉格朗日法假定离散相的体积分数很低,对连续相没有影响,流场

中连续相的体积分数 α_g 为 1,故而由式(4.1)可得气相的质量守恒方程为:

$$\frac{\partial \rho_g}{\partial t} + \nabla \cdot (\rho_g \boldsymbol{v}_g) = 0 \tag{4.32}$$

式中,ρ_g 为气相的密度,v_g 为气相的速度。

同理,由式(4.2)可得气体的动量守恒方程为:

$$\frac{\partial}{\partial t}(\rho_g \boldsymbol{v}_g) + \nabla \cdot (\rho_g \boldsymbol{v}_g \boldsymbol{v}_g) = -\nabla p + \nabla \cdot \boldsymbol{\tau}_g + \boldsymbol{F}_{d,g} \tag{4.33}$$

式中,$\boldsymbol{\tau}_g$ 为气相的黏性。

2)离散相的数学模型

涂料液滴在喷雾流场中的位置是通过液滴的受力平衡方程得到的。涂料液滴在喷雾流场中受到的作用力主要有自身的重力和气相流场的拽力。

直角坐标系下,涂料液滴的受力平衡方程为:

$$\frac{\mathrm{d}\boldsymbol{v}_d}{\mathrm{d}t} = \boldsymbol{F}_{d,l} + \frac{\boldsymbol{g}(\rho_d - \rho_g)}{\rho_d} \tag{4.34}$$

式中,$\boldsymbol{v}_d$ 为涂料液滴速度,ρ_g 为气体密度,ρ_d 为涂料密度,$\boldsymbol{F}_{d,l}$ 为气流对液滴的拽力,可参照式(4.4)~式(4.7)进行计算。

3)湍流模型

(1)气相湍流方程

采用欧拉—拉格朗日法建立喷雾传输模型,其气相的湍流模型也采用标准 k-ε 模型,与式(4.9)~式(4.13)一致。与欧拉—欧拉法的不同点在于,该模型中不考虑液滴相湍流对气相的影响,这一影响在模型求解时通过将两相进行耦合求解引入(见 4.2.2 节)。所以分别去掉式(4.11)和式(4.12)的最后一项,可得气相的湍流动能 k 及其耗散率 ε 的标量方程为:

$$\frac{\partial}{\partial t}(\rho_g k_g) + \nabla g(\rho_g v_g k_g) = \nabla g\left(\frac{\mu_{t,g}}{\sigma_k} \nabla k_g\right) + G_{k,g} - \rho_g \varepsilon_g \tag{4.35}$$

$$\frac{\partial}{\partial t}(\rho_g \varepsilon_g) + \nabla g(\rho_g v_g \varepsilon_g) = \nabla g\left(\frac{\mu_{t,g}}{\sigma_\varepsilon} \nabla \varepsilon_g\right) + \frac{\varepsilon_g}{k_g}(C_{1\varepsilon} G_k - C_{2\varepsilon} \rho_g \varepsilon_g) \quad (4.36)$$

(2)液滴相湍流

液滴在气相流场中的湍流扩散采用随机轨道模型。液滴的轨迹通过对式(4.34)进行积分得到,在采用式(4.4)~式(4.7)计算其中的拽力 $\boldsymbol{F}$ 时,气相速度采用其瞬时速度为 $\boldsymbol{v}=\bar{\boldsymbol{v}}+\boldsymbol{v}'$,从而可以考虑液滴相的湍流扩散。当用这种方法计算足够多的液滴运动时,液滴相整体的湍流扩散就能得以体现。

4)液滴沉积模型

采用欧拉—拉格朗日建立喷涂成膜模型,其中的液滴沉积模型同样包括液膜守恒方程及其质量、动量守恒方程,与式(4.24)~式(4.27)一致。

4.2.2 模型求解

欧拉—拉格朗日法和欧拉—欧拉法求解喷涂成膜的流程相同,如图 4.2 所示。而且也采用有限体积法离散模型,采用 SIMPLE 算法求解离散方程。

两种方法的不同点在于,欧拉—欧拉法在模型求解时,在每次迭代和每个时间步长同时求解气相和液滴相。而采用欧拉—拉格朗日法时,在一个时间步长里先求解气相流场,然后再求解液滴相的运动方程,这种方法又称为非耦合解法。另外,若要考虑液滴对气相流场的影响,欧拉—拉格朗日法在求解液滴相运动方程之后,还需再求解一次气相流场以获得液滴相对气相的影响,此方法又称为耦合解法。

4.2.3 算例

下面根据数值模拟流程,基于建立的欧拉—拉格朗日法喷涂成膜模型,开展喷涂成膜过程仿真计算。

1)几何模型建立

为和 4.1.4 节的仿真计算形成对比,采用与之相同的空气帽模型,如图 4.4 所示。静态喷涂平面成膜数值模拟的流体域采用多面体网格划分,如图 4.5 所示,喷嘴距壁面 180 mm,其轴线垂直于平面。

2)数值模拟参数设置

(1)气相边界条件

将空气帽中心雾化孔和辅助雾化孔设为压力入口,压力为 120 kPa,水力直径根据其实际尺寸分别设置为 0.4 mm 和 0.6 mm。扇面压力孔设为 120 kPa 的压力入口。气相设置为不可压缩的空气。

(2)液滴相边界条件

液滴相入口边界位置在距喷嘴 5 mm 的下方,其形状为 3 个同心圆(图 4.11):$R(1)$、$R(2)$和$R(3)$。区域$R(1)$的质量流量为 $Q_{R(1)}=0.94$ g/s,区域$R(2)$的质量流量为 $Q_{R(2)}=0.264$ g/s,区域$R(3)$的质量流量为 $Q_{R(3)}=0.132$ g/s,方向为垂直于圆面朝向被喷表面。喷雾流场中的液滴粒径服从 Rosin-Rammler 分布,即式(4.28)。根据 4.1.4 节的计算,设定平均直径 $\bar{d}=47$ μm 和扩散系数 $n=0.368$。液滴的动力黏度设置为 0.097 kg/(m · s),密度为 1.2×10^3 kg/m^3。

3)仿真结果

通过上述设定的条件,可以计算得出喷雾流场,如图 4.55 所示。图中液滴颜色由浅到深代表液滴粒径由大到小,可知小粒径液滴分布更广,大粒径液滴分布较小,这与 4.2.3 节中的结论是一致的,同时也可得到涂膜厚度增长率。

图 4.55　喷雾流场中的液滴

4.3 模型对比

4.3.1 多相流仿真方法对比

4.1.4 节和 4.2.3 节分别基于欧拉—欧拉法和欧拉—拉格朗日法,针对多种粒径的液滴进行喷涂成膜模拟,又称为多分散(polydispersed)液滴喷涂成膜模拟。文献中也存在基于单分散(monodispersed)液滴喷涂成膜模拟,也就是喷雾流场中的液滴只有一种粒径。本节针对平面静态喷涂,运用这两种模型,针对多分散和单分散液滴喷涂成膜进行数值模拟。其中,基于多分散的欧拉—欧拉法的计算参数与 4.1.4 节中扇面压力 120 kPa 的一致;基于单分散的欧拉—欧拉法把粒径调整为平均粒径 47 μm,其余参数保持不变;基于多分散的欧拉—拉格朗日法的计算参数与 4.2.3 节中的一致。不同喷涂成膜模型得到的涂膜增长率如图 4.56 所示,可知欧拉—拉格朗日法和基于多分散液滴的欧拉—欧拉法的结果非常吻合。但是由表 4.3 可知,其计算耗时比欧拉—欧拉法计算耗时要高大约 10%。从计算时间的角度考虑,需要 N 个时间步长的动态喷涂成膜计算大致可看作 N 个静态喷涂的累积,所以动态喷涂成膜计算所耗费的时间大约为静态喷涂的 N 倍,因此要使动态喷涂成膜计算时间大大缩短,关键是缩短静态喷涂成膜仿真计算时间。所以,后文主要采用欧拉—欧拉法研究复杂曲面喷涂成膜的特性。

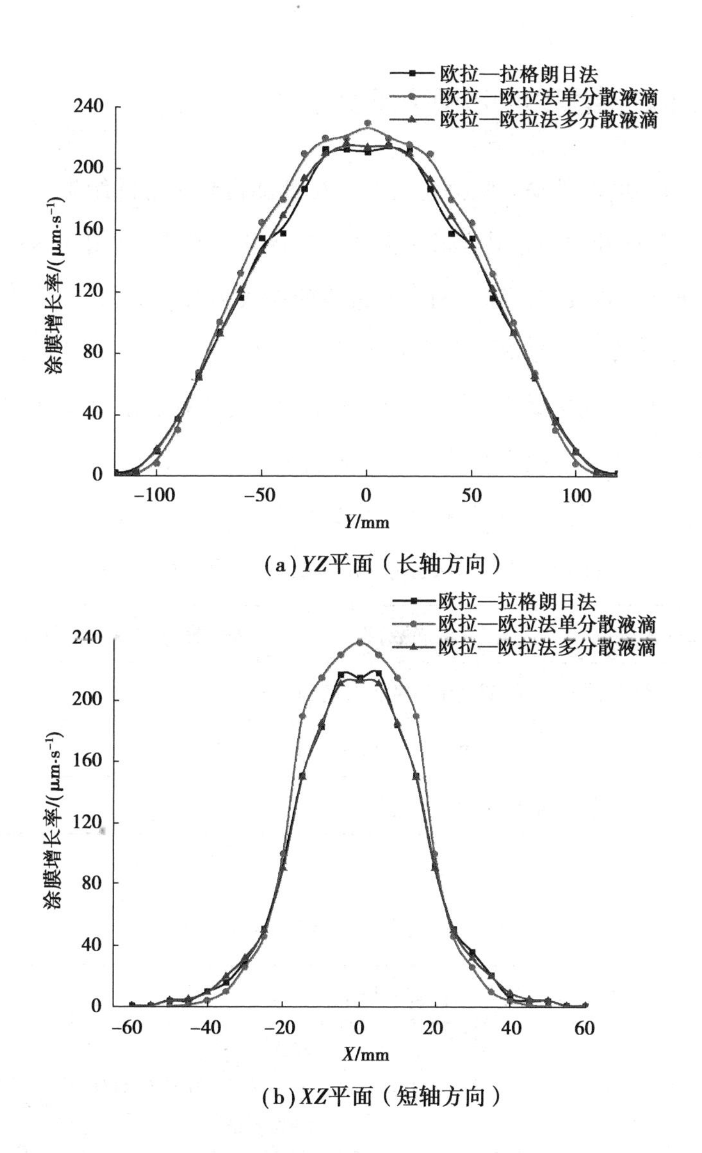

(a) *YZ*平面（长轴方向）

(b) *XZ*平面（短轴方向）

图 4.56　成膜数值模拟常用模型对比

由图 4.56 可知，基于单分散液滴的欧拉—欧拉法，得到的涂膜厚度在涂膜分布的中部，远高于其他两种模型。只是因为单分散液滴中只有 47 μm 的液滴，忽略了液滴中的小粒径液滴。由表 4.2 可知，这相当于提高了仿真中的涂着效率，使得单分散液滴的欧拉—欧拉法得到的涂膜厚度偏高。

4.3.2　动网格模型和滑移网格模型对比

由上述可知,两种动态喷涂仿真的方法都能得到满意的结果。但是动网格存在计算时间长和网格容易变形过大产生负体积等缺点,运用动网格模型进行动态喷涂仿真需要较长计算时间和大量前期参数调试(表 4.4)。采用滑移网格模型,虽然需要在动态喷涂复杂形面成膜仿真之前建立与之相适应的流体域几何模型,但是滑移网格模型有不会产生网格变形、计算稳定以及计算时间短等优势,非常适用于动态喷涂仿真的课题研究和工程应用。所以,后续的动态喷涂圆弧面和球形面的研究均采用滑移网格模型。

表 4.3　成膜数值模拟常用模型对比(喷涂时间 1 s)

计算参数	液滴数量	网格数量	计算时间/h
欧拉—拉格朗日法	430 万个离散液滴	56 万	63
欧拉—欧拉法单分散液滴	1 种液滴连续相	56 万	24
欧拉—欧拉法多分散液滴	10 种液滴连续相	56 万	54

表 4.4　动网格模型和滑移网格模型对比

	时间步长/s	计算时间/h	缺点	优点
动网格模型	$1\times10^{-6}\sim1\times10^{-5}$	144	网格发生变形过大产生负体积,导致计算错误和发散	适用于多种边界运动情况
滑移网格模型	$1\times10^{-5}\sim1\times10^{-4}$	48	复杂壁面边界的流体域建立比较复杂	网格不产生变形,计算稳定

5 圆弧面喷涂成膜数值模拟与特性

本章针对沿母线和周向喷涂圆弧面外壁和内壁,求解第 4 章建立的喷涂成膜模型,通过与平面喷涂对比,分析不同方式喷涂不同半径圆弧面的涂料成膜特性,最后研究不同喷枪移动速度对圆弧面喷涂涂膜厚度的影响。

5.1 圆弧面喷涂仿真计算

研究圆弧面形面特性对喷雾流场的影响应首先确定喷涂方式和形面参数。在实际喷涂作业中,喷枪运动方向应该垂直于椭圆形喷雾图形的长轴。将喷雾图形长轴垂直圆弧面母线、喷雾图形中心点沿圆弧面母线直线运动的喷涂称为母线方向喷涂;将喷雾图形长轴平行于圆弧面母线、喷雾图形中心点沿圆周方向运动的喷涂称为周向喷涂。所以圆弧面动态喷涂可分为沿外壁母线、沿内壁母线、外壁周向、内壁周向四种方式,如图 5.1 所示。

为研究不同半径圆弧面各种方式喷涂的成膜特性,选用半径为 135 mm、180 mm 和 270 mm 的圆弧面建立喷涂成膜仿真计算域。以半径为 180 mm 的圆弧面为例,介绍圆弧面喷涂成膜仿真的计算域和网格划分。半径为 180 mm 的圆弧面静态喷涂仿真计算域网格划分如图 5.2 所示。

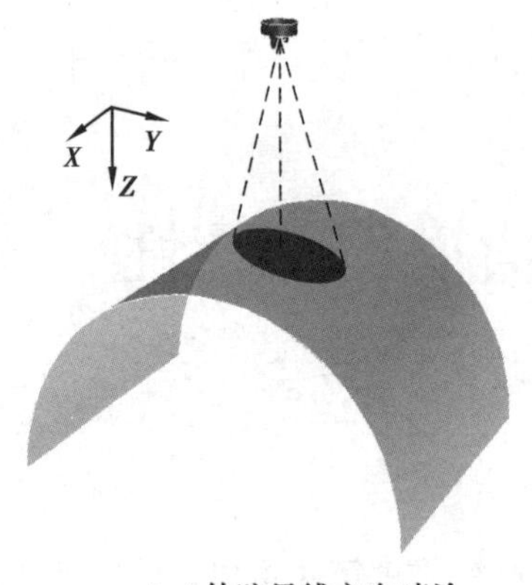

(a)外壁母线方向喷涂

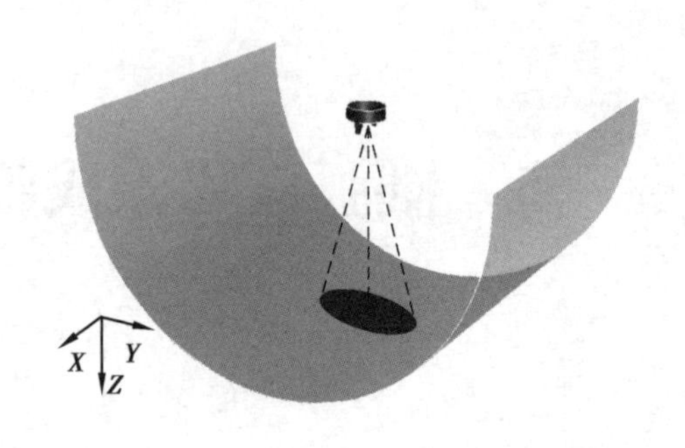

(b)内壁母线方向喷涂

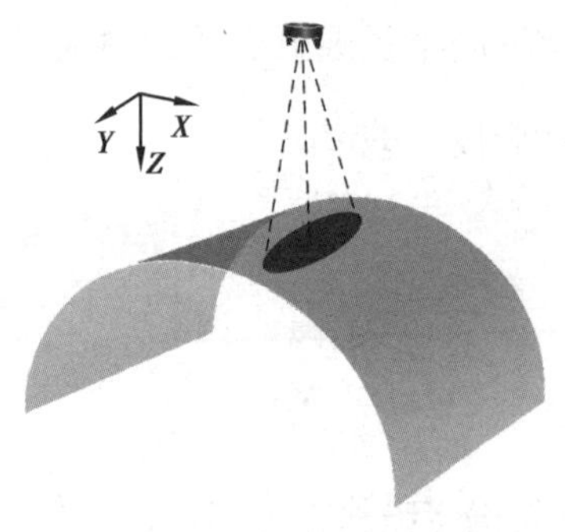

(c)外壁周向喷涂

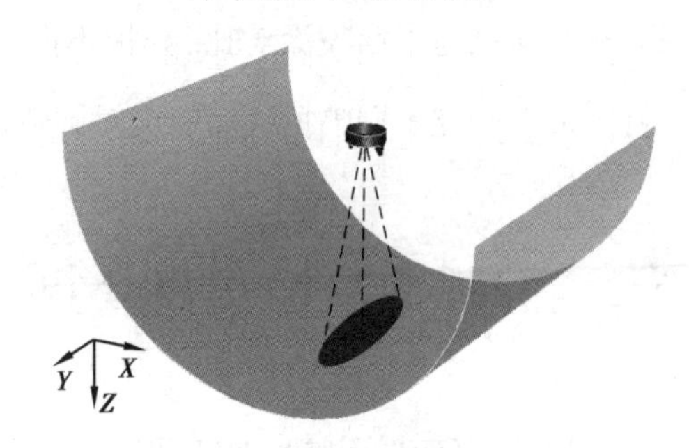

(d)内壁周向喷涂

图 5.1　圆弧面喷涂方式

(a)外壁母线方向喷涂

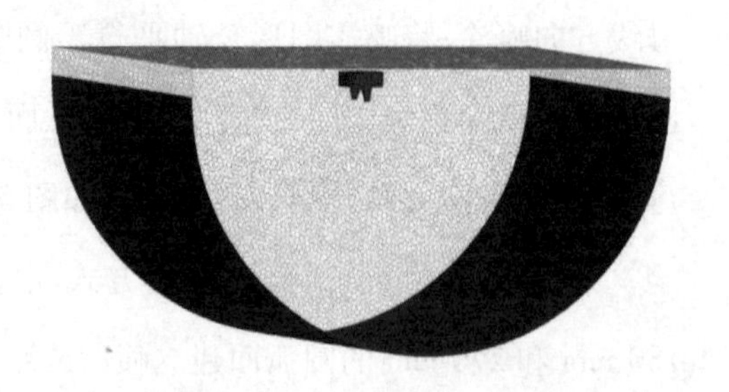

(b)外壁母线方向喷涂

(c)内壁周向喷涂

(d)内壁周向喷涂

图 5.2　圆弧面静态喷涂仿真计算域网格划分

180 mm 的圆弧面动态喷涂成膜仿真网格划分如图 5.3 所示,仿真计算域网格按照外壁母线方向喷涂、内壁母线方向喷涂和外壁周向喷涂、内壁周向喷涂划分。图中蓝色网格代表运动流体域,红色网格代表静止流体域。

(a)外壁母线方向喷涂

(b)内壁母线方向喷涂

(c)外壁周向喷涂

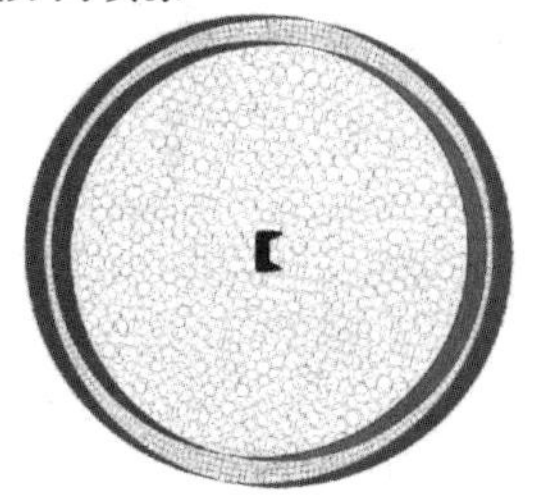

(d)内壁周向喷涂

图 5.3　圆弧面动态喷涂仿真计算域网格划分

为了对比研究各种方式圆弧面喷涂的成膜特性与平面喷涂的差异,圆弧面喷涂仿真的各个入口边界条件与扇面压力为 120 kPa 时平面喷涂(见 4.1.4 节)的一样。通过数值求解喷涂成膜模型可以得到不同方式喷涂圆弧面的喷涂流场和涂膜厚度,在以下小节中,将根据这些结果分析不同方式喷涂圆弧面的涂料成膜特性。

5.2 喷雾流场特性

5.2.1 气相流场

喷涂不同半径的圆弧面得到的气相流场是相似的,因此仅列出不同方式喷涂半径为 180 mm 的圆弧面的气相速度分布云图,如图 5.4 所示。与平面喷涂相似,在自由射流区内圆弧面喷涂的气相速度分布在 YZ 平面上比 XZ 平面上大很多,且截面为椭圆形。

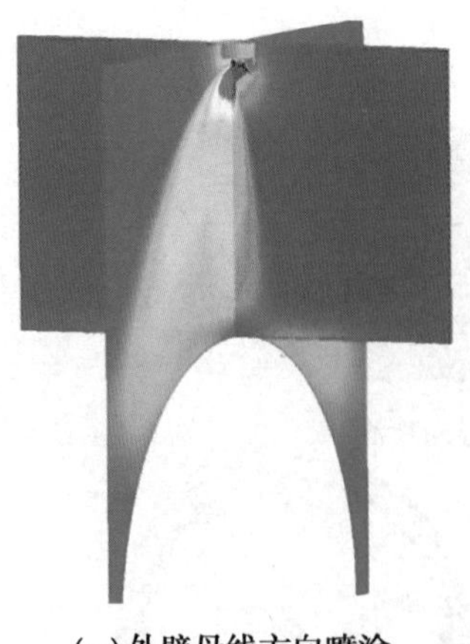

(a)外壁母线方向喷涂

(b)内壁母线方向喷涂

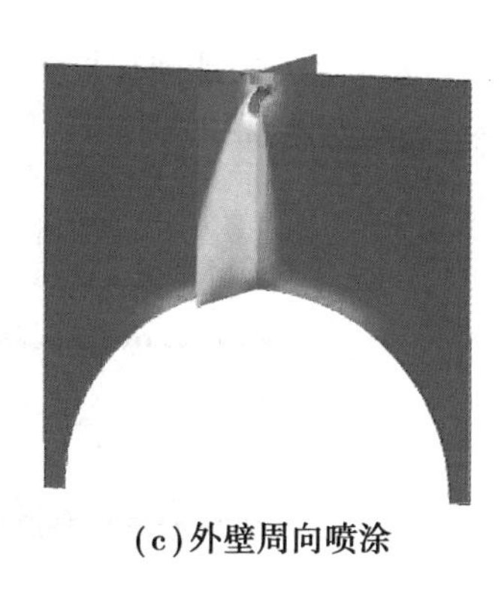

(c)外壁周向喷涂

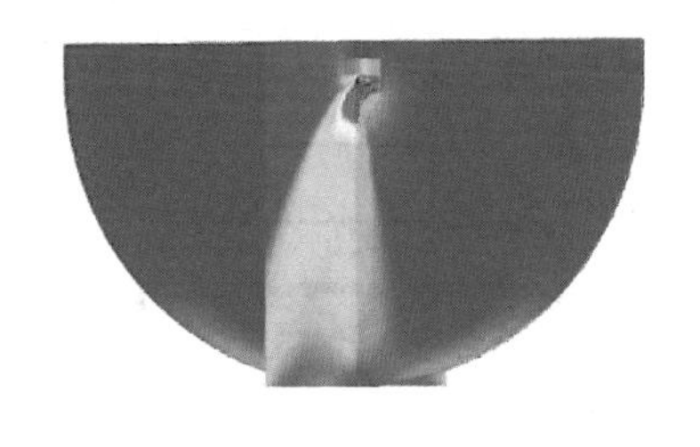

(d)内壁周向喷涂

图 5.4 圆弧面喷涂气相速度分布云图

自由射流区内($Z=5\sim160$ mm),不同横截面(不同 Z 坐标)上气相速度沿 Y 和 X 方向的横向扩展与平面喷涂的(图 4.40)一致,这里不再具体列出。其原因是在远离壁面的自由射流区内,喷雾流场不受壁面形状影响。沿母线方向喷涂,其 XZ 平面与圆弧面的母线交线是条直线(即母线);周向喷涂时,YZ 平面与圆弧面的母线交线是条直线(即母线),所以沿母线方向喷涂 XZ 平面和周向喷涂 YZ 平面的流场特性分别与平面喷涂 XZ 平面和 YZ 平面的流场几乎一致。因此,下文仅讨论沿母线方向喷涂 YZ 平面和周向喷涂 XZ 平面的流场特性。

由式(4.24)可知,液滴撞击壁面的法向速度是决定涂膜厚度的关键变量。由第 3 章分析可知,液滴撞击壁面的法向速度和平行于壁面的切向速度决定了液滴的撞击角度,液滴平行于壁面的切向速度也会影响液滴的过喷特性;而气相流场作为液相流场的"载体",对液相流场的影响很大,所以应研究气相垂直壁面的法向速度和平行壁面的切向速度。

为研究气相和液相沿壁面的法向速度和切向速度,建立壁面坐标系如图5.5所示。对于外、内壁母线方向喷涂,如图 5.5(a)所示,以喷嘴轴线和壁面的交点为原点,Y_2 轴为沿壁面的弧长,X_2 轴为沿母线的长度。对于外、内壁周向喷涂,如图 5.5(b)所示,以喷嘴轴线和壁面的交点为原点,X_3 轴为沿壁面的弧长,Y_3 轴为沿母线的长度。由于喷雾流场的对称性,下文仅针对各 Y、X 轴的正方向进行分析。采用距离壁面 10 mm 处的法线速度研究近壁面法向速度分布,采用距离壁面 10 mm 内的最大切向速度研究近壁面的切向速度。

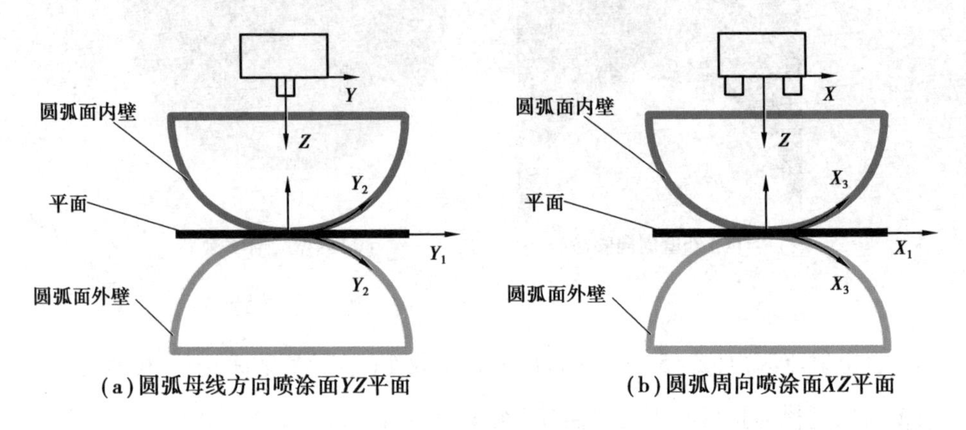

图 5.5　圆弧面喷涂近壁面坐标建立

1)外壁母线方向喷涂

圆弧外壁母线方向喷涂近壁面法向速度沿壁面的扩展如图 5.6 所示。圆弧面外壁母线方向喷涂时,气相法向速度沿壁面比平面喷涂小,沿壁面扩展比平面喷涂小。圆弧面半径越小,距壁面同一法向长度处的法向速度越低,沿壁面的扩展越小。

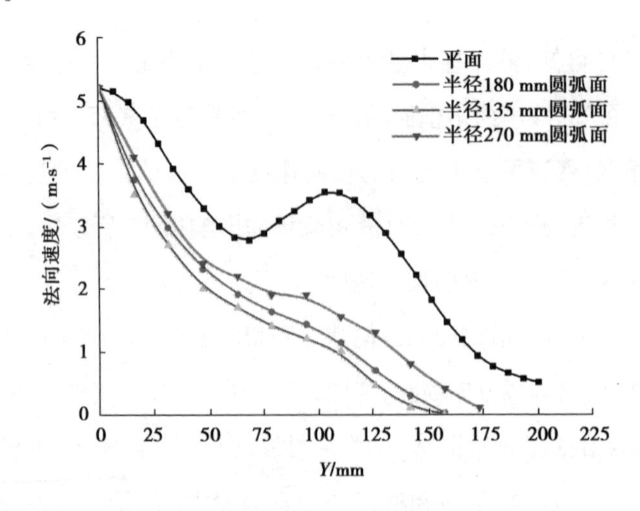

图 5.6　圆弧面外壁母线方向喷涂近壁面法向速度的沿壁面的扩展(*YZ* 平面)

图 5.7 为圆弧面外壁喷涂近壁面处气相速度沿壁面距离的最大值分布，可知其切向速度最大值沿壁面高于平面喷涂，随着圆弧面半径的减小，切向速度最大值增加。

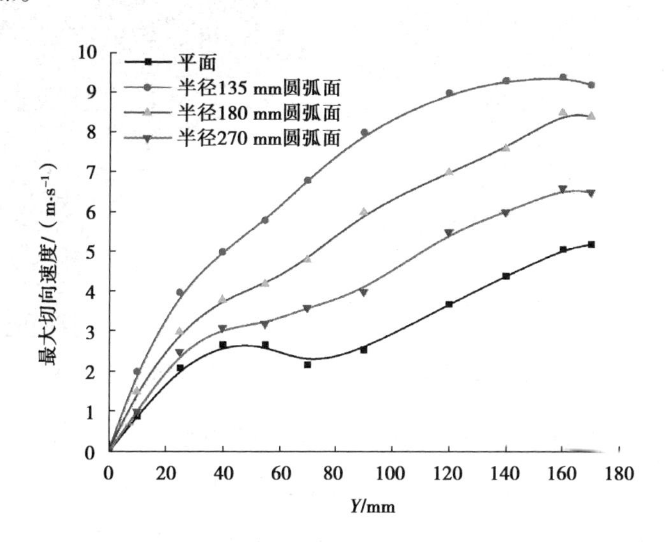

图 5.7　圆弧面外壁喷涂近壁面气相切向速度最大值分布（*YZ* 平面）

通过对比平面喷涂和圆弧面内壁母线方向喷涂的 *YZ* 平面内气相流场的矢量分布可知，产生上述现象的原因有两个。首先，对比图 5.8(a)和图 4.31 可知，在远离喷嘴轴线的气相自由射流区内，圆弧面外壁喷涂的气相矢量与壁面的切线角度和平面喷涂相比更小，速度切向分量越高，法向分量越低。所以与平面喷涂相比，圆弧面外壁母线方向喷涂的近壁面处的气相速度具有更高的切向速度，随壁面长度增加法向速度降低更快，近壁面法向速度沿壁面的扩展也更慢。其次，由于圆弧面外壁喷涂的近壁面处法向速度随壁面距离降低更快，近壁面法向速度沿壁面的扩展也更慢，所以近壁面冲击形成的压力在沿壁面长度方向的分布与平面相比越小（对比图 5.8(b)和图 4.41(a)）。这相当于增加压力梯度，所以圆弧面外壁母线方向喷涂时，在轴线附近的气体向压力降低方向运动得更快，从而获得了较高的切向速度。

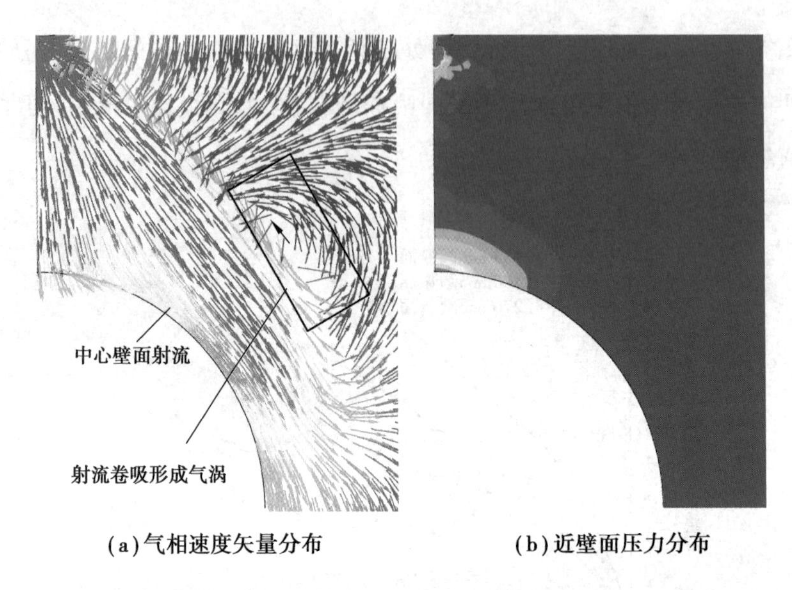

图 5.8　圆弧面外壁母线方向喷涂速度矢量分布及壁面处压力分布(*YZ* 平面)

随着圆弧面半径的减小,由图 5.9 可知,气相矢量与壁面的切线角度减小,速度切向分量增大,法向分量降低,近壁面的切向速度越高,随壁面长度增加法向速度降低越快,近壁面法向速度沿壁面的扩展也越小,冲击壁面形成的压力沿壁面的分布越小,压力梯度增加,使轴线附近的气体向压力降低方向运动得越快,从而切向速度越高。

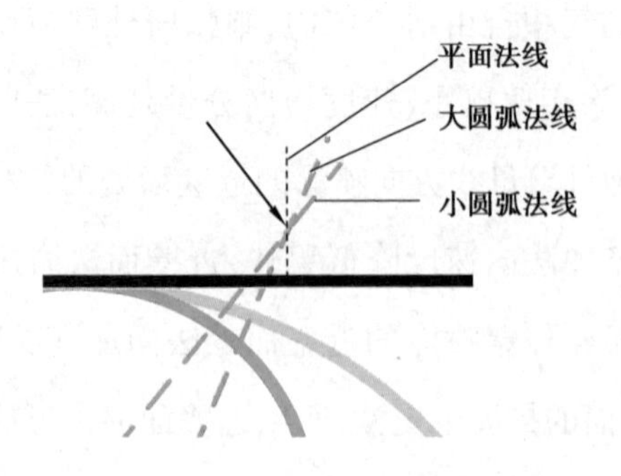

图 5.9　同一矢量与不同形面法线的角度

2)内壁母线方向喷涂

圆弧面内壁母线方向喷涂近壁面法向速度沿壁面的分布如图 5.10 所示。圆弧面内壁母线方向喷涂时沿壁面的法向速度比平面喷涂高,并且在偏离中心的圆周位置上形成了一个偏心速度高峰；随着半径的减小，圆弧面近壁面的法向速度有明显的增加。

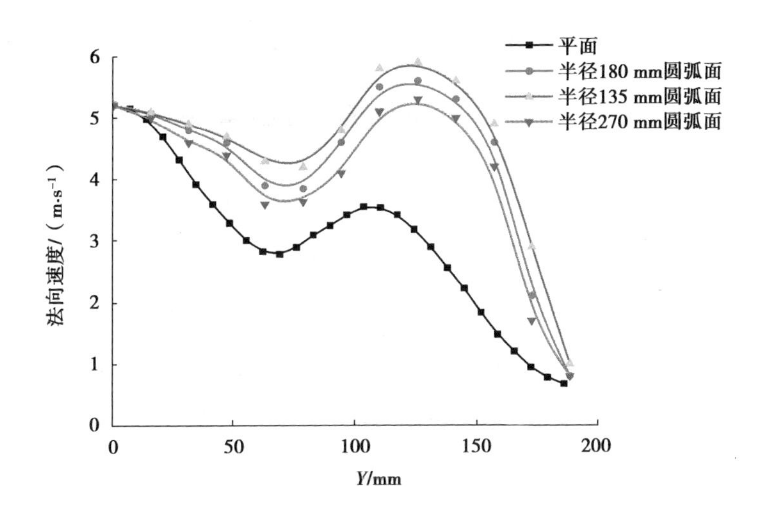

图 5.10 圆弧面内壁喷涂近壁面法向速度（*YZ* 平面）

通过对比平面喷涂（图 4.31（a））和圆弧面内壁母线方向喷涂（图 5.11（a））的 *YZ* 平面内气相流场的矢量分布，并根据图 5.12，可知喷涂圆弧面时气相速度矢量与壁面法线的角度与平面喷涂相比减小，随着圆弧半径的减小，同一方向的速度矢量与壁面法线角度减小，法向速度增加，切向速度减小。

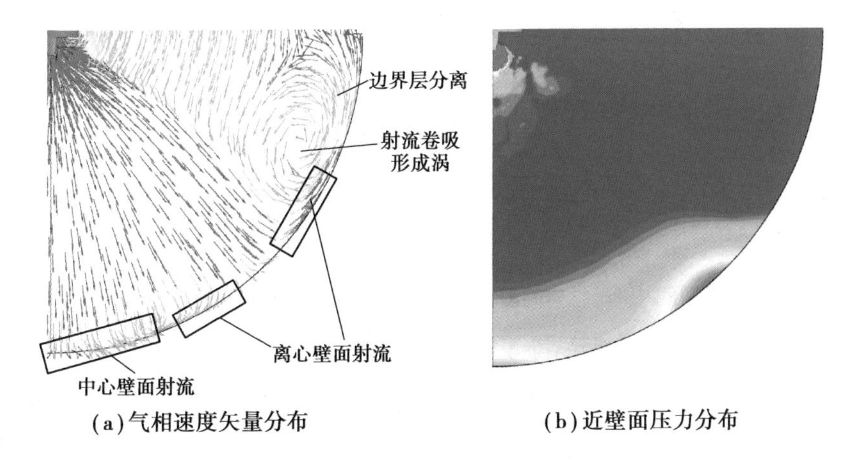

图 5.11 圆弧面内壁母线方向喷涂气相速度矢量及壁面压力分布云图（*YZ* 平面）

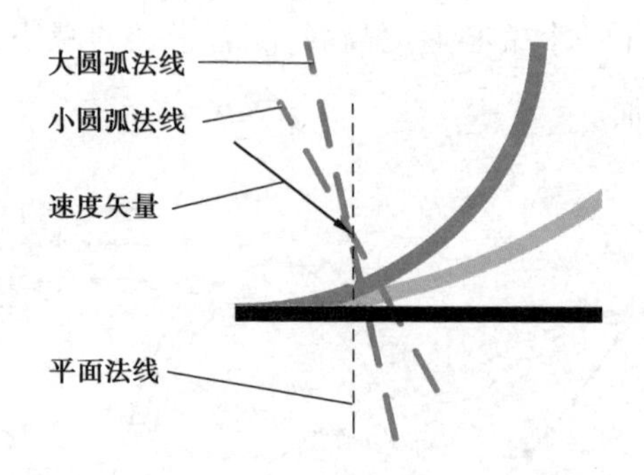

图 5.12　同一矢量与不同形面内壁法线的角度示意图

所以,圆弧面内壁喷涂近壁面气相切向速度最大值比平面喷涂要小,如图 5.13 所示。图 5.13 还展示了另一个与平面喷涂不同的现象:随着切向方向(弧长)增加,圆弧面内壁喷涂近壁面气体切向速度最大值先增加,再迅速减小至负数(即沿反方向流动),然后再增加。

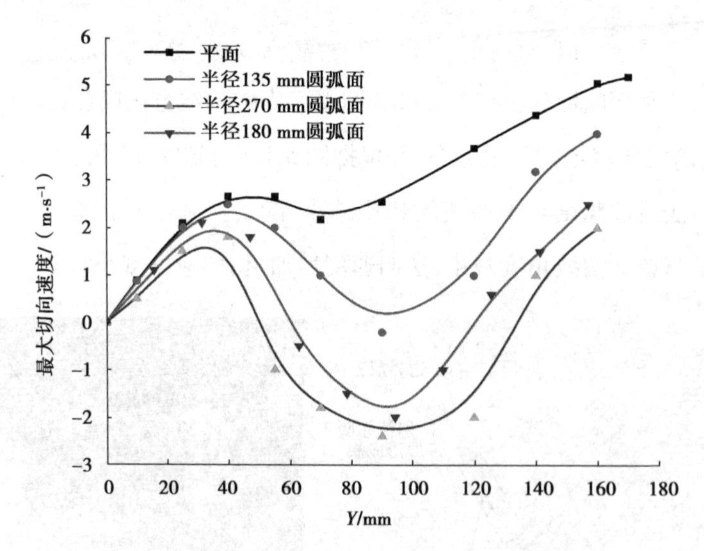

图 5.13　圆弧面内壁母线方向喷涂近壁面气相切向速度最大值分布(*YZ* 平面)

这一现象产生的原因是,除了像平面喷涂一样在喷嘴轴线的壁面处产生一个中心压力峰值形成中心壁面射流,圆弧面内壁母线方向喷涂时,其在壁面处的另一法向速度峰值冲击壁面形成另一个压力峰值,如图 5.11(b)所示,形成了另一种壁面射流。两种壁面射流在圆弧面内壁两个压力峰值之间的速度方向相反。

3）外壁周向喷涂

圆弧面外壁周向喷涂时 XZ 平面近壁面法向速度与平面喷涂相比有一定的变化：外壁周向喷涂近壁面 XZ 平面内法向速度比平面喷涂略小，沿壁面的扩展比平面喷涂略小；圆弧面半径越小，法向速度的沿壁面越小，如图 5.14 所示。如图 5.15 所示，XZ 平面内圆弧面近壁面切向速度与平面喷涂相比变大，半径越小，切向速度越大。

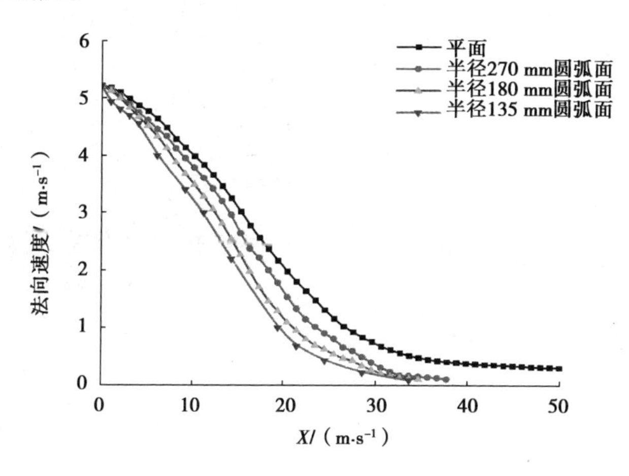

图 5.14　圆弧面内壁喷涂近壁面法向速度沿壁面的分布（XZ 平面）

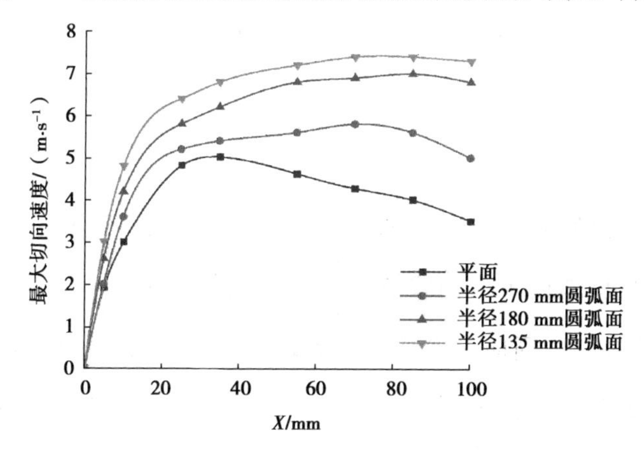

图 5.15　圆弧面外壁喷涂近壁面气相切向速度最大值分布沿壁面的分布（XZ 平面）

通过对比平面喷涂和圆弧面外壁周向喷涂的 *XZ* 平面内气相流场的矢量分布(图 5.16)可知,产生上述现象的原因是喷涂圆弧面外壁时,气相速度矢量与壁面法线的角度增大,与壁面切线的角度减小,法向速度减小,切向速度增大。通过图 5.9 分析可知,随着圆弧面半径的减小,同一方向速度矢量与壁面的法线角度、切线角度减小,法向速度减小,切向速度增大。

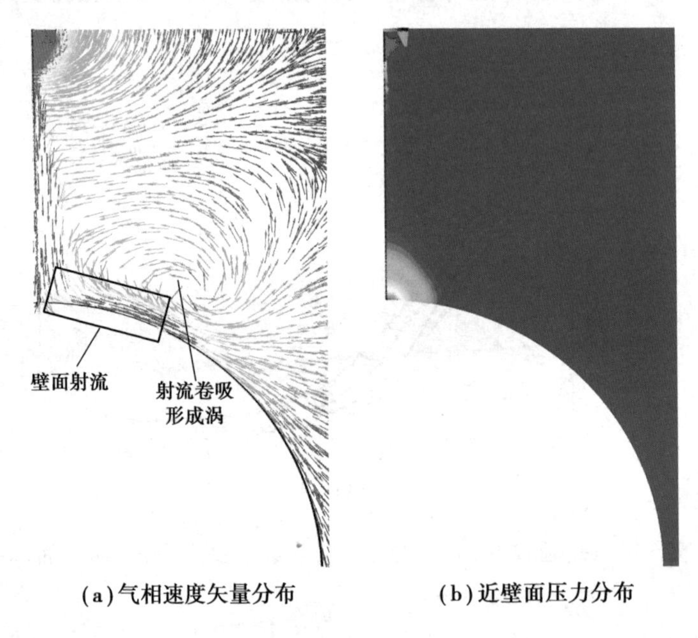

图 5.16　圆弧面外壁周向喷涂速度矢量分布及近壁面压力分布(*XZ* 平面)

4)内壁周向喷涂

由图 5.17 和图 5.18 可知,圆弧面内壁周向喷涂 *XZ* 平面内的法向速度比平面喷涂大,随圆弧面半径的减小,法向速度增加,圆弧面半径越小,法向速度越大。圆弧面内壁周向喷涂时,*XZ* 平面切向速度最大值分布与平面喷涂相比也存在变化:其气相切向速度低于平面喷涂,随圆弧面半径减小,切向速度减小。

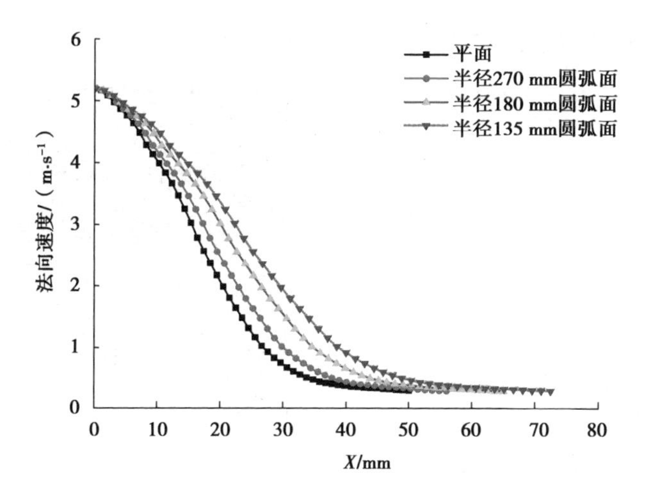

图 5.17　圆弧面内壁周向喷涂近壁面区法向速度沿壁面的分布(*XZ* 平面)

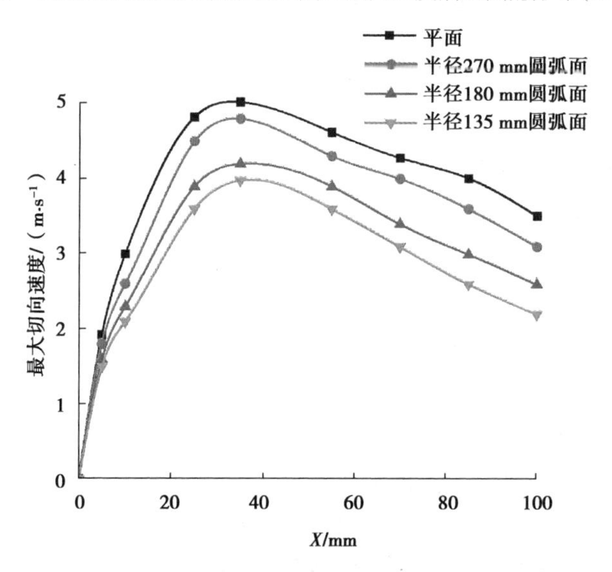

图 5.18　圆弧面内壁周向喷涂近壁面区最大切向速度分布(*XZ* 平面)

通过对比平面喷涂和圆弧面内壁周向喷涂的 *XZ* 平面内气相流场的矢量分布(图 5.19)可知,产生上述现象的原因是喷涂圆弧面内壁时,气相速度矢量与壁面法线的角度减小,与壁面切线的角度增大,法向速度增大,切向速度减小。通过分析图 5.12 可知,随着圆弧面半径的减小,同一方向速度矢量与壁面的法线角度、切线角度减小，法向速度减小，切向速度增大。

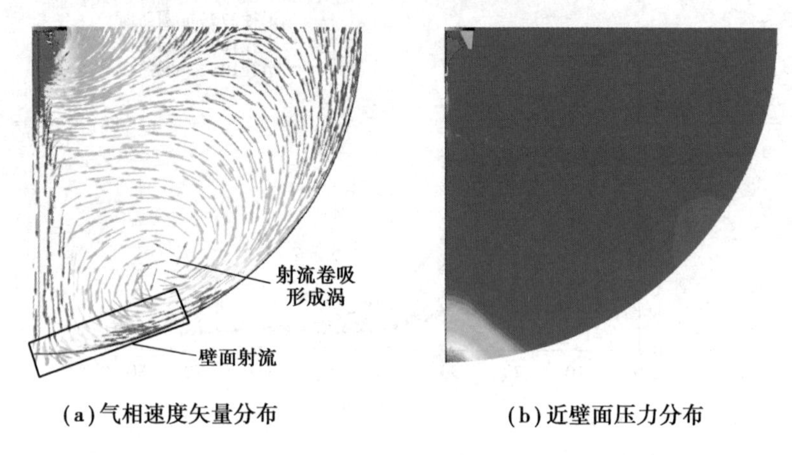

(a)气相速度矢量分布

(b)近壁面压力分布

图 5.19　圆弧面内壁周向喷涂气相速度矢量及压力分布（*XZ* 平面）

5.2.2　液相流场

虽然不同粒径的液滴在气相流场变化时，其速度变化的大小各不相同，但都会有相同变化趋势。另外，47 μm 粒径及其相邻粒径的液滴所占总液滴的百分数最大，喷雾流场中平均粒径（47 μm）的液滴的液相流场能反映整体的粒径分布。所以，仅针对平均粒径（47 μm）的液滴进行分析。圆弧面喷涂的液相速度分布云图，如图 5.20 至图 5.23 所示。

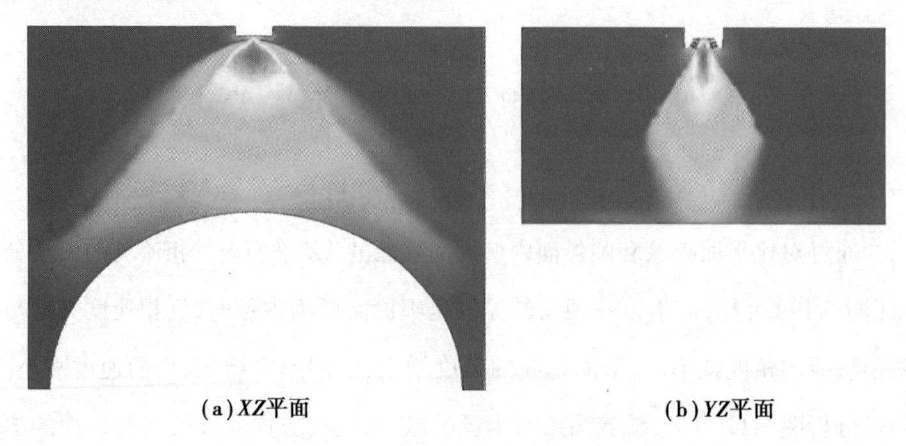

(a) *XZ*平面

(b) *YZ*平面

图 5.20　外壁母线方向喷涂液相速度云图

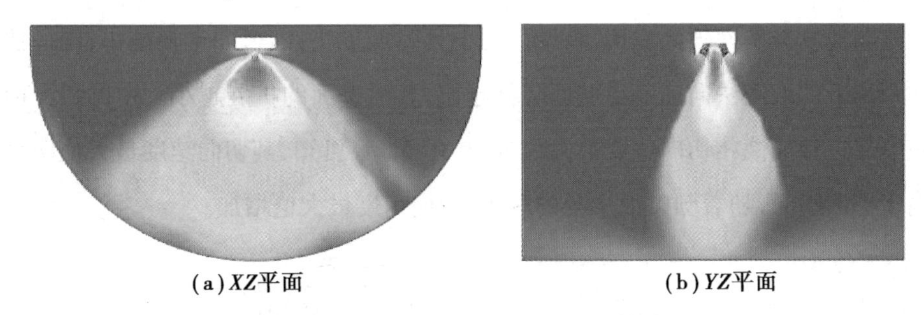

(a) *XZ*平面　　(b) *YZ*平面

图 5.21　内壁母线方向喷涂液相速度云图

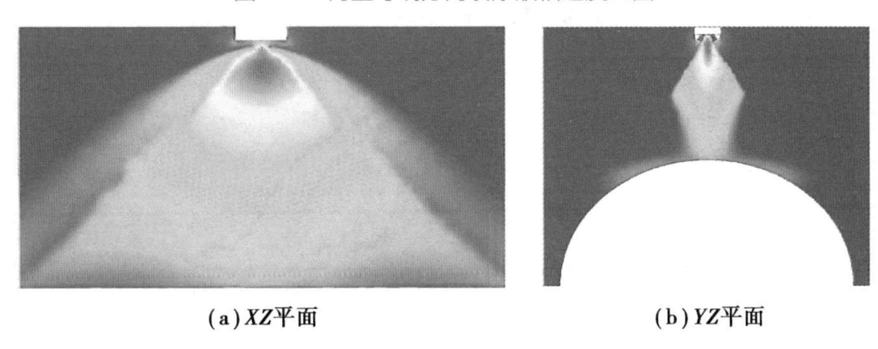

(a) *XZ*平面　　(b) *YZ*平面

图 5.22　外壁周向喷涂液相速度云图

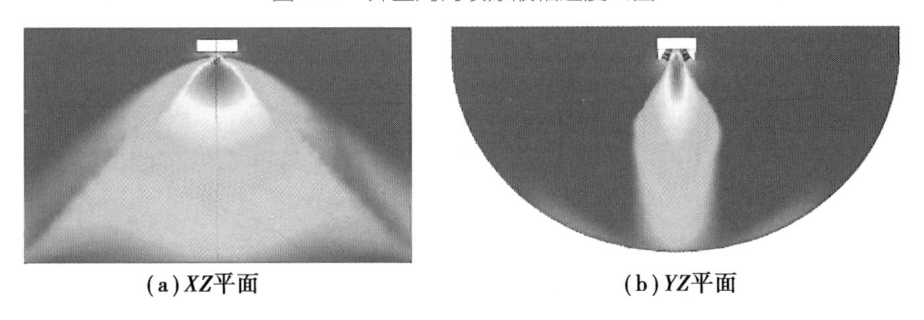

(a) *XZ*平面　　(b) *YZ*平面

图 5.23　内壁周向喷涂液相速度云图

由于近壁面处,液滴垂直于壁面的法向速度和平行于壁面的切向速度极大地影响了液滴的沉积特性,所以下文将对不同方式喷涂圆弧面、近壁区液相的法向速度和切向速度特性进行分析。

1)外壁母线方向喷涂

圆弧面外壁母线方向喷涂近壁面液相法向速度沿壁面的分布如图 5.24 所示。与气相速度分布特性一致,圆弧面外壁母线方向喷涂时,同一法向距离上的法向速度与平面喷涂相比,沿壁面更小且降低更快;圆弧面半径越小,同一法向距离上的液滴法向速度沿壁面降低越快,其沿壁面的扩展越小。由圆弧面内壁喷涂近壁面液相切向速度最大值分布(图 5.25)可知,其切向速度最大值明显高于平面喷涂,随着圆弧面半径的减小,切向速度最大值增加。

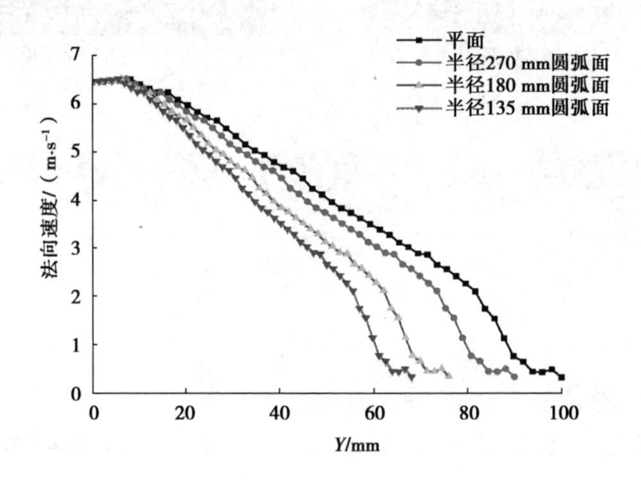

图 5.24 圆弧面外壁喷涂近壁面法向速度的切向扩展(YZ 平面)

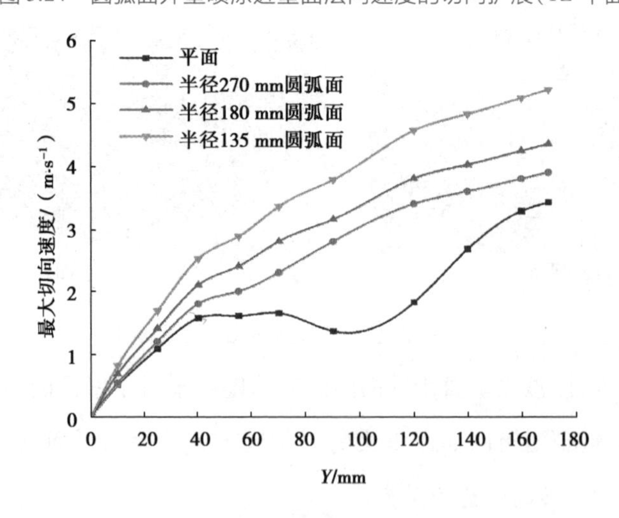

图 5.25 圆弧面外壁喷涂近壁面气相切向速度最大值分布(YZ 平面)

由图 5.24 和图 5.25 可知,靠近喷嘴轴线的区域,外壁垂直壁面的法向速度远高于平行壁面的切向速度,由液相速度分布矢量图(图 5.26)可知,该区域的液相速度矢量与壁面切线保持大的角度。随着与喷嘴轴线的距离增大,外壁垂直壁面的法向速度不断降低,平行壁面的切向速度不断增大。切向方向(圆周方向)距离增大到 60~80 mm 时,外壁垂直壁面的法向速度远高于平行壁面的切向速度。所以由图 5.26 可知,圆弧面外壁母线方向喷涂的喷雾外侧大部分液滴几乎平行于壁面流动,随空气偏离壁面流出流体域。由液相速度分布矢量图(图 5.26)还可以看到少量液滴会随着气涡回流至主流中,但由于该区域的主流偏离壁面流出流体域,所以回流的液滴对涂膜的影响可以忽略。

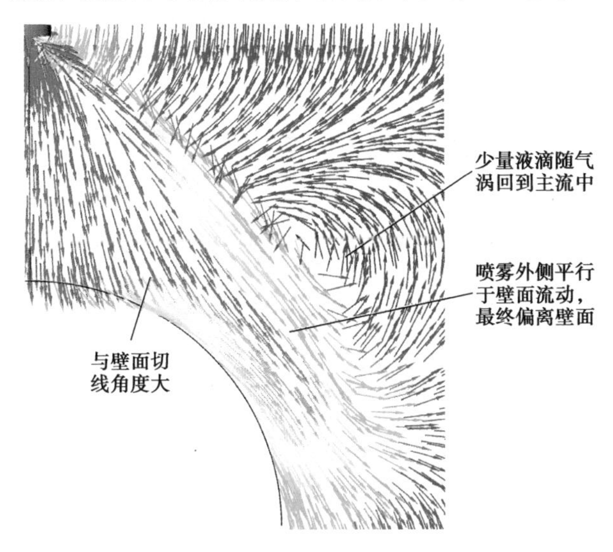

图 5.26　圆弧面外壁母线方向喷涂液相速度矢量分布(*YZ* 平面)

2)内壁母线方向喷涂

圆弧面内壁母线方向喷涂近壁面液相法向速度沿壁面的分布如图 5.27 所示。与其对应的气相速度分布特性一致,圆弧面内壁母线方向喷涂时,沿壁面的法向速度与平面喷涂相比也比平面喷涂大;圆弧面半径越小,法向速度越大。

由圆弧面内壁喷涂近壁面液相切向速度最大值分布(图 5.28)可知,其切向速度的最大值明显低于平面喷涂,随着圆弧面半径的减小,切向速度最大值减小。此外,由图 5.28 可知,与其对应的气相流场特性一样,圆弧面内壁喷涂近壁面气体切向速度最大值先增加，再迅速减小至负数（即沿反方向流动），然后再增加。

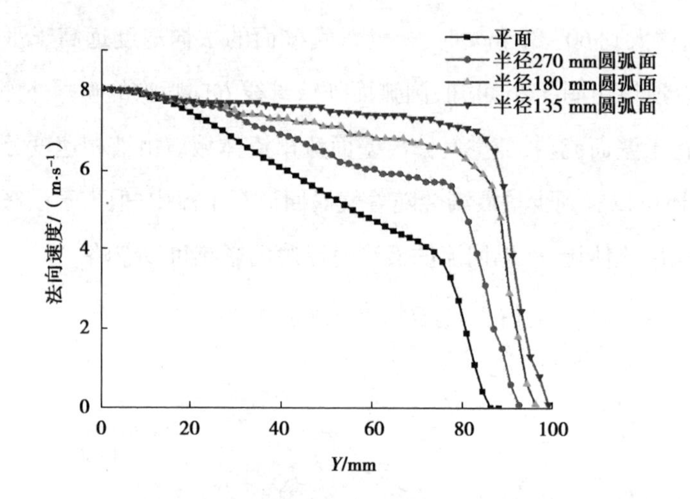

图 5.27　圆弧面内壁喷涂近壁面法向速度

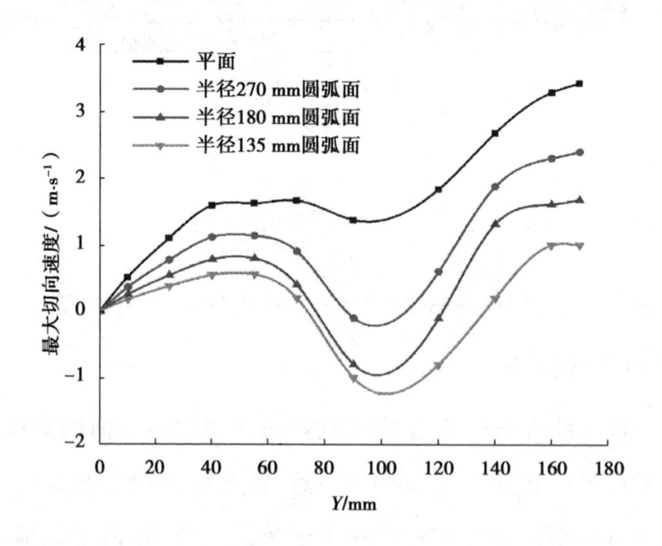

图 5.28　圆弧面内壁喷涂近壁面气相切向速度最大值分布

由液相速度分布矢量图（图 5.29）可知，液相在偏离轴线处具有向中心流动的负切向速度；还可以看到部分液滴会随着气涡回流至主流和壁面射流中，而且由于流向压力出口的气流速度较小，所以回流的部分液滴将会回流至壁面。

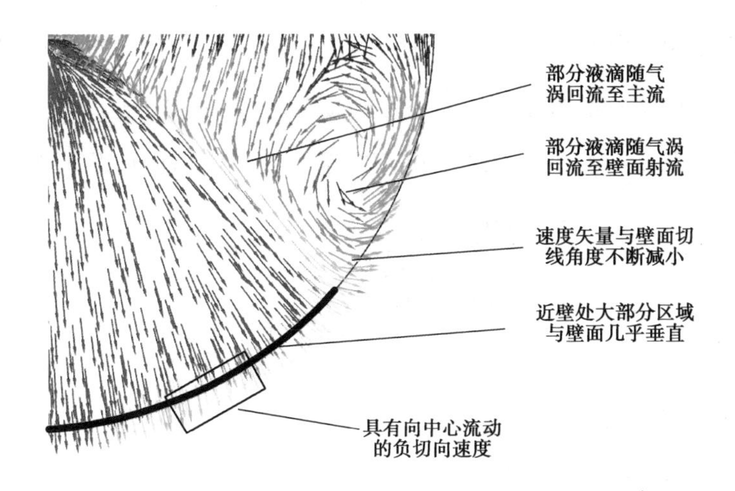

图 5.29 圆弧面内壁母线方向喷涂液相速度矢量分布(YZ 平面)

3)外壁周向喷涂

圆弧面外壁周向喷涂时,与其对应的气相流场特性一致,XZ 平面近壁面液相法向速度与平面喷涂相比有一定的变化,如图 5.30 所示。外壁周向喷涂近壁面 XZ 平面内法向速度比平面喷涂略小,沿壁面的扩展比平面喷涂略小;圆弧面半径越小,沿壁面法向速度越小。

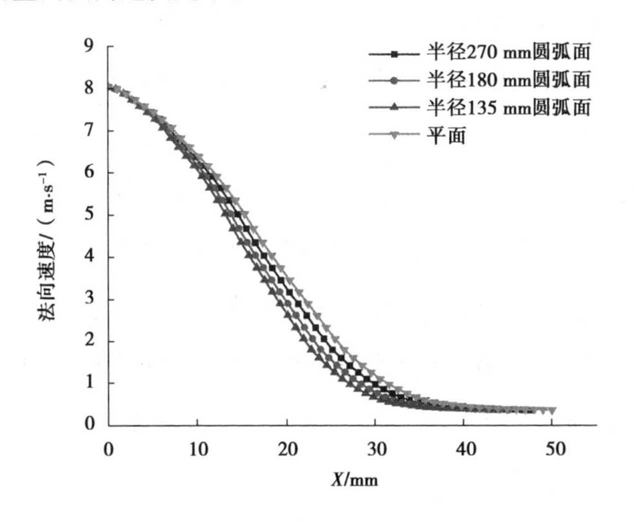

图 5.30 圆弧面周向喷涂外壁近壁面法向速度(XZ 平面)

圆弧面外壁周向喷涂时，*XZ* 平面气相切向速度最大值分布与平面喷涂相比也存在一定的变化：外壁周向喷涂近壁面 *XZ* 平面内切向速度最大值要略高于平面喷涂，随着圆弧面半径的减小，切向速度最大值增加，如图 5.31 所示。

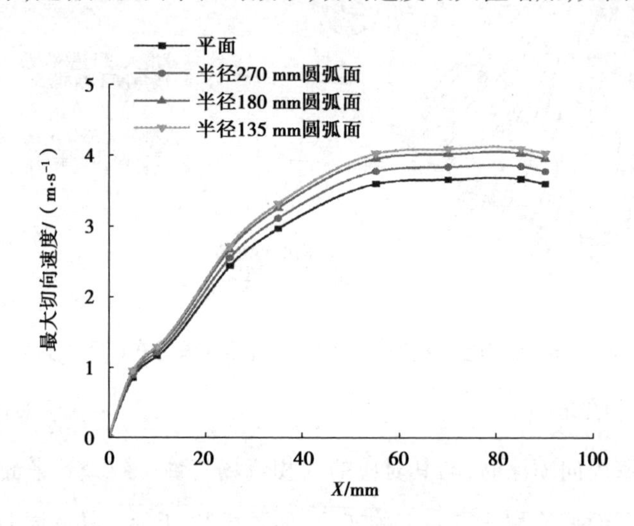

图 5.31　周向喷涂圆弧面内壁近壁面气相切向速度最大值分布

由图 5.30 和图 5.31 可知，靠近喷嘴轴线的区域，外壁垂直壁面的法向速度远高于平行壁面的切向速度。由液相速度分布矢量图（图 5.32）可知，该区域的液相速度矢量与壁面切线保持大的角度；随着与喷嘴轴线的距离增大，外壁垂直壁面的法向速度不断降低，平行壁面的切向速度不断增大；切向方向（圆周方向）距离增大到 30 mm 时，外壁垂直壁面的法向速度远高于平行壁面的切向速度。所以由图 5.32 可知，法向方向喷涂圆弧面外壁的喷雾外侧大部分液滴几乎平行于壁面流动，随空气偏离壁面流出流体域。从液相速度分布矢量图（图 5.32）还可以看到部分液滴会随着气涡回流至主流和壁面射流中，但由于该区域的大量液滴会随着气相壁面射流最终偏离壁面流出流体域，所以回流的液滴对涂膜的影响可以忽略。

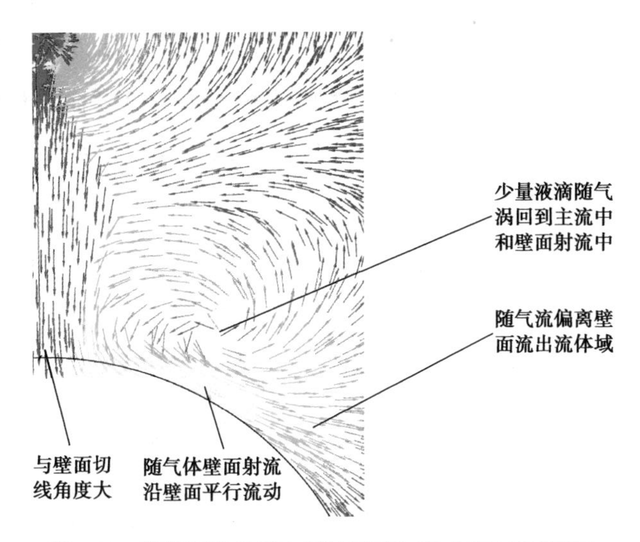

图 5.32 圆弧面外壁周向喷涂速度矢量分布（*XZ* 平面）

4）内壁周向喷涂

圆弧面内壁周向喷涂时，*XZ* 平面内的近壁面液相法向速度如图 5.33 所示。圆弧面内壁周向喷涂时，与其对应的气相流场特性一致，*XZ* 平面近壁面液相法向速度与平面喷涂相比有一定的变化：内壁周向喷涂近壁面 *XZ* 平面内法向速度沿壁面比平面喷涂略大，沿壁面的扩展平面喷涂略大；圆弧面半径越小，法向速度越大。

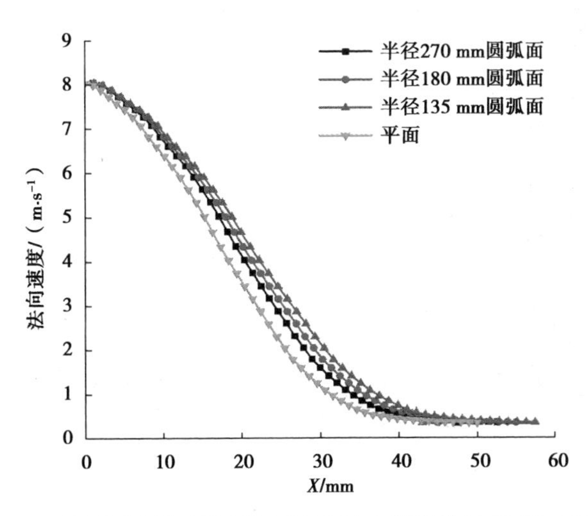

图 5.33 圆弧面内壁喷涂近壁面气相法向速度的径向扩展（*XZ* 平面）

圆弧面内壁周向喷涂时,*XZ* 平面液相切向速度最大值分布(图 5.34)与平面喷涂相比也存在一定的变化:内壁周向喷涂近壁面 *XZ* 平面切向速度最大值要小于平面喷涂,随着圆弧面半径的减小,切向速度最大值减小。

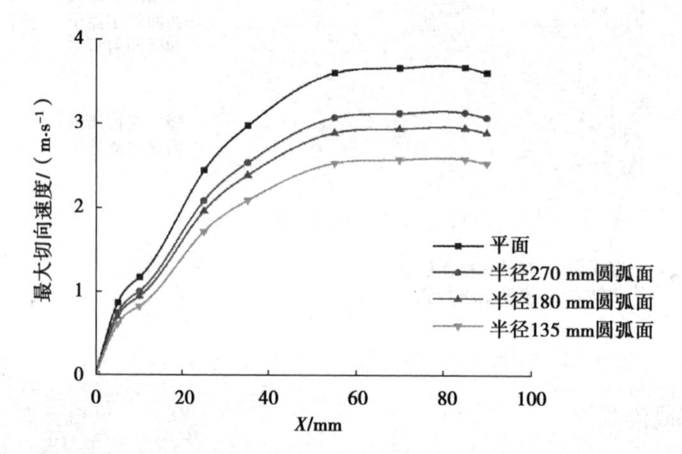

图 5.34　圆弧面内壁周向喷涂近壁面气相切向速度最大值分布(*XZ* 平面)

由液相速度分布矢量图(图 5.35)还可以看到部分液滴会随着气涡回流至主流和壁面射流中,而且由于流向压力出口的气流速度较小,所以回流的部分液滴将会回流至壁面。

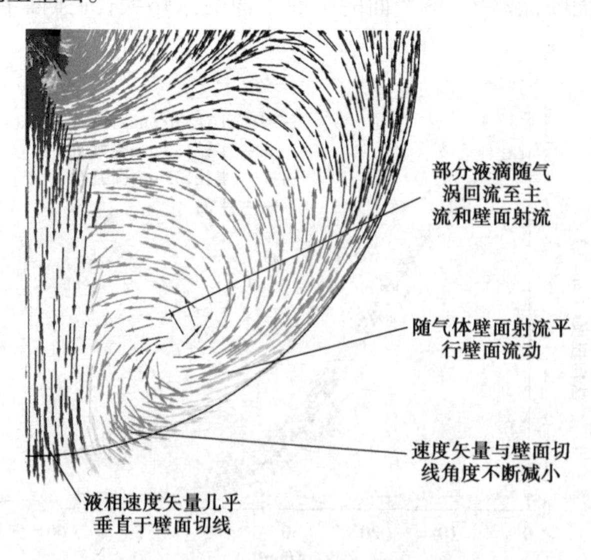

图 5.35　圆弧面内壁周向喷涂速度矢量分布(*XZ* 平面)

5.3　液相沉积特性

5.3.1　涂着效率

通过对压力出口的液滴进行统计,并根据液相初始条件,可以计算出不同方式喷涂不同半径的圆弧面的涂着效率,见表5.1。由此可知,内壁喷涂的涂着效率要明显高于外壁喷涂。

表5.1　各种方式喷涂不同半径圆弧面涂着效率

半径/mm	外壁母线方向喷涂/%	内壁母线方向喷涂/%	外壁周向喷涂/%	内壁周向喷涂/%
135	42.1	69.3	48.2	69.7
180	47.6	67.8	51.5	67.3
270	51.3	65.9	53.7	64.1

5.3.2　涂膜厚度增长率

由4.1.4节可知,液滴从喷嘴喷出到达壁面形成稳定的液相流场大约需要3.5 ms。为减少这一瞬态过程带来的涂膜厚度分布误差,用喷涂时间为1.5 s的圆弧面静态喷涂成膜算例得到的涂膜厚度减去喷涂时间0.5 s,得到每秒圆弧面壁面上涂膜厚度的增长,即涂膜厚度增长率。

半径180 mm圆弧面静态喷涂的涂膜增长率云图如图5.36所示。可知,球形面内外壁的涂膜形状均呈椭圆形分布,椭圆形涂膜中部的涂膜厚度大,外部厚度低。半径为135 mm和270 mm的圆弧面喷涂涂膜增长率云图与此相似,不再具体列出。

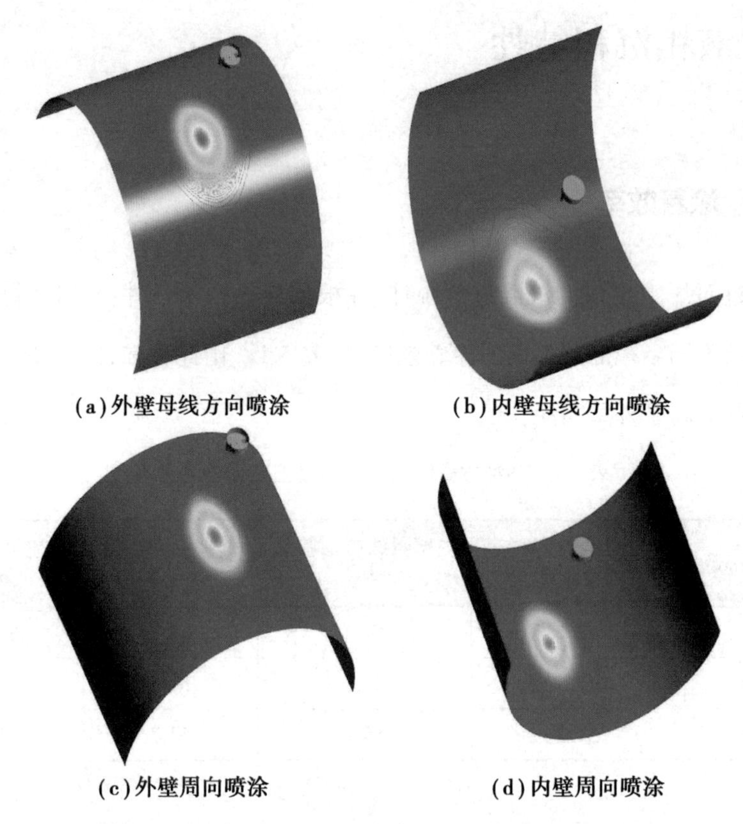

(a)外壁母线方向喷涂　　(b)内壁母线方向喷涂

(c)外壁周向喷涂　　(d)内壁周向喷涂

图 5.36　180 mm 圆弧面喷涂涂膜厚度增长率分布云图

外壁母线喷涂时,*YZ* 平面及 *XZ* 平面内的涂膜厚度增长率如图 5.37 所示,其涂膜增长率明显低于平面,随圆弧面半径的降低,涂膜增长率越低。通过上述分析可知,这是因为圆弧面外壁母线方向喷涂时,*YZ* 平面内液滴法向速度比平面低,法向速度沿壁面的扩展降低;同时其切向速度在近壁面增大,有更多的液滴会随气流偏离壁面,无法黏附形成涂膜。

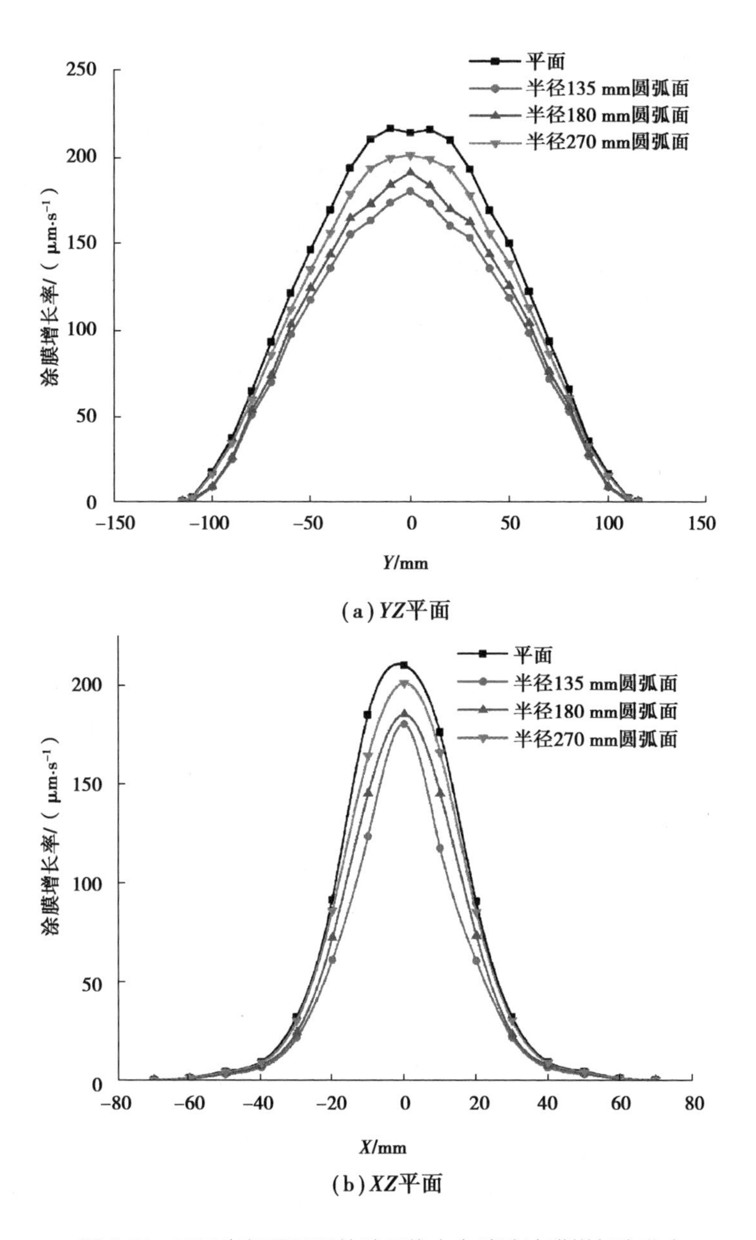

图 5.37 不同半径圆弧面外壁母线方向喷涂涂膜增长率分布

内壁母线方向喷涂时,*YZ* 平面及 *XZ* 平面内的涂膜厚度增长率如图 5.38 所示。可知,圆弧面内壁母线方向喷涂时,涂膜增长率比平面的高,其原因主要是圆弧面内壁母线方向喷涂时 *YZ* 平面内法向速度比平面的高,同时切向速度降低;次要原因是边界层分离形成的气涡也有部分液滴回流至壁面。

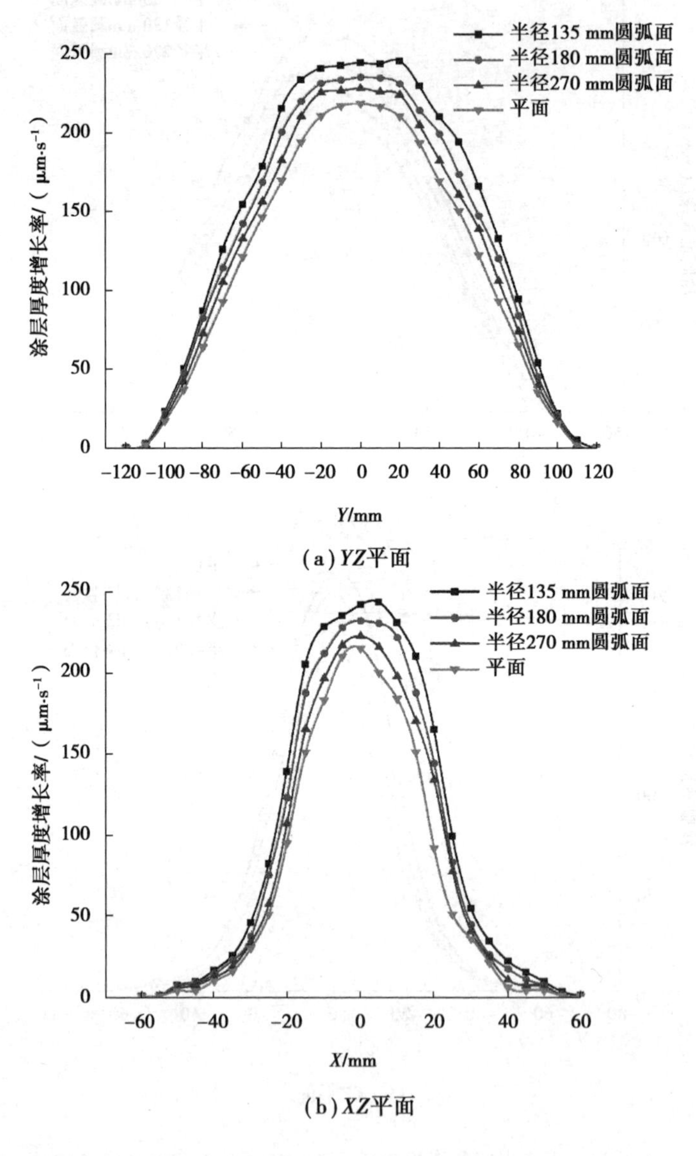

图 5.38　不同半径圆弧面内壁母线方向喷涂涂膜增长率分布

外壁周向喷涂时,*YZ* 平面及 *XZ* 平面内的涂膜增长率如图 5.39 所示。圆弧面外壁周向喷涂时,涂膜增长率明显低于平面喷涂,这是由于其 *XZ* 平面内的法向速度与平面相比较低,切向速度增大。

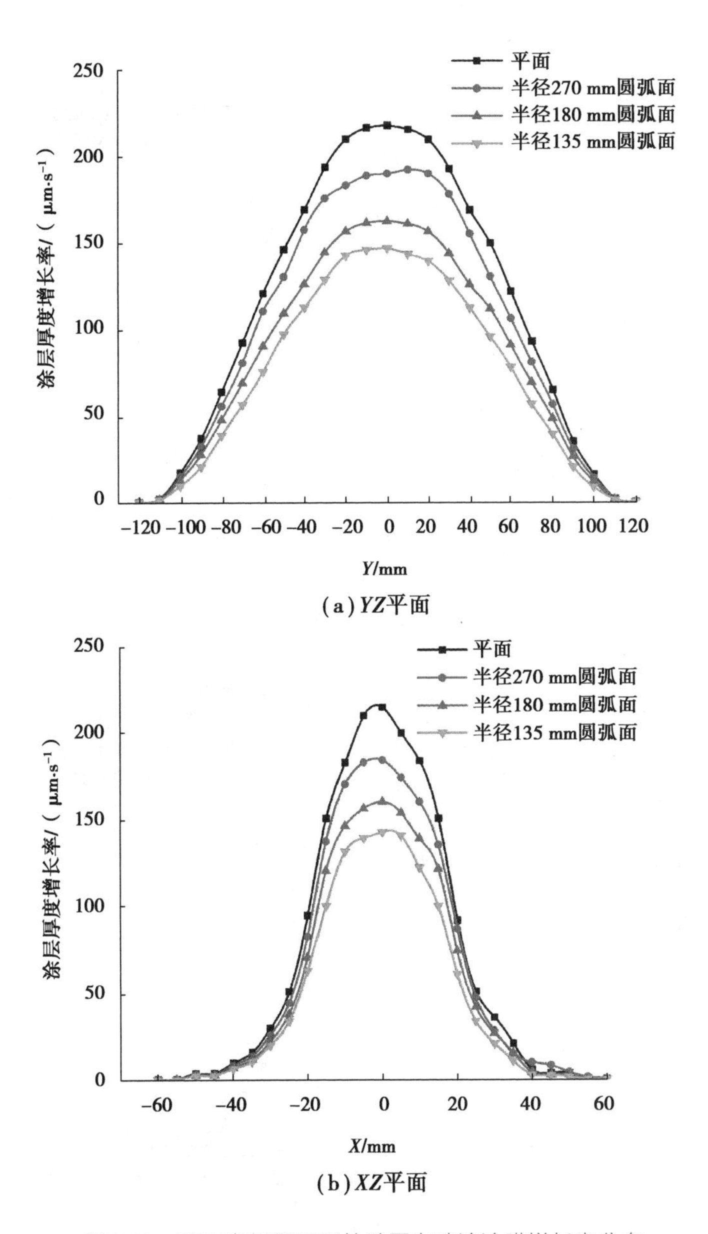

图 5.39 不同半径圆弧面外壁周向喷涂涂膜增长率分布

圆弧面内壁周向喷涂时(图 5.40),涂膜增长率明显高于平面喷涂,其原因是其 *YZ* 平面内的法向速度与平面相比较高,切向速度降低;同时部分液滴将会随着边界层分离形成的气涡回流至壁面。

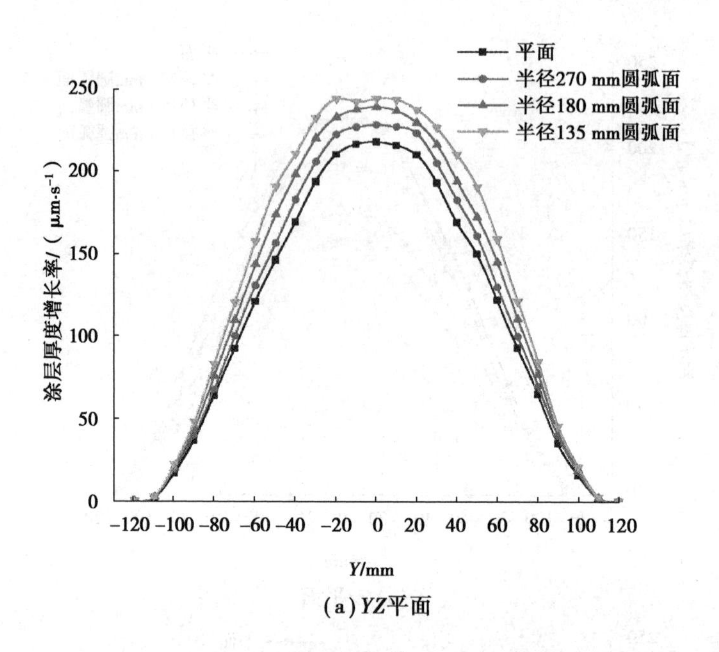

(a) *YZ*平面

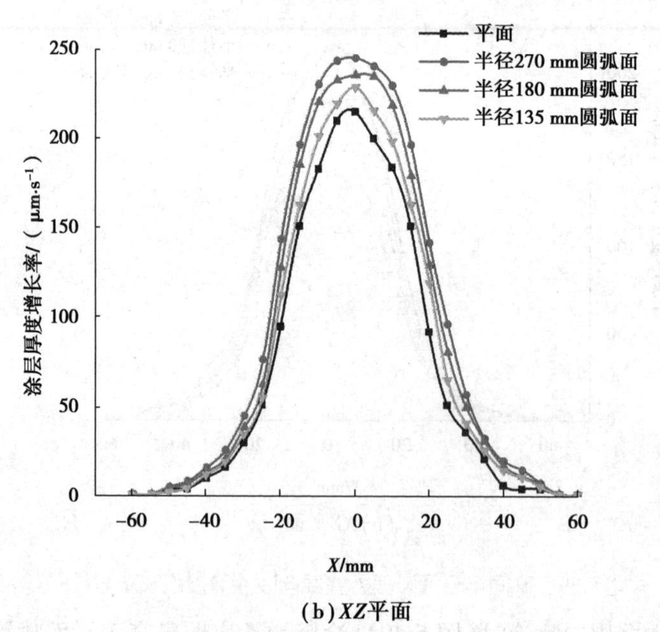

(b) *XZ*平面

图 5.40　圆弧面内壁周向喷涂涂膜增长率分布

5.4 动态喷涂成膜特性

5.4.1 形面对成膜特性的影响

下面分别针对不同方式动态喷涂半径为 135 mm、180 mm 和 270 mm 的圆弧面外壁和内壁进行仿真。仿真喷涂参数与静态喷涂保持一致，喷涂时喷枪做喷锥底心线速度为 0.1 m/s 的运动。以半径为 180 mm 圆弧面为例，图 5.41 至图 5.44 为不同方式喷涂圆弧面不同时刻的喷雾流场，图 5.45 为不同喷涂方式动态喷涂圆弧面的涂膜厚度云图。

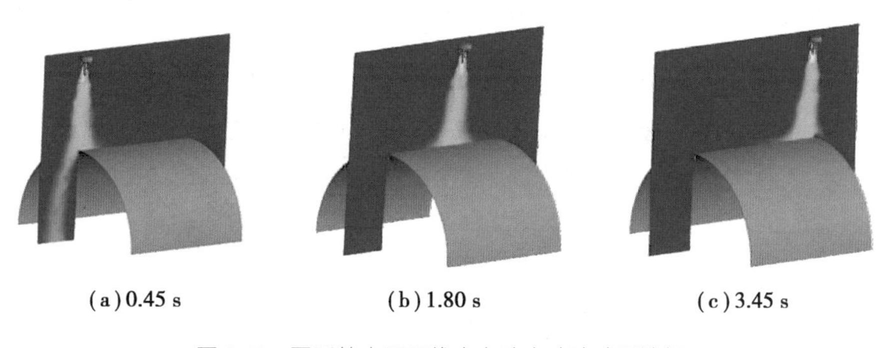

(a) 0.45 s　　(b) 1.80 s　　(c) 3.45 s

图 5.41　圆弧外表面母线方向动态喷涂喷雾流场

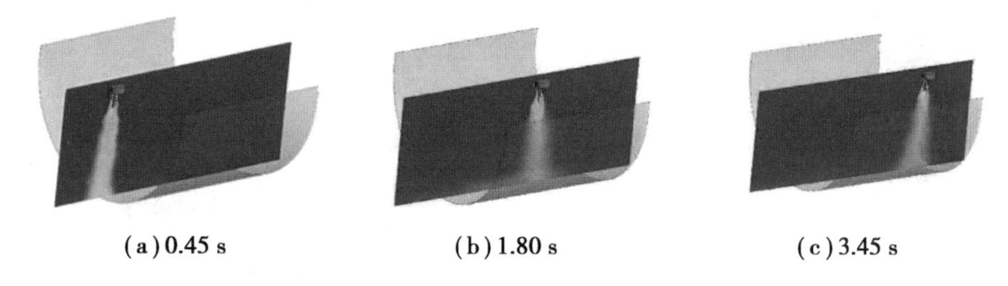

(a) 0.45 s　　(b) 1.80 s　　(c) 3.45 s

图 5.42　圆弧内表面母线方向动态喷涂喷雾流场

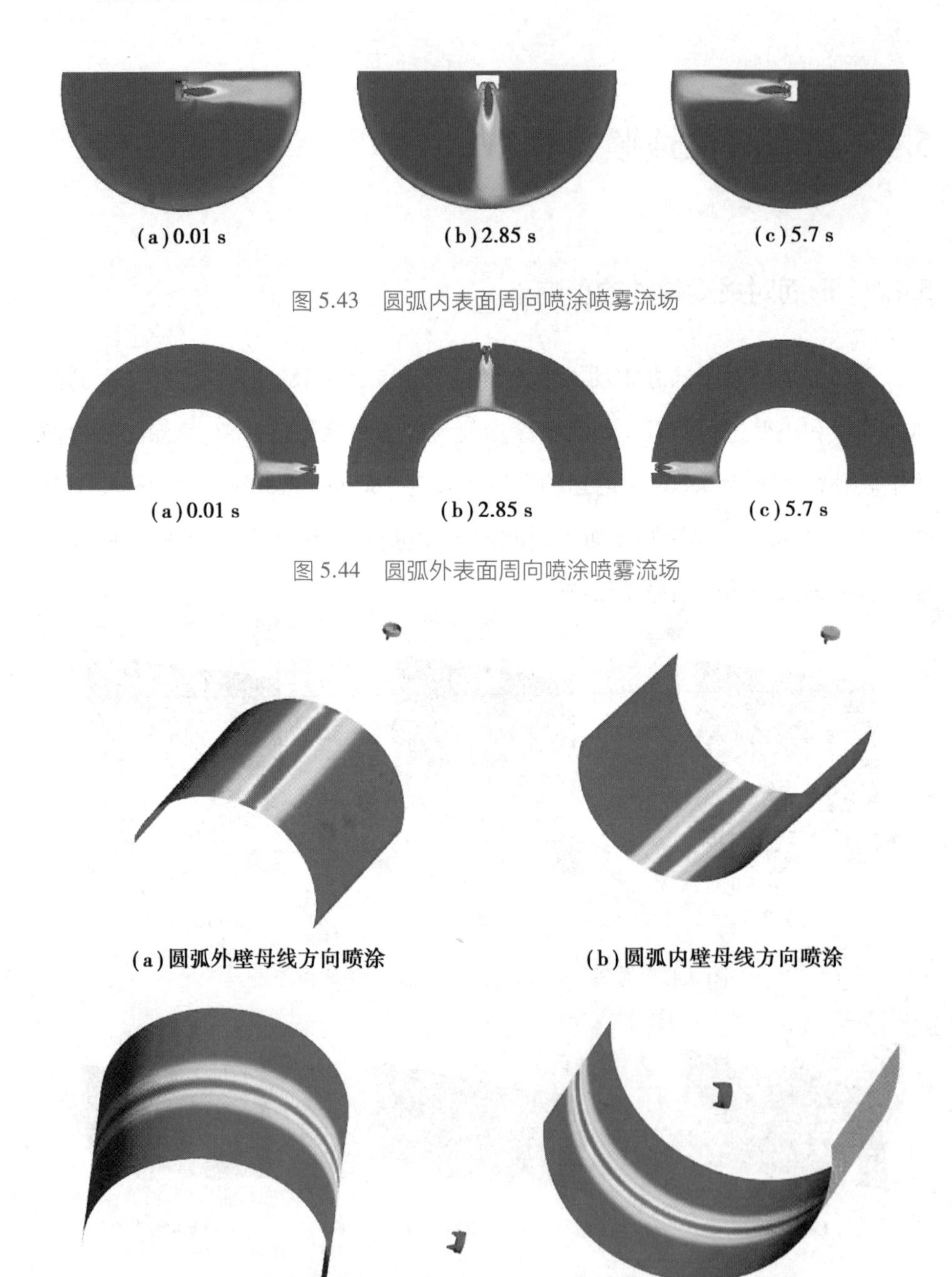

图 5.43　圆弧内表面周向喷涂喷雾流场

图 5.44　圆弧外表面周向喷涂喷雾流场

图 5.45　动态喷涂圆弧面涂膜厚度分布云图

图 5.46 为不同方式动态喷涂不同半径圆弧面的涂膜厚度分布与平面动态喷涂的对比,并由此得到各种方式动态喷涂不同半径圆弧面的最大涂膜厚度(表 5.2)。

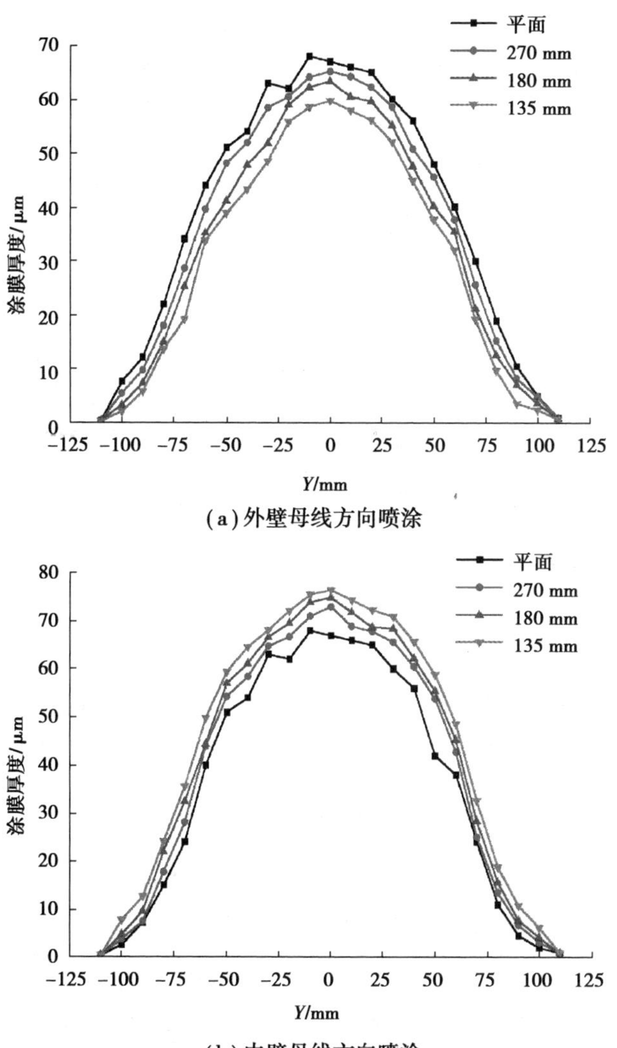

(a) 外壁母线方向喷涂

(b) 内壁母线方向喷涂

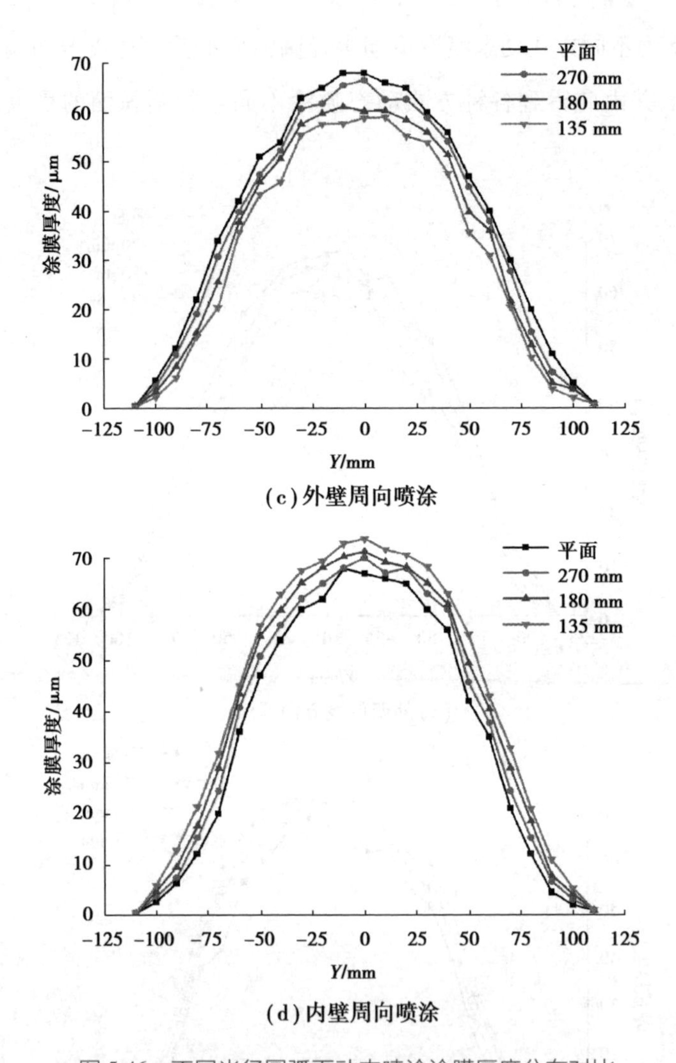

(c) 外壁周向喷涂

(d) 内壁周向喷涂

图 5.46 不同半径圆弧面动态喷涂涂膜厚度分布对比

表 5.2 各种方式动态喷涂不同半径圆弧面的最大涂膜厚度

半径 /mm	外壁母线方向喷涂最大涂膜厚度/μm	内壁母线方向喷涂最大涂膜厚度/μm	外壁周向喷涂最大涂膜厚度/μm	内壁周向喷涂最大涂膜厚度/μm
135	59.7	72.3	58.9	73.8
180	63.4	68.8	60.3	71.4
270	65.2	69.9	66.6	70.1

由图 5.46 和表 5.2 可知,圆弧面母线方向喷涂时,外壁的涂膜厚度低于平面喷涂,内壁的涂膜厚度高于平面喷涂;圆弧面半径越小,外壁的涂膜厚度越低,内壁的涂膜厚度越高。圆弧面外壁和内壁周向喷涂的涂膜分布特性分别与外壁和内壁母线方向喷涂的涂膜分布特性有相同的变化趋势。由 5.2 节圆弧面喷涂近壁面流场研究发现,其涂膜厚度分布特性的成因是圆弧面在其周线方向上改变了近壁面的气液两相速度分布:圆弧面喷涂周线方向近壁面液相法向速度比平面喷涂低,切向速度高,且半径越大,法向速度越低,切向速度越高;内壁喷涂时,近壁面流场特性与之相反。

5.4.2 喷枪喷扫速度对涂膜厚度分布的影响

针对半径为 180 mm 的圆弧面,采用喷锥底心线速度分别为 0.05 m/s、0.1 m/s和 0.2 m/s 的运动条件,进行动态喷涂数值模拟,研究喷枪喷扫速率对成膜的影响。

图 5.47(a)~(d)分别为圆弧面外壁母线方向喷涂、圆弧面内壁母线方向喷涂、圆弧面外壁周向喷涂、圆弧面内壁周向喷涂在不同喷枪移动速度时的涂膜厚度分布。由图可知,随着喷枪移动速度的增大,涂膜厚度降低;速度增大一倍,涂膜厚度减小 30%~40%,涂膜宽度略微变窄。

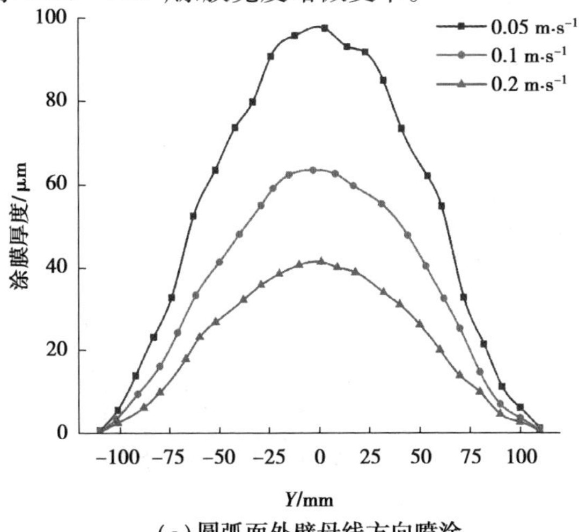

(a)圆弧面外壁母线方向喷涂

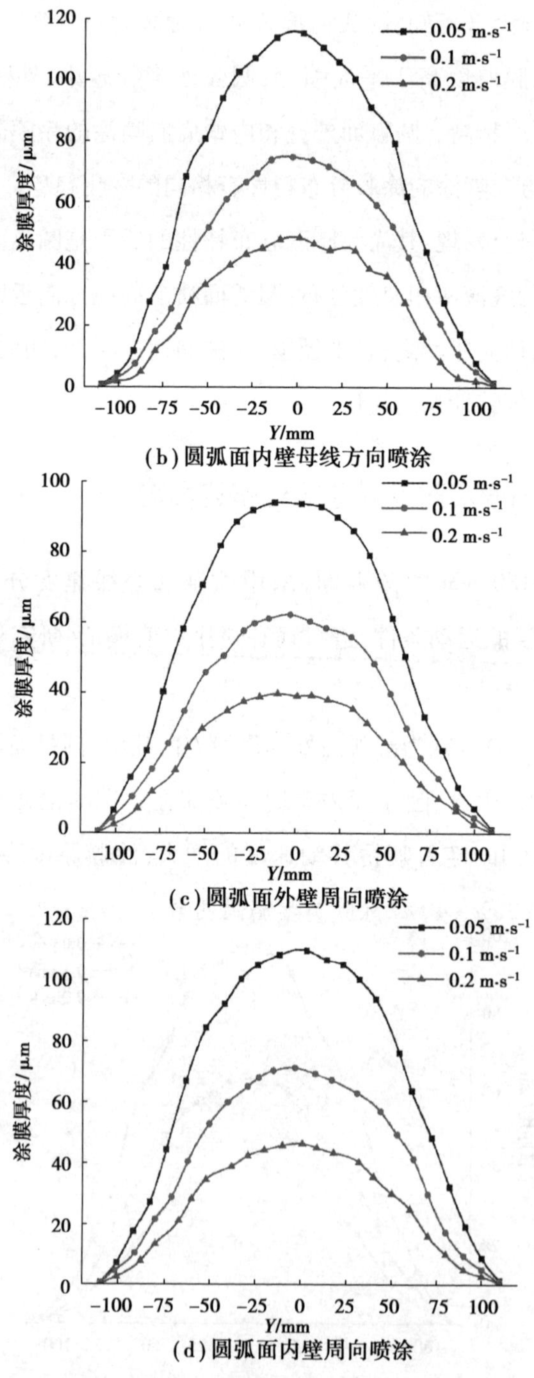

(b) 圆弧面内壁母线方向喷涂

(c) 圆弧面外壁周向喷涂

(d) 圆弧面内壁周向喷涂

图 5.47　不同移动速度喷涂圆弧面涂膜厚度分布

6　球形面喷涂成膜数值模拟与特性

本章针对球形面外壁和内壁喷涂，求解喷涂成膜模型；通过与平面喷涂对比，分析不同半径球形面的喷涂成膜特性；研究不同喷枪移动速度以及不同纬度动态喷涂对球形面喷涂涂膜厚度的影响。

6.1　球形面喷涂仿真计算域和网格划分

球形面上的每一点沿不同方向的曲率半径都是相同的（等于其半径），所以与圆弧面不同，沿各个方向喷涂同一球形面的喷雾流场和涂膜厚度增长率是一致的。因此只需研究球形面外壁和内壁的喷涂成膜特性。为研究不同半径球形面的成膜特性，选用半径为 135 mm、180 mm 和 270 mm 的球形面建立喷涂成膜仿真计算域。以半径为 180 mm 的球形面为例，图 6.1 为球形面静态喷涂成膜仿真的计算域和网格划分。

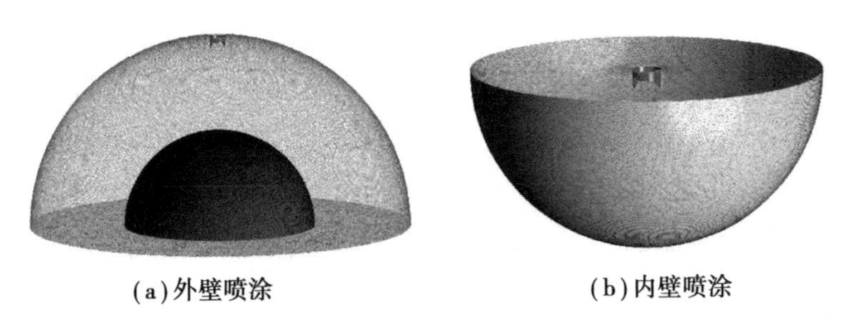

(a) 外壁喷涂　　(b) 内壁喷涂

图 6.1　球形面静态喷涂成膜仿真计算域和网格划分

图 6.2 为球形面动态喷涂成膜仿真计算域和网格划分。图中灰色网格代表压力出口边界,黑色网格为目标壁面网格,红色和蓝色网格代表运动流体域和静止流体域上的交界面。不同半径球形面外壁和内壁动态喷涂成膜数值模拟中喷锥底心沿球体赤道运动(即 0°纬线),如图 6.2(a)和(b)所示;变纬度喷涂成膜数值模拟中喷锥底心沿球体不同纬度的纬线做圆周运动,如图 6.2(c)所示。

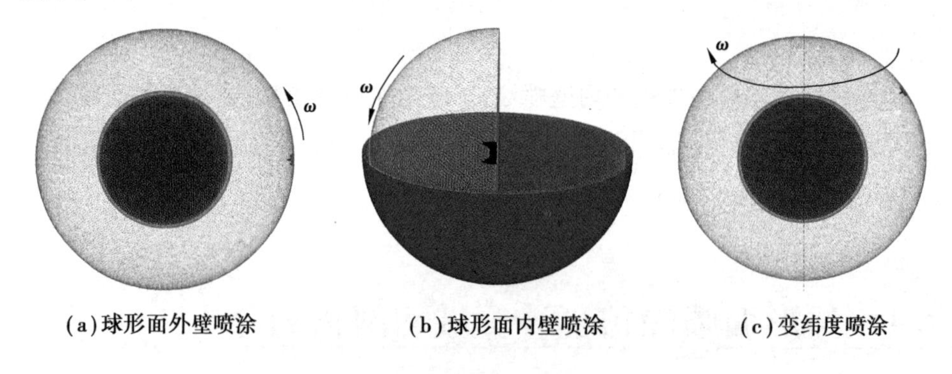

图 6.2 球形面动态喷涂成膜仿真计算域和网格划分

为了对比研究球形面喷涂的成膜特性与平面喷涂的差异,球形面喷涂仿真的各个入口边界条件与扇面压力为 120 kPa 时平面喷涂(4.1.4 节)的一样。基于上述边界条件,通过数值求解喷涂成膜模型可以得到球形面的喷涂流场和涂膜厚度,在以下小节中,将根据这些结果分析不同方式喷涂球形面涂料成膜特性。

6.2 喷雾流场特性

6.2.1 气相流场

喷涂不同半径的球形面得到的气相流场是相似的,所以以半径为180 mm的球形面为例,列出球形面外壁和内壁喷涂的气相流场速度分布云图(图 6.3)。由图

6.3 可知，与平面喷涂相似，球形面喷涂的气相速度分布在 YZ 平面上比 XZ 平面上大很多。

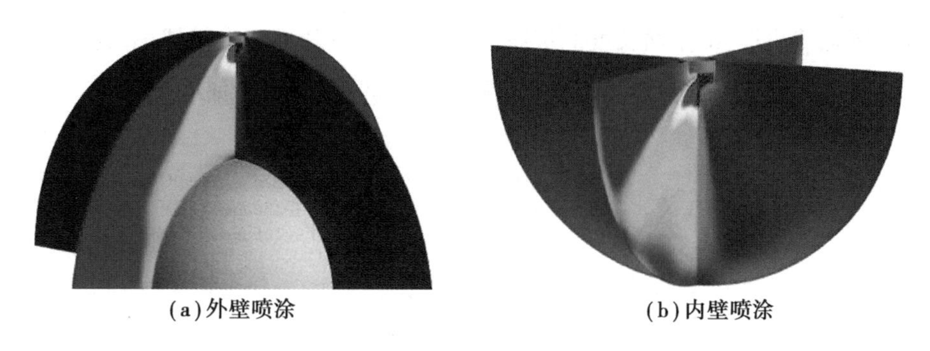

图 6.3　球形面喷涂气相速度分布云图

1）球形面外壁喷涂近壁面气相特性

与研究平面喷涂和圆弧面喷涂特性一样，研究气相在壁面处的法向速度和切向速度是研究球形面喷涂的重点，故而建立如图 6.4 所示的坐标系。以喷嘴轴线和壁面的交点为原点，Z_w 轴对于球形面外壁表示距壁面的外法向距离，对于球形面内壁表示距壁面的内法向距离。Y_2 和 Y_3 轴分别为 YZ 平面内沿球形面内壁和外壁的弧长，X_2 和 X_3 轴分别为 XZ 平面内沿球形面内壁和外壁的弧长。

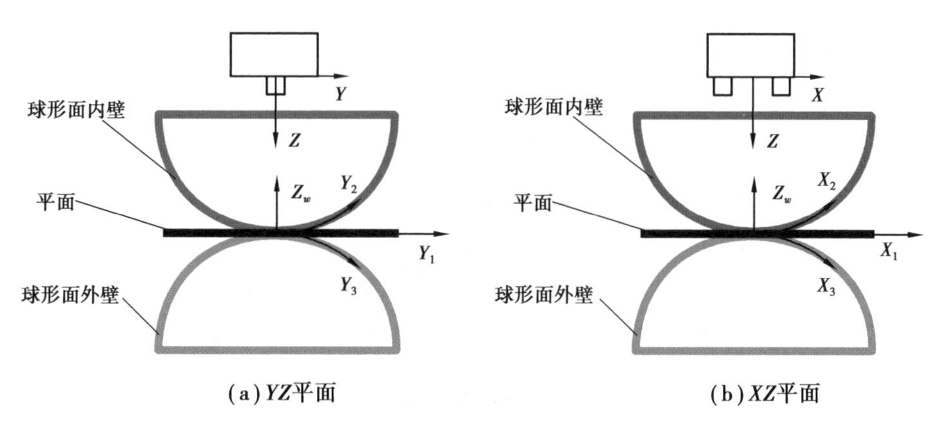

图 6.4　球形面喷涂近壁面坐标系

喷涂球形面外壁近壁面 YZ 和 XZ 平面内的法向速度沿壁面的扩展如图 6.5 所示,可知喷涂球形面外壁时,其近壁面法向速度随着壁面长度的增加比平面喷涂降低得更快,沿壁面长度的扩展比平面喷涂小;球形面半径越小,近壁面法向速度随着壁面长度的增加降低得越快,沿壁面长度的扩展越小。

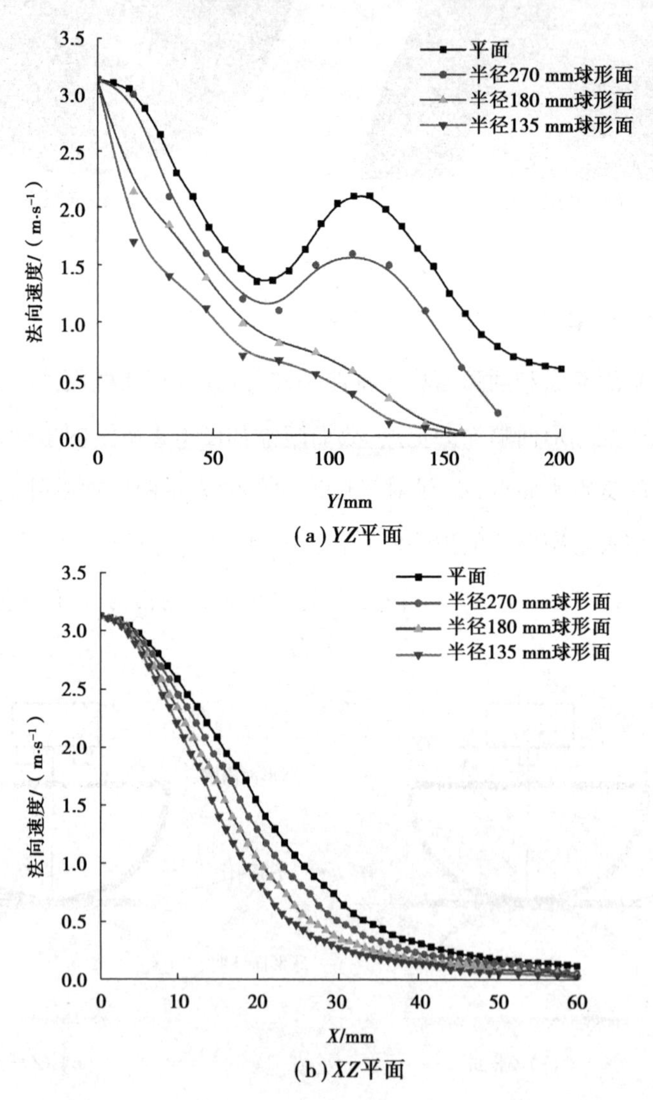

图 6.5　球形面外壁喷涂近壁面气相法向速度沿壁面的分布

图 6.6(a)和(b)分别为球形面外壁喷涂近壁面处气相切向速度在 YZ 平面和 XZ 平面内沿球面的最大值分布,球形面外壁喷涂切向速度最大值随着壁面长度的增加比平面喷涂更快。随着球形面半径的减小,切向速度最大值增加越快。

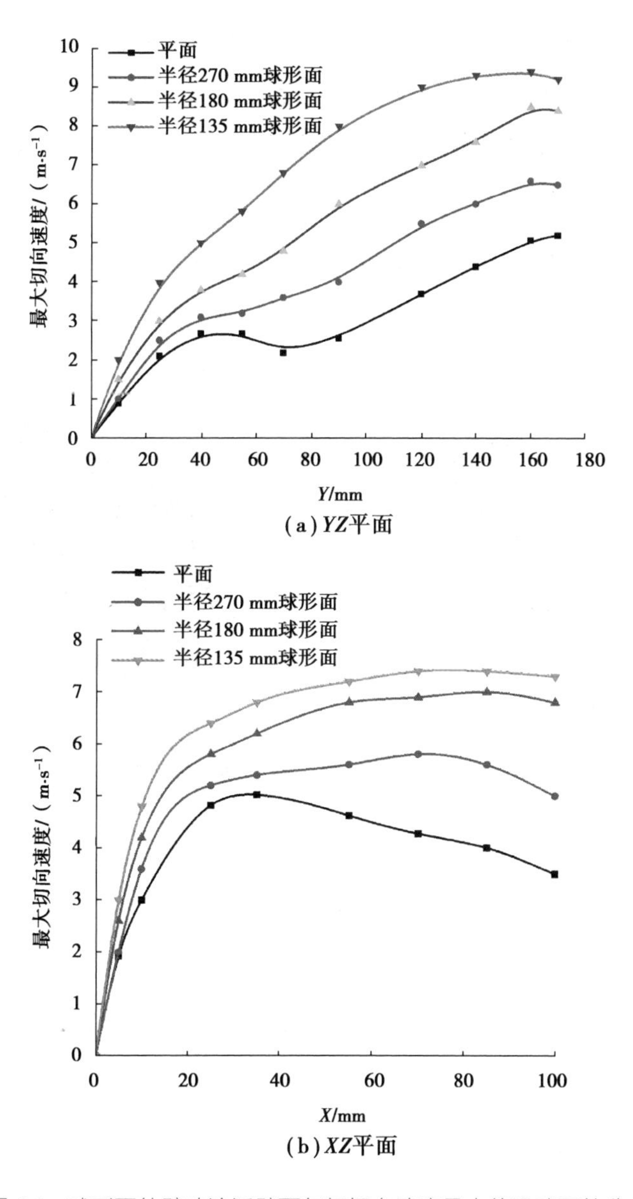

图 6.6　球形面外壁喷涂近壁面气相切向速度最大值沿球面的分布

YZ 平面内,球形面外壁喷涂近壁区内的气相法向速度随壁面长度的增加而降低得比平面喷涂更快,切向速度沿壁面的增加比平面喷涂更快的原因有两个。首先,对比图 6.7(a)和图 4.31 可知,离轴线越远的气相自由射流区内,球形面外壁喷涂的气相矢量与壁面的切线角度与平面喷涂相比越小,速度切向分量越高,法向分量越低,所以与平面喷涂相比,球形面外壁喷涂的近壁面处的气相速度具有更高的切向速度,随壁面长度增加,法向速度降低更快,近壁面法向速度沿壁面的扩展也更低。其次,由于球形面外壁喷涂的近壁面处法向速度沿壁面降低得更快,近壁面法向速度沿壁面的扩展也更低,所以近壁面冲击形成的压力在沿壁面长度方向的分布与平面相比越小(对比图 6.7(b)和图 4.41(a))。这相当于增加压力梯度,所以球形面外壁喷涂在轴线附近的气体向压力降低方向运动得更快,从而获得了较高的切向速度。

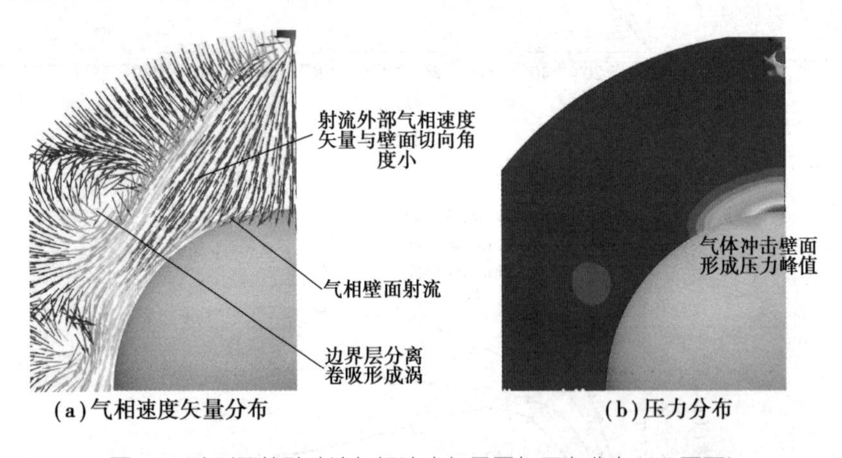

图 6.7　球形面外壁喷涂气相速度矢量图与压力分布(*YZ* 平面)

根据上述分析,可以得到球形面半径减小,外壁喷涂的近壁面区的法向速度沿壁面降低更快,切向速度沿壁面增加更快的原因:随着球形面半径的减小,气相矢量与壁面的切线角度减小,速度切向分量增大,法向分量降低,近壁面的切向速度越高,随壁面长度增加,法向速度降低越快,近壁面法向速度沿壁面的扩展也越小,冲击壁面形成的压力沿壁面的分布越小,压力梯度增加,使轴线附近的气体向压力降低方向运动得越快,从而切向速度越高。

由于气体在壁面的黏滞力作用,*YZ* 平面内沿球面流动的气体在球体表面的法线上建立起速度边界层,且沿流动方向逐渐加厚。根据曲面边界层理论,边界层发展到一定程度时,在逆压梯度的作用下,边界层的一些气体质点会与之分离;在主射流和壁面射流的卷吸作用下,分离的气体被卷吸入其中,并形成涡,如图 6.7(a)所示。

XZ 平面内,球形面外壁喷涂近壁区内的气相法向速度和切向速度随壁面长度的增加的变化特性,可以根据上述方法进行同样的分析。*XZ* 平面内,射流冲击壁面形成压力,如图 6.7 所示,使气体向压力降低的轴线两侧方向运动,轴线附近的气体速度矢量与壁面切线角度不断由 90°降低至 0°。因为同一矢量与球形面外壁切线角度比平面的小,同一矢量与小半径球形面外壁切线角度比大半径球形面切线角度小,所以随着偏离轴线壁面长度的增加,速度矢量与壁面切线几乎为 90°,故而喷涂球形面外壁的气相法向速度沿壁面长度的衰减与平面相比变快,切向速度的增加越快;球形面半径的减小,气相法向速度沿壁面长度的衰减越快,切向速度的增加越快。同样,*XZ* 平面内沿球面流动的气体在球体表面的法线上也会建立起速度边界层,当流动距离增加到一定程度时,在逆压梯度作用下,边界层的气体质点将与之分离,卷吸入壁面射流中形成涡,如图 6.8(a)所示。

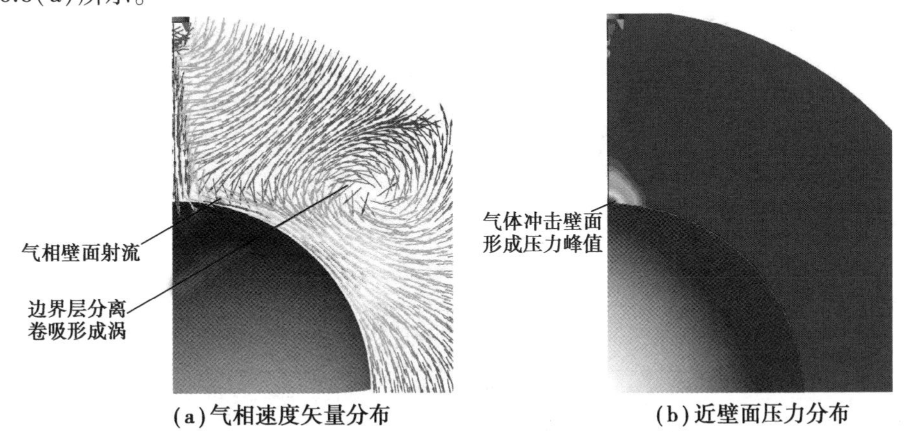

图 6.8 球形面外壁喷涂气相速度矢量图与压力分布(*XZ* 平面)

2）球形面内壁喷涂近壁面气相特性

图 6.9(a)和(b)分别展示了球形面内壁喷涂近壁面法向速度在 *YZ* 平面和 *XZ* 平面内距壁面外法线 10 mm 处的沿壁面长度方向的扩展。*YZ* 平面内，随着坐标 *Y*(壁面长度)的增大，喷涂球面内壁的近壁面法向速度始终高于平面喷涂，并且在偏离轴线之处形成了一个偏心速度高峰；随着半径的减小，球形面内壁喷涂的近壁面法向速度有明显增加。*XZ* 平面内，喷涂球形面内壁的气相法向速度与平面喷涂相比，沿壁面的减小略微变缓；随着半径的减小，球形面内壁喷涂的近壁面法向速度有一定的增加。

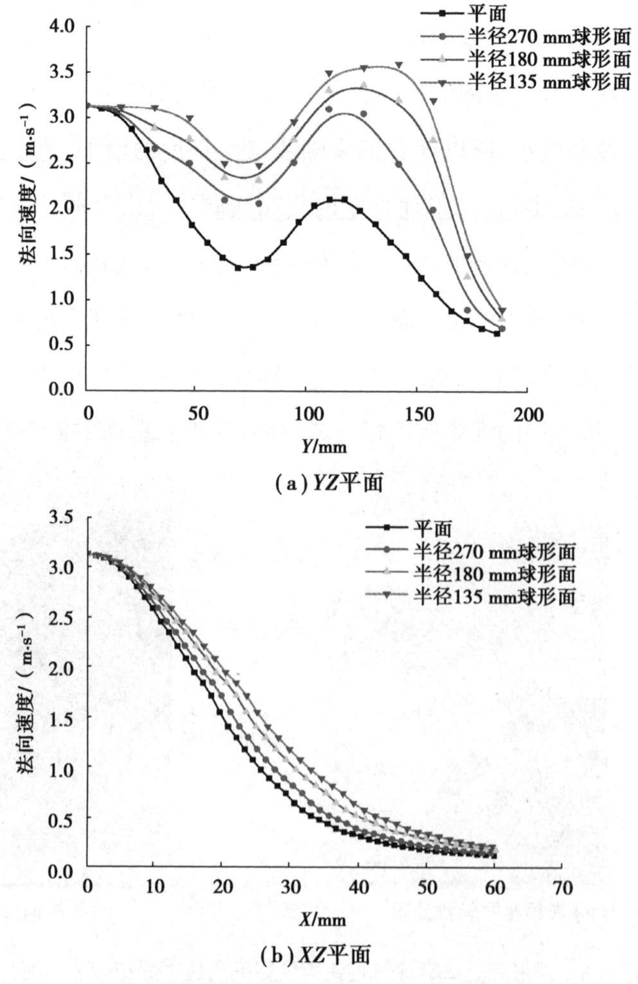

图 6.9　球形面内壁喷涂近壁面气相法向速度沿壁面长度方的扩展

图 6.10(a)和(b)分别为球形面内壁喷涂近壁面处气相切向速度在 *YZ* 平面和 *XZ* 平面内沿球面的最大值分布。*YZ* 平面内,球形面内壁喷涂近壁面气相切向速度最大值沿壁面比平面喷涂要小;随着壁面长度的增加,球形面内壁喷涂近壁面气体切向速度最大值先增加,再迅速减小至负数(即沿反方向流动),然后再增加。*XZ* 平面内,球形面内壁喷涂切向速度最大值随着壁面长度的增加先增加,再缓慢降低,较平面喷涂的变化更为平缓。随着球形面半径的减小,切向速度最大值变化越平缓。

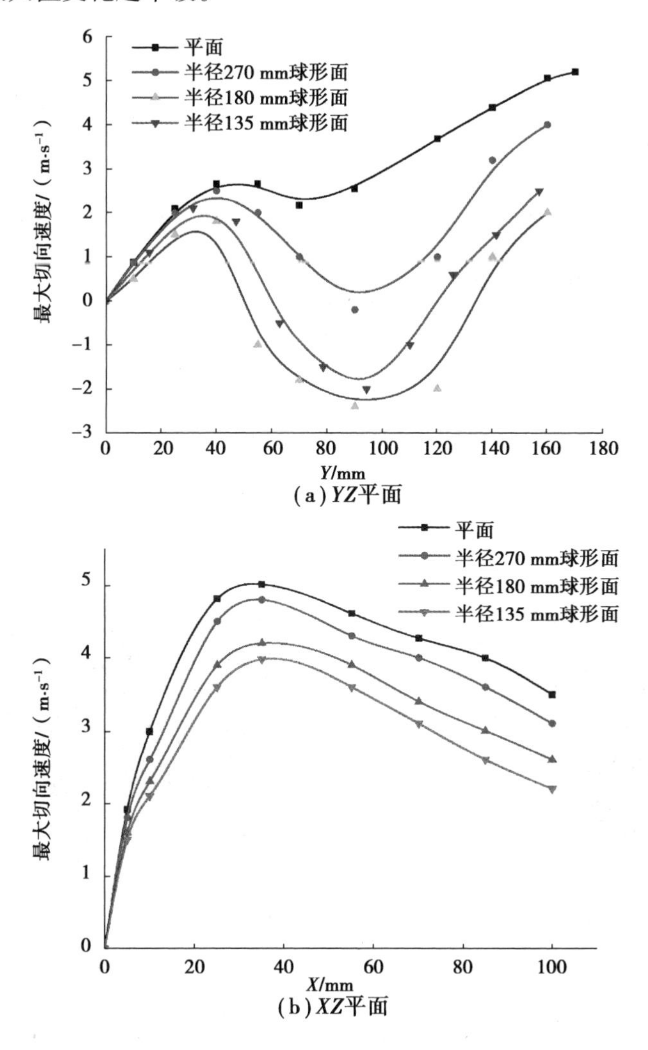

图 6.10　球形面内壁喷涂近壁面气相切向速度最大值沿球面的分布

YZ 平面内,喷涂球面内壁的近壁面法向速度沿壁面始终高于平面喷涂,并且在偏离轴线的位置上形成了一个偏心速度高峰(图 6.9(a))的原因是:对比图 6.11(a)和图 4.31 可知,球形面内喷涂的气相矢量与壁面的切线角度与平面喷涂相比很大,几乎垂直于壁面,所以与平面喷涂相比,球形面内壁喷涂的近壁面的速度法向分量高,切向分量低。球形面半径越小,内壁喷涂的气相速度矢量与壁面的切线角度越小,球形面半径越小,内壁喷涂的近壁面区的法向速度越大。

YZ 平面内,随着坐标 *Y*(远离轴线壁面长度)的增大,有一个中心速度峰值和偏离轴线的位置上形成了一个偏心速度峰值,所以球形面内壁喷涂气体冲击壁面时,在壁面上会形成两个压力峰值,如图 6.11(b)所示;而且由于偏心速度峰值高于中心速度峰值,壁面上的偏心压力峰值要高于中心的压力峰值。

在这两个压力峰值形成的压力梯度作用下,会形成一个中心壁面射流和一个偏心壁面射流,这两种气相壁面射流在两个压力峰值之间的沿壁面的切向速度相反。所以,*YZ* 平面内,球形面内壁喷涂近壁面气相切向速度最大值。随着距喷嘴轴线的壁面长度的增加,切向速度先增加(图 6.11(a)的中心壁面射流),再迅速减小至负数(图 6.11(a)的偏心壁面射流),然后再增加至 0(偏心压力峰值形成的驻点),最后再增加为正数(图 6.11(a)偏心壁面射流的右侧)。

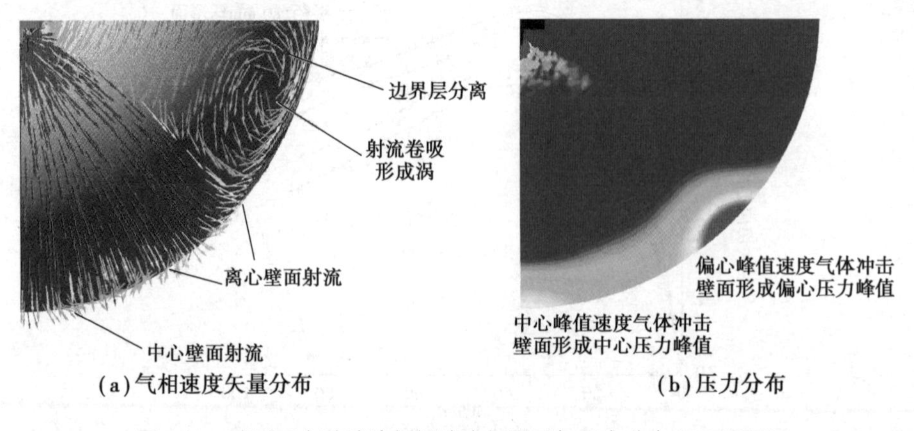

图 6.11　球形面内壁喷涂气相速度矢量图与压力分布(*YZ* 平面)

此外，同样由于壁面黏滞力的作用，最后沿着壁面流动的气体也会形成速度边界层。当流动距离增加到一定程度时，在逆压梯度和射流卷吸作用下，边界层的气体质点将与之分离，卷吸入壁面射流中形成涡。

XZ 平面内，球形面内壁喷涂近壁区内的气相法向速度和切向速度随壁面长度增加的变化特性，可以根据上述方法进行分析。*XZ* 平面内射流冲击壁面形成压力（图 6.12），使气体向压力降低的轴线两侧方向运动，轴线附近的气体速度矢量与壁面切线角度不断由 90°降低至 0°；因为同一矢量与球形面内壁切线角度比平面大，同一矢量与小半径球形面内壁切线角度比大半径球形面切线角度大。故而，喷涂球形面内壁的气相法向速度沿壁面长度的衰减与平面相比变缓慢，切向速度的增加变缓慢；随球形面半径的减小，气相法向速度沿壁面的衰减越慢，切向速度的增加越慢。同样，*XZ* 平面内沿球面流动的气体在球体表面的法线上也会建立起速度边界层，当流动距离增加到一定程度时，在逆压梯度和射流卷吸作用下，边界层的气体质点将与之分离，卷吸入壁面射流中形成涡，如图 6.12（a）所示。

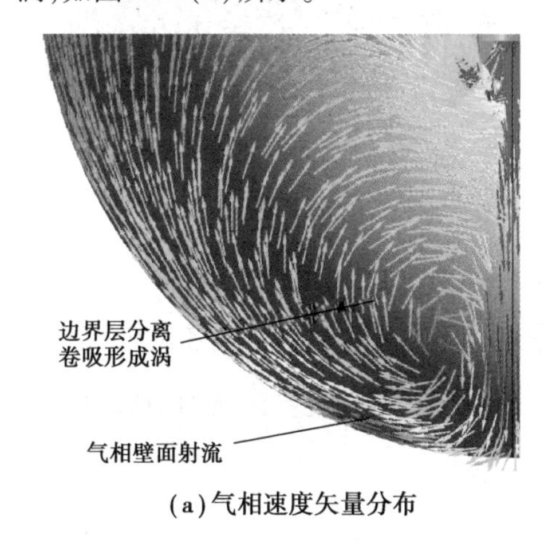

（a）气相速度矢量分布

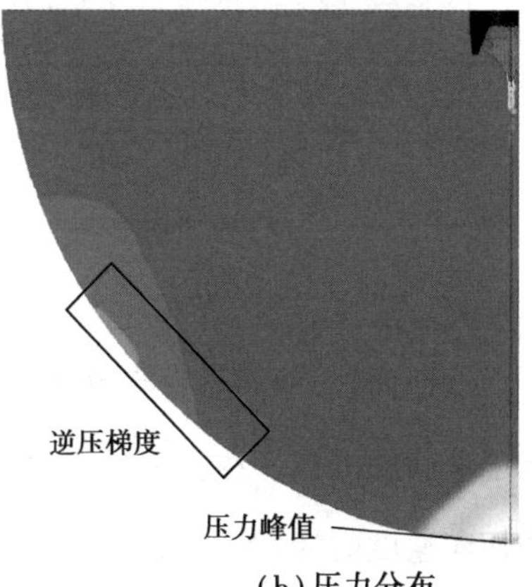

（b）压力分布

图 6.12　球形面内壁喷涂气相速度矢量图与压力分布（*XZ* 平面）

6.2.2 液相流场

与分析球形面喷涂液相流场特性相同,由于喷雾流场中平均粒径(47 μm)的液滴的液相流场能反映整体的液相流场特性,仅针对平均粒径(47 μm)的液滴分析球形面喷涂的液相流场特性。球形面喷涂的液相速度分布云图,如图6.13和图 6.14 所示。

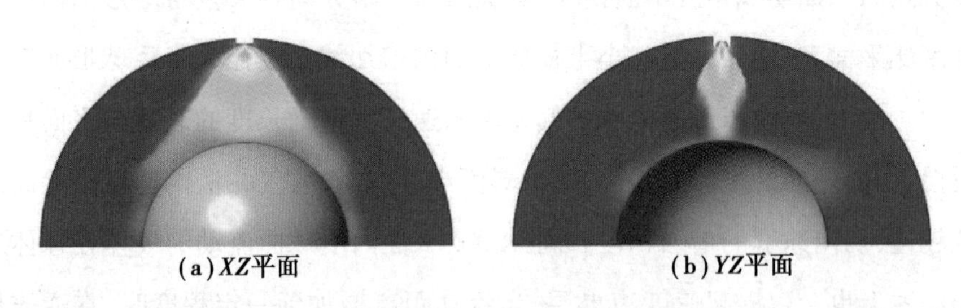

(a) *XZ*平面　　(b) *YZ*平面

图 6.13　球形面外壁喷涂液相速度分布云图

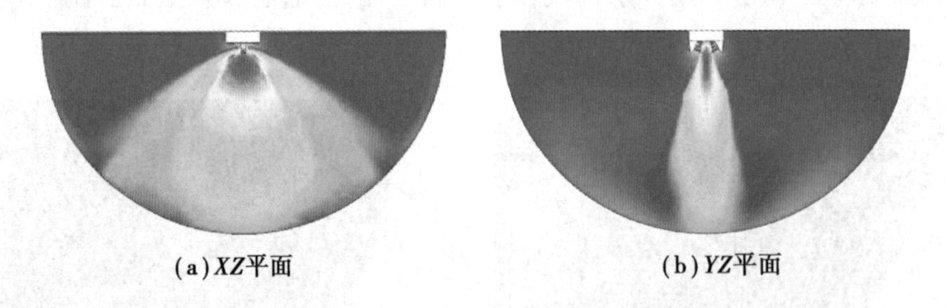

(a) *XZ*平面　　(b) *YZ*平面

图 6.14　球形面内壁喷涂液相速度分布云图

近壁面处,液滴垂直于壁面的法向速度和平行于壁面的切向速度极大地影响了液滴的沉积特性。下文将对不同方式喷涂球形面,近壁区液相的法向速度和切向速度的特性进行分析。

1) 球形面外壁喷涂

球形面外壁喷涂近壁面液相法向速度在 *YZ* 平面和 *XZ* 平面沿壁面的分布分别如图 6.15 所示。受其气相速度分布特性的影响,球形面外壁喷涂时近壁面法向速度与平面喷涂相比,沿壁面降低得更快,沿壁面分布也比平面喷涂小;球形面半径越小,液滴法向速度沿着壁面降低得越快,沿壁面的扩展越慢。

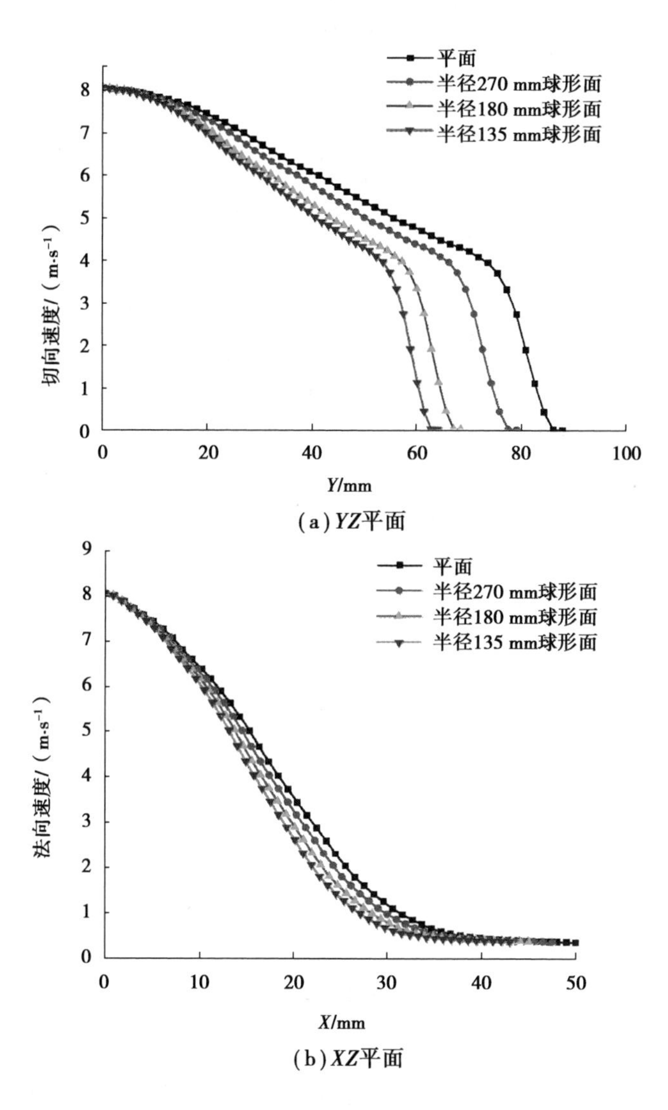

图 6.15 球形面外壁喷涂近壁面液相法向速度沿壁面的分布

由球形面外壁喷涂近壁面液相切向速度最大值分布(图 6.16)可知,其切向速度最大值明显高于平面喷涂的切向速度最大值,随着球形面半径的减小,切向速度最大值增加。

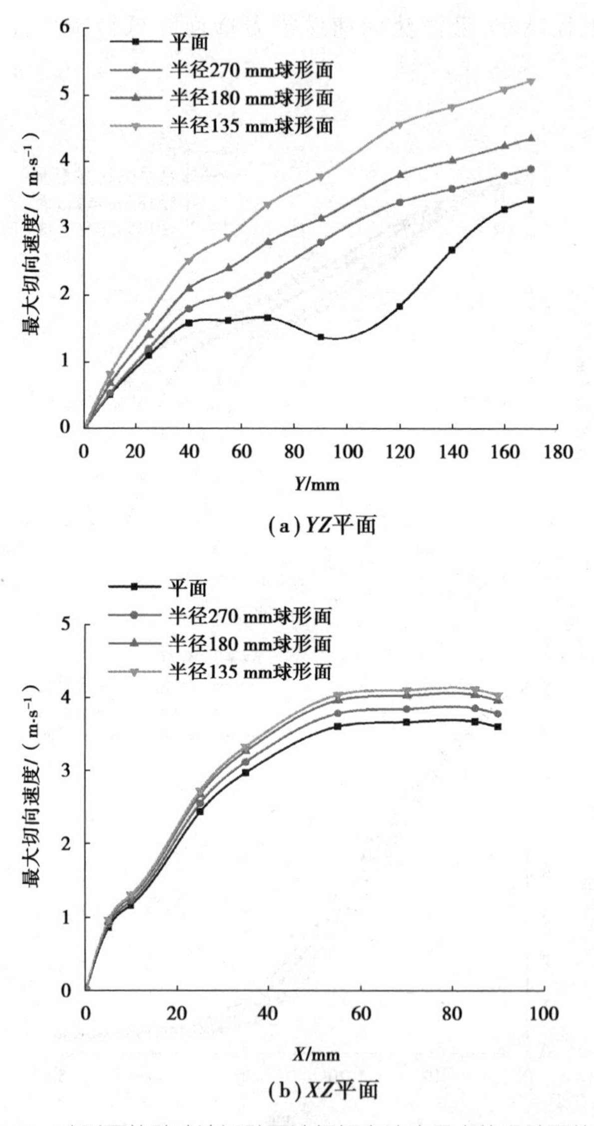

(a) *YZ*平面

(b) *XZ*平面

图 6.16　球形面外壁喷涂近壁面液相切向速度最大值沿壁面的分布

通过图 6.15(a)和图 6.16(a)分析可知,*YZ* 平面内,靠近喷嘴轴线的区域,外壁垂直壁面的法向速度远高于平行壁面的切向速度。由液相速度分布矢量图(图 6.17(a))可知,该区域的液相速度矢量与壁面切线保持大角度;随着与喷嘴轴线的距离增大,外壁垂直壁面的法向速度不断降低,平行壁面的切向速度不断增大。距喷嘴轴线的壁面距离增大到一定值时,外壁垂直壁面的法向速度远高于平行壁面的切向速度。所以由图 6.17(a)可知,球形面外壁喷涂的喷雾外侧的大部分液滴几乎平行于壁面流动,随空气偏离壁面流出流体域。虽然,少量液滴会随着气涡回流至主流中,但由于该区域的主流偏离壁面流出流体域,所以回流的液滴对涂膜的影响可以忽略。

通过图 6.15(b)和图 6.16(b)可知,*XZ* 平面内,靠近喷嘴轴线的区域,外壁垂直壁面的法向速度远高于平行壁面的切向速度。由液相速度分布矢量图(图 6.17(b))可知,该区域的液相速度矢量与壁面切线保持大的角度;随着与喷嘴轴线的壁面距离增大,外壁垂直壁面的法向速度不断降低,平行壁面的切向速度不断增大,在外壁面某处,外壁平行于壁面的切向速度远高于垂直于壁面的法向速度。所以由图 6.17(b)可知,球形面外壁喷涂的喷雾外侧的大部分液滴几乎平行于壁面流动,随空气偏离壁面流出流体域。虽然部分液滴会随着气涡回流至主流和壁面射流中,但由于该区域的大量液滴会随着气相壁面射流最终偏离壁面流出流体域,所以回流的液滴对涂膜的影响可以忽略。

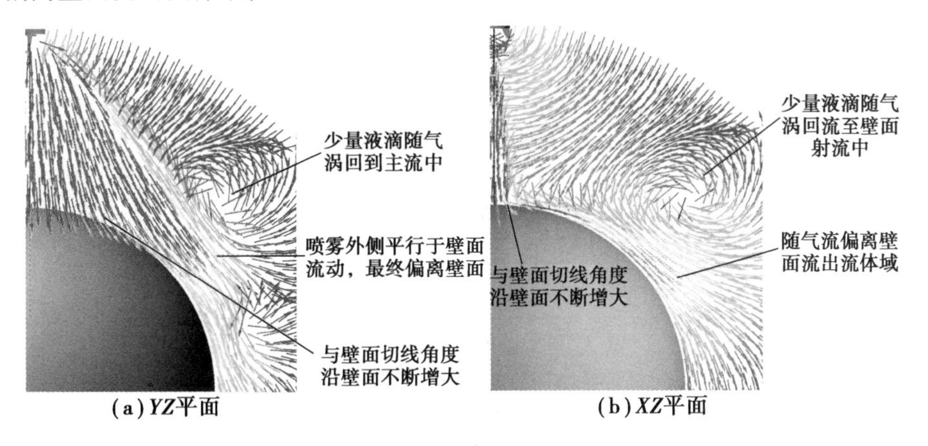

图 6.17 球形面外壁喷涂气相速度矢量图

2)球形面内壁喷涂

球形面内壁喷涂近壁面液相法向速度的沿壁面扩展如图 6.18 所示。与其对应的气相速度分布特性一致,在 *YZ* 平面内(图 6.18(a)),球形面内壁喷涂时的法向速度比平面喷涂大,沿壁面降低缓慢;球形面半径越小,法向速度越大,沿壁面扩展越大。*XZ* 平面，球形面内壁喷涂近壁面的法向速度与平面喷涂相比略大，沿壁面的扩展比平面喷涂略大；球形面半径越小，法向速度越大。

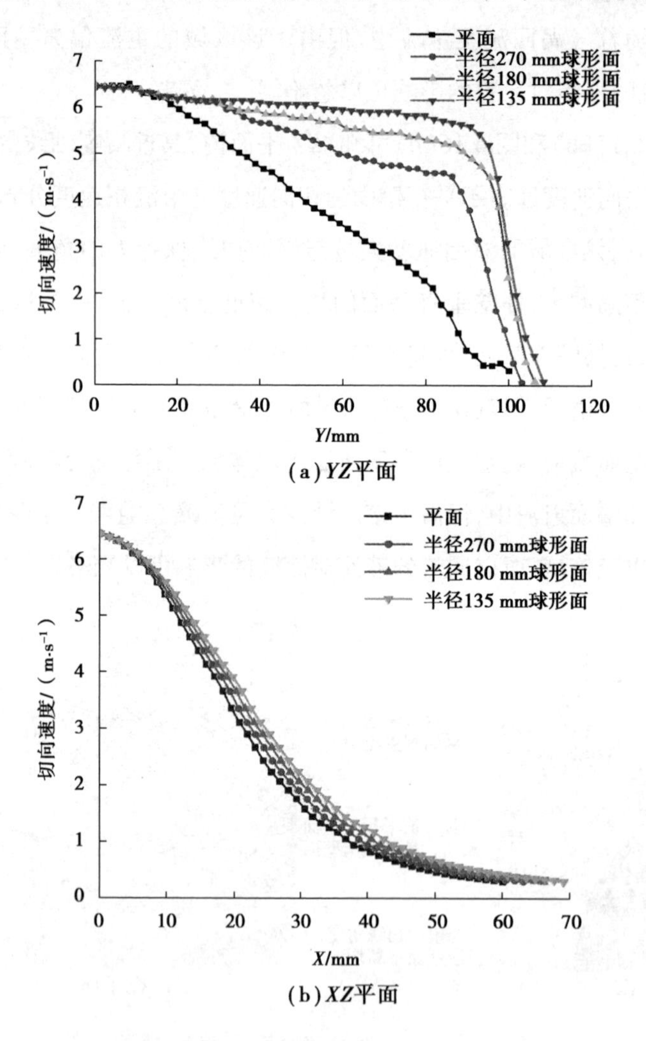

图 6.18　球形面内壁喷涂近壁面液相法向速度沿壁面的分布

由球形面内壁喷涂近壁面液相切向速度最大值分布（图 6.19（a））可知，*YZ* 平面内，其切向速度的最大值明显低于平面喷涂，随着球形面半径的减小，切向速度最大值减小。此外，与其对应的气相流场特性一样，球形面内壁喷涂的近壁面气相切向速度最大值沿壁面先增加，再迅速减小至负数（即沿反方向流动），然后再增加。球形面内壁喷涂时，*XZ* 平面内（图 6.19（b）），液相切向速度最大值沿壁面流动而增加;内壁周向喷涂近壁面 XZ 平面切向速度最大值要小于平面喷涂,随着球形面半径的减小,切向速度最大值减小。

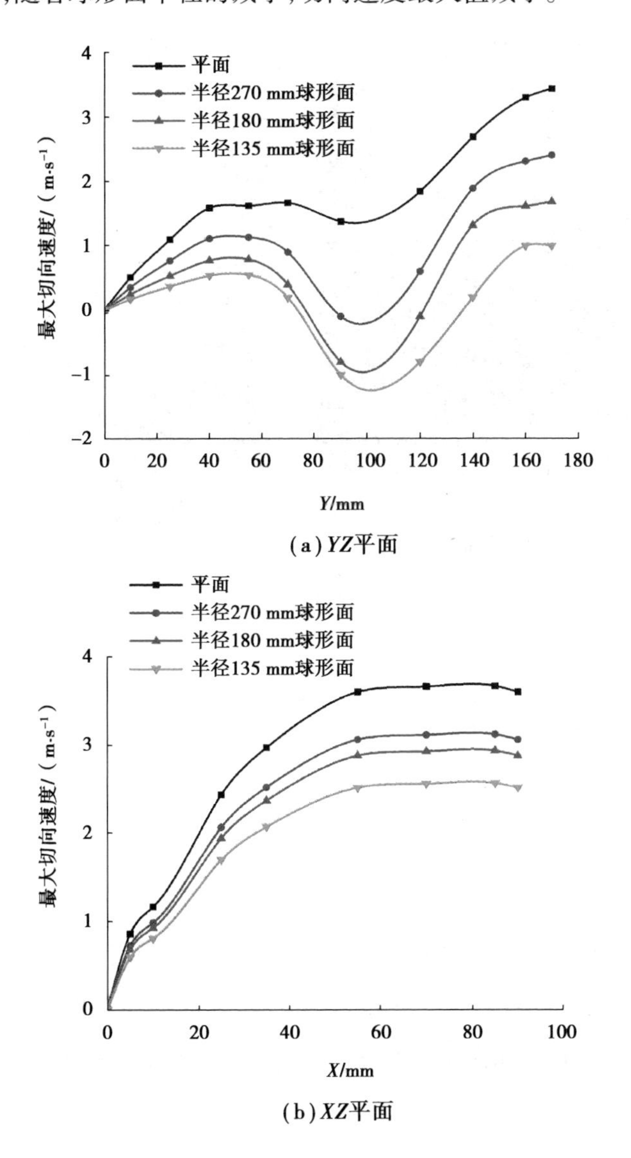

图 6.19　球形面内壁喷涂近壁面液相切向速度最大值沿壁面的分布

由液相速度分布矢量图,如图 6.20(a)所示,还可以看到部分液滴会随着气涡回流至主流和壁面射流中,而且由于流向压力出口的气流速度较小,所以回流的部分液滴将会回流至壁面。由液相速度分布矢量图,如图 6.20(b)所示,还可以看到部分液滴会随着气涡回流至主流和壁面射流中,而且由于流向压力出口的气流速度较小,所以回流的部分液滴将会回流至壁面。

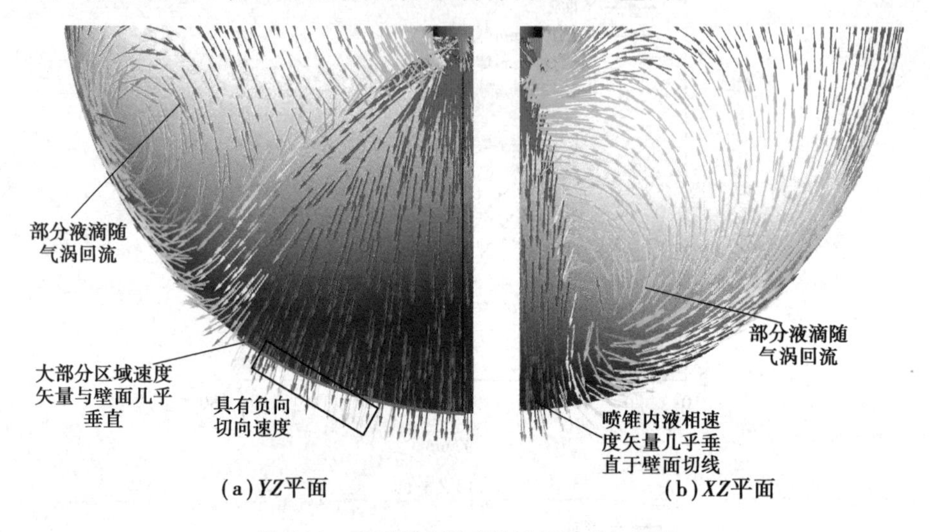

图 6.20 球形面内壁喷涂液相速度矢量图

6.3 液相沉积特性

6.3.1 涂着效率

根据液相初始条件,通过对压力出口的液滴进行统计,可以计算出不同半径球形面喷涂的涂着效率,见表 6.1。可知内壁喷涂的涂着效率要明显高于外壁喷涂;随球形面半径的减小,外壁喷涂的涂着效率降低,内壁喷涂的涂着效率增大。

表 6.1　不同半径球形面喷涂涂着效率

半径/mm	球形面外壁喷涂涂着效率/%	球形面内壁喷涂涂着效率/%
135	40.7	73.3
180	44.8	71.8
270	48.9	70.7

6.3.2　涂膜厚度增长率

由 4.1.4 节可知,液滴从喷嘴喷出到达壁面形成稳定的液相流场大约需要 3 ms。为减少这一瞬态过程带来涂膜厚度分布误差,用喷涂时间为 1.5 s 的算例得到的涂膜厚度减去喷涂时间为 0.5 s 的,得到每秒球形面壁面上涂膜厚度的增长,即涂膜厚度增长率。

半径 180 mm 球形面静态喷涂的涂膜增长率云图,如图 6.21 所示,其中图 6.21(a)为外壁喷涂,图 6.21(b)为内壁喷涂。由图 6.21 可知,球形面内外壁的涂膜形状均呈近似椭圆形对称分布,椭圆形涂膜中部的涂膜厚度大,外部的厚度低。半径为 135 mm 和 270 mm 的涂膜厚度云图与此相似。

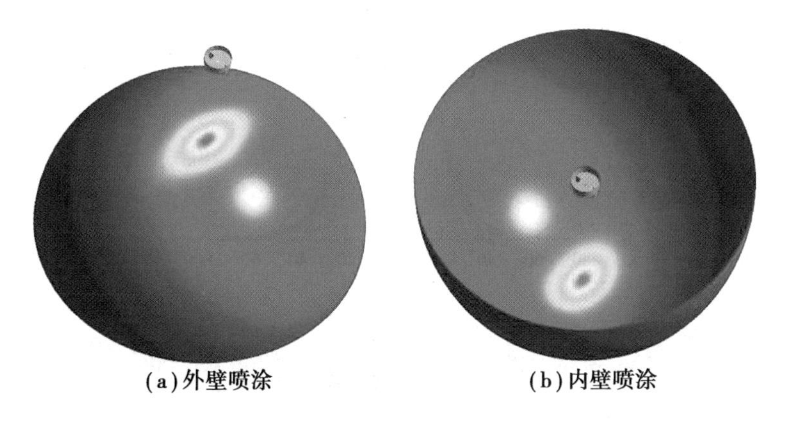

(a)外壁喷涂　　(b)内壁喷涂

图 6.21　半径 180 mm 球形面涂膜厚度云图

半径 135 mm、180 mm 和 270 mm 的球形面喷涂涂膜厚度分布如图 6.22 所示，图 6.22(a)为外壁喷涂，图 6.22(b)为内壁喷涂。对于球形面外壁喷涂，当球形面半径为 180 mm 时，涂膜增长率最小。随着球形面半径的增大，涂膜增长率增大。对于球形面内壁喷涂，当球形面半径为 270 mm 时，涂膜增长率最小，随着形面半径的减小，涂膜厚度增大。

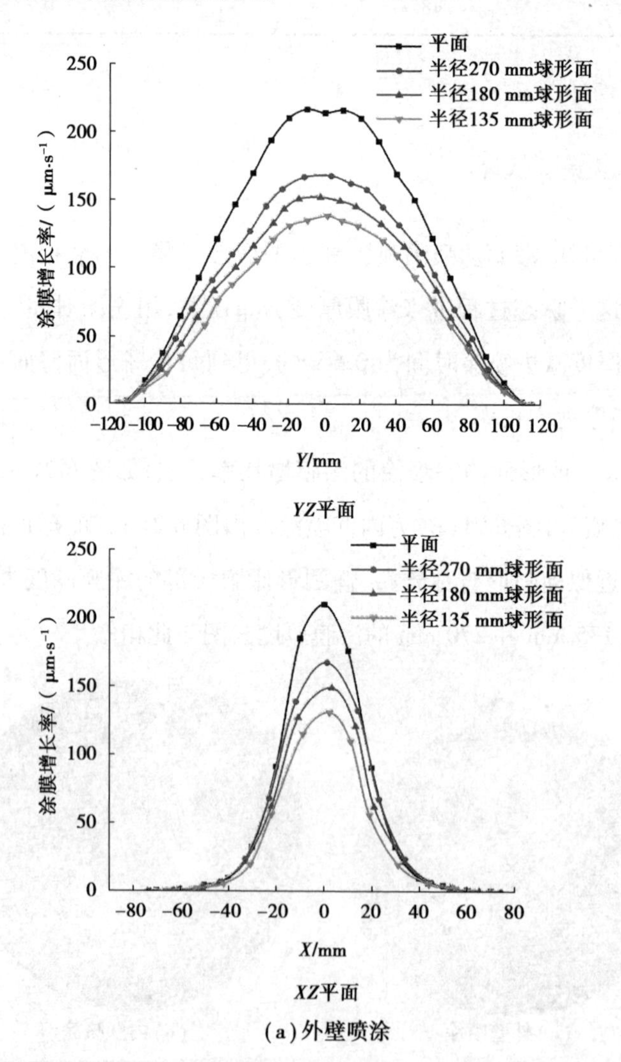

(a)外壁喷涂

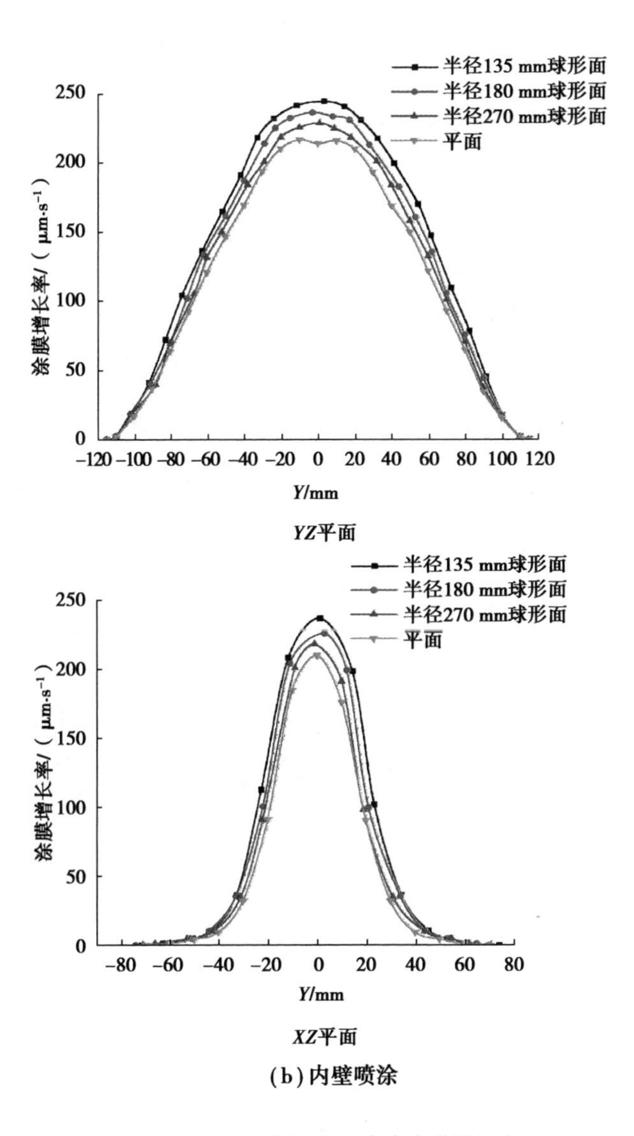

(b) 内壁喷涂

图 6.22　不同半径球形喷涂涂膜增长率

6.4 动态喷涂成膜特性

6.4.1 形面特性的影响

本节对半径为 135 mm、180 mm 和 270 mm 的球形面进行了外壁和内壁动态喷涂数值模拟。喷涂参数与静态喷涂保持一致，喷涂时喷枪做喷锥底心线速度为 0.1 m/s 的旋转运动，所以喷涂这三种球形面喷枪绕球体旋转角速度分别为 0.74 rad/s，0.55 rad/s，0.37 rad/s。

以半径为 180 mm 球形面为例，图 6.23 和图 6.24 分别为不同时刻喷涂球形面外壁和内壁的喷雾流场，外壁和内壁涂膜厚度分布云图如图 6.25 所示。

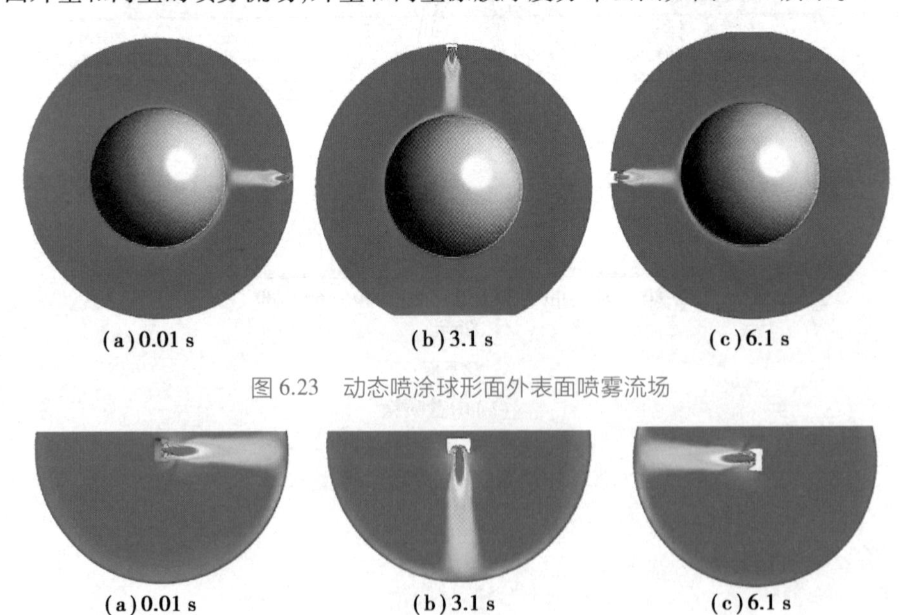

(a) 0.01 s　　(b) 3.1 s　　(c) 6.1 s

图 6.23　动态喷涂球形面外表面喷雾流场

(a) 0.01 s　　(b) 3.1 s　　(c) 6.1 s

图 6.24　动态喷涂球形面内表面喷雾流场

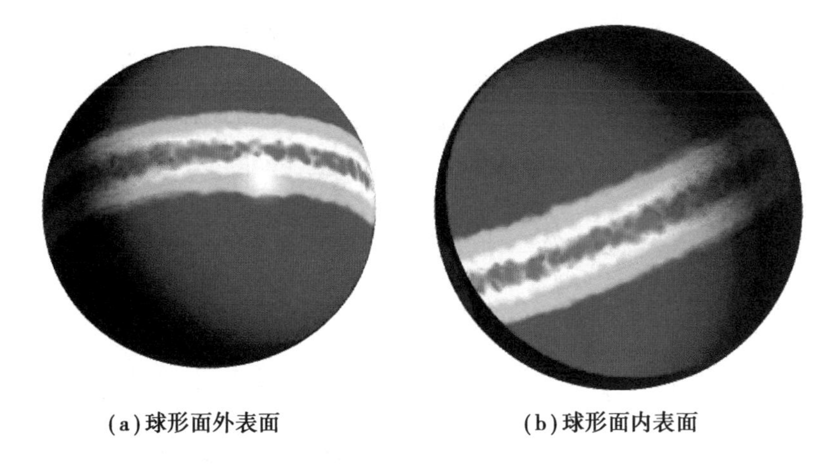

(a)球形面外表面　　(b)球形面内表面

图 6.25　动态喷涂球形面涂膜厚度分布云图

图 6.26 为不同半径球形面外壁和内壁动态喷涂的涂膜厚度与平面动态喷涂涂膜厚度分布的对比,并由此得到动态喷涂不同半径球形面的最大涂膜厚度(表 6.2)。由图 6.26 和表 6.2 可知,球形面外壁喷涂的涂膜厚度比平面喷涂低,半径越小,涂膜厚度越低;内壁喷涂的涂膜厚度比平面喷涂高,半径越小,内壁的涂膜厚度越高。

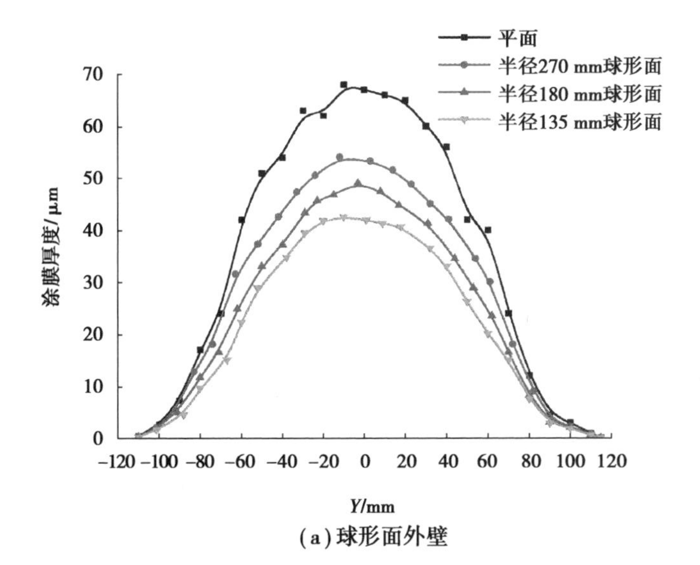

(a)球形面外壁

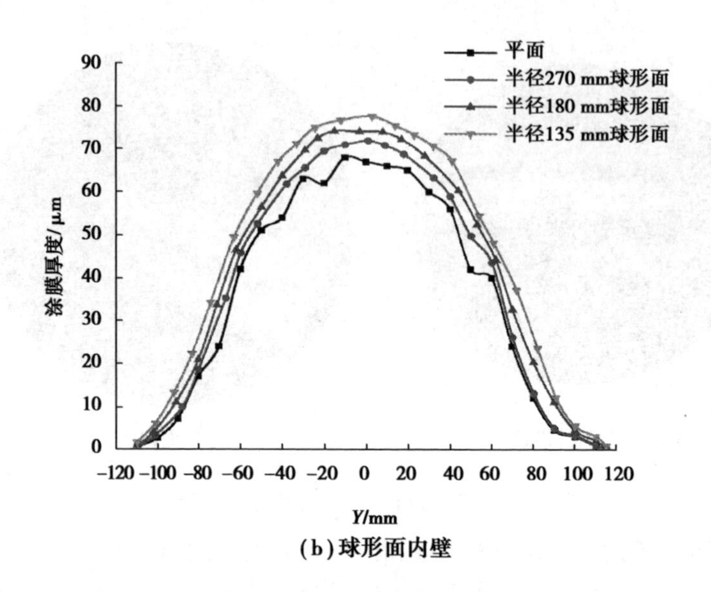

(b)球形面内壁

图 6.26　动态喷涂球形面涂膜厚度分布对比

表 6.2　各种方式动态喷涂不同半径圆弧面的最大涂膜厚度

球形面半径/mm	外壁喷涂最大涂膜厚度/μm	内壁喷涂最大涂膜厚度/μm
135	41.8	77.8
180	50.3	74.0
270	55.7	72.1

以上现象可由 6.2 节的分析得到,不同半径球形面涂膜厚度分布差异的原因为:球形面外壁喷涂近壁面液相法向速度比平面喷涂低,切向速度高,且半径越大法向速度越低,切向速度越高;内壁喷涂时,液相法向速度比平面喷涂高,切向速度低,且半径越大法向速度越高,切向速度越低。

6.4.2　喷枪喷扫速度对成膜的影响

针对半径为 180 mm 的球形面外壁和内壁进行喷枪喷扫速率对成膜的影响研究:采用喷锥底心线速度分别为 0.05 m/s、0.1 m/s 和 0.2 m/s,即绕球体轴线的旋转角速度分别为 0.277 rad/s、0.55 rad/s 和 1.11 rad/s，进行喷涂成膜数值模拟。

图 6.27 为不同喷枪移动速度喷涂涂膜厚度分布，其中图 6.27(a)为外壁喷涂，图 6.27(b)为内壁喷涂，可得不同喷枪移动速度动态喷涂球形面外壁和内壁的最大涂膜厚度和涂膜宽度(以 0.5 μm 作为涂膜厚度的最小值)，见表 6.3。由此可知当喷枪移动速度增大时，动态喷涂球形面的涂膜厚度变薄和涂膜宽度略微缩小。

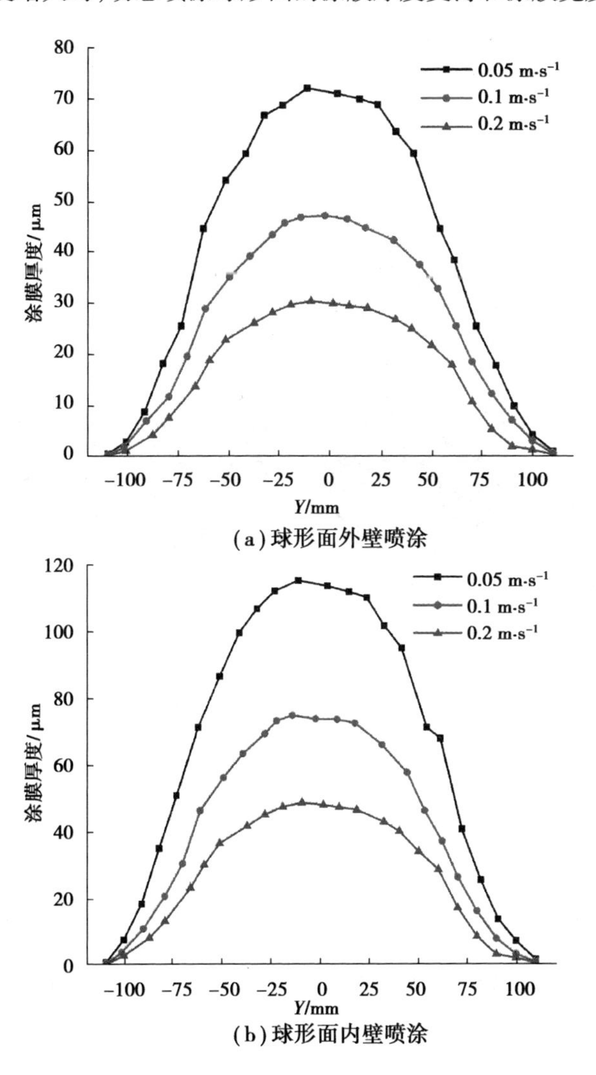

图 6.27　不同移动速度喷涂涂膜厚度分布

表 6.3　不同喷枪移动速率动态喷涂球形面外壁和内壁最大涂膜厚度和涂膜宽度

喷枪线速度/($m \cdot s^{-1}$)	0.05	0.1	0.2
外壁最大涂膜厚度/μm	72.3	45.1	25.6
内壁最大涂膜厚度/μm	113.6	72.2	42.5
外壁涂膜宽度/mm	223	216	208
内壁涂膜宽度/mm	225	219	213

6.4.3　球形面沿不同纬线动态喷涂成膜特性

对半径为 180 mm 的球形面外壁，沿 15°纬度、30°纬度、45°纬度以及 60°纬度的动态喷涂成膜过程进行了数值模拟，得到的涂膜厚度云图如图 6.28 所示。

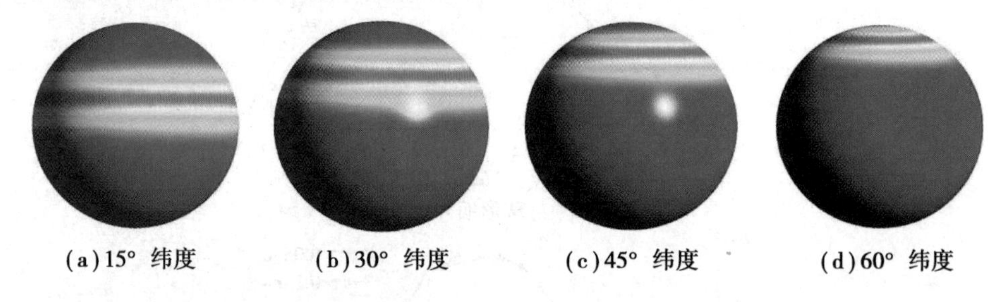

(a) 15° 纬度　(b) 30° 纬度　(c) 45° 纬度　(d) 60° 纬度

图 6.28　不同纬度上动态喷涂球形面涂膜厚度分布云图

以喷嘴轴线与壁面的交点为原点，以喷涂轴线为 Z 轴，喷枪运动方向为 X 轴，Y 轴沿着圆周朝向球形面下端。通过仿真可以得到球形面不同纬度的涂膜厚度分布，如图 6.29 所示，表明沿低纬度纬线喷涂球形面的涂膜厚度分布变化程度不大，随着纬度的提高，涂膜厚度在靠近球体顶端的一侧增加，在靠近球体赤道的一侧减小。

通过简化几何模型可以解释以上现象。图 6.30(a) 表示沿 0°纬线（赤道）喷涂半径为 R 的球形面，图 6.30(b) 为表示沿其纬度为 φ 的纬线喷涂。不同纬线上喷涂时，喷锥底心都为线速度 V，涂膜宽度可认为是定值 W，与球心形成半

角 α，$\alpha = W/R$。

沿纬度为 φ 的纬线喷涂时，喷嘴绕球体轴线的角速度为：

$$\omega_{\varphi} = \frac{Y}{R \cos \varphi} \tag{6.1}$$

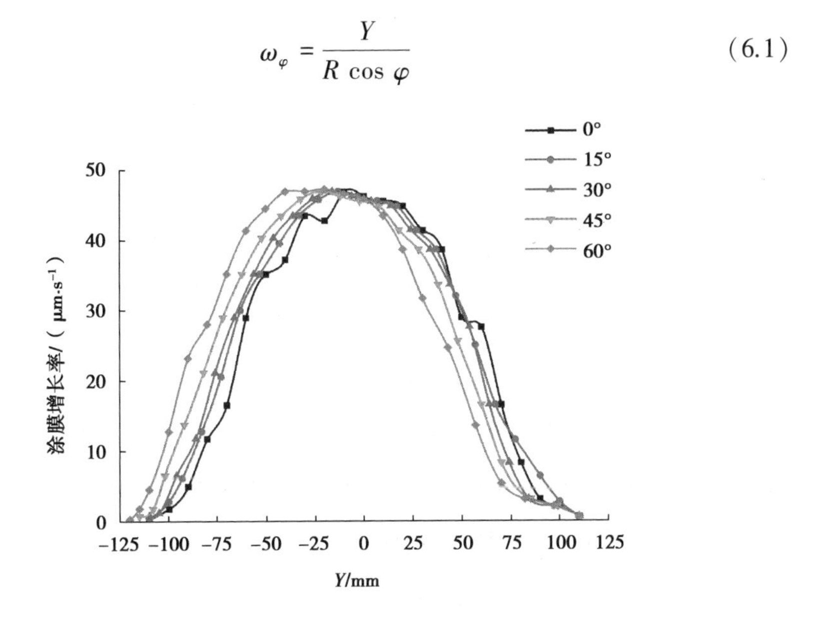

图 6.29　球形面不同纬度动态喷涂涂膜厚度分布

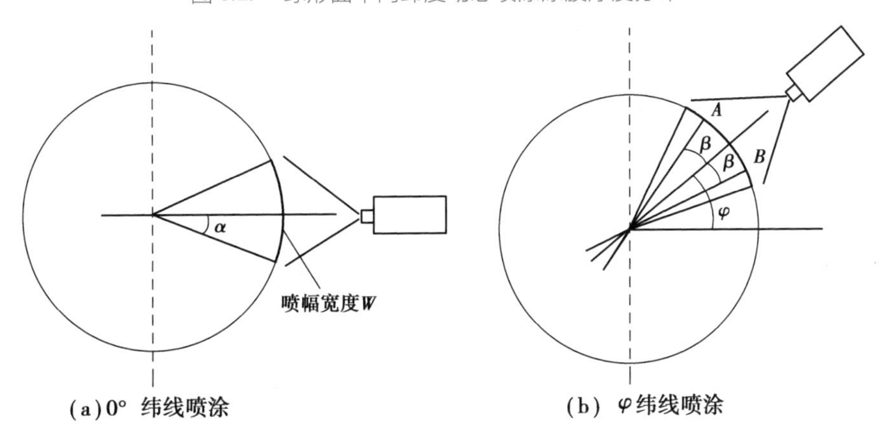

图 6.30　球形面沿不同纬线喷涂简化模型示意图

假设涂膜区域内有两个点 A 和 B，点 A 靠近球形面顶点，点 B 远离球形面顶点而靠近球形面赤道，两点到喷锥底心的弧度都为 β，则点 A 所在纬线半径 $R_A = R \times \cos(\beta + \varphi)$，点 B 所在纬线半径 $R_B = R \times \cos(\varphi - \beta)$。由此可得 A 和 B 两点

的线速度分别为:

$$V_A = \omega_\varphi R_A = \frac{V}{R\cos\varphi}\cdot R\cos(\beta+\varphi) = V(\cos\beta - \tan\varphi\sin\beta) \tag{6.2}$$

和

$$V_B = \omega_\varphi R_B = \frac{V}{R\cos\varphi}\cdot R\cos(\varphi-\beta) = V(\cos\beta + \tan\varphi\sin\beta) \tag{6.3}$$

则两点的速度差为:

$$V_{B-A} = 2V\tan\varphi\sin\beta \tag{6.4}$$

根据式(6.4)知,随着纬度 φ 的增大,A 和 B 两点的速度差增大,即随纬度的增加,A 处的线速度越来越小,B 处的线速度越来越大。由 6.4.2 节可知,喷枪速度越慢,动态喷涂的涂膜厚度增加;当喷涂纬线的纬度增大时,靠近上端的涂膜厚度增加,靠近赤道的涂膜厚度降低。

参考文献

[1] CHEN Y, CHEN W Z , LI B, et al. Paint thickness simulation for painting robot trajectory planning: a review [J]. Industrial Robot: an International Journal, 2017, 44(5): 629-638.

[2] CHEN Y, CHEN W Z, CHEN K, et al. Motion planning of redundant manipulators for painting uniform thick coating in irregular duct[J]. Journal of Robotics, 2016:1-12.

[3] KLEIN A. CAD-Based off-line programming of painting robots[J]. Robotica, 1987, 5(4): 267-271.

[4] SUH S H, WOO I K , NOH S K. Automatic trajectory planning system (ATPS) for spray painting robots[J]. Journal of Manufacturing Systems, 1991, 10(5): 396-406.

[5] SUH S H, WOO I K, NOH S K. Development of an automatic trajectory planning system (ATPS) for spray painting robots[C]//Proceedings of 1991 IEEE International Conference on Robotics and Automation. Sacramento, CA, USA: IEEE, 2002: 1948-1955.

[6] PERSOONS W, BRUSSEL H. CAD-based robotic coating of highly curved surfaces[C]//Proceedings of the 24th International Symposium on Industrial Robots. Tokyo, Japan, 1993.

[7] HERTLING P, HOG L, LARSEN R, et al. Task curve planning for painting

robots. I. Process modeling and calibration[J]. IEEE Transactions on Robotics & Automation, 1996, 12(2): 324-330.

[8] FREUND E, ROKOSSA D, ROSSMANN J. Process-oriented approach to an efficient off-line programming of industrial robots[C]//Proceedings of the 24th Annual Conference of the IEEE Industrial Electronics Society. Aachen, Germany: IEEE, 2002: 208-213.

[9] ANTONIO J K. Optimal trajectory planning for spray coating[C]//Proceedings of the 1994 IEEE International Conference on Robotics and Automation. San Diego, CA, USA: IEEE, 2002: 2570-2577.

[10] ANTONIO J, RAMABHADRAN R, LING T L. A framework for optimal trajectory planning for automated spray coating[J]. International Journal of Robotics & Automation, 1997, 12(4): 124-134.

[11] RAMABHADRAN R, ANTONIO J K. Fast solution techniques for a class of optimal trajectory planning problems with applications to automated spray coating[J]. IEEE Transactions on Robotics & Automation, 1997, 13(4): 519-530.

[12] BALKAN T, SAHIR ARIKAN M A. Modeling of paint flow rate flux for circular paint sprays by using experimental paint thickness distribution[J]. Mechanics Research Communications, 1999, 26(5): 609-617.

[13] SAHIR ARIKAN M A, BALKAN T . Process modeling, simulation, and paint thickness measurement for robotic spray painting[J]. Journal of Robotic Systems, 2000, 17(9): 479-494.

[14] SAHIR ARIKAN M A, BALKAN T . Modeling of paint flow rate flux for elliptical paint sprays by using experimental paint thickness distributions[J]. Industrial Robot, 2006, 33(1): 60-66.

[15] CONNER D C, ATKAR P N, RIZZI A A, et al. Development of deposition

models for paint application on surfaces embedded in R^3 for use in automated trajectory planning[C] // IEEE/RSJ International Conference on Intelligent Robots and Systems.Lausanne, Switzerland: IEEE, 2002:1844-1849.

[16] CONNER D C, GREENFIELD A, ATKAR P N, et al. Paint deposition modeling for trajectory planning on automotive surfaces[J]. IEEE Transactions on Automation Science & Engineering, 2005, 2(4): 381-392.

[17] ATKAR P N, GREENFIELD A, CONNER D C, et al. Uniform coverage of automotive surface patches[J]. International Journal of Robotics Research, 2005, 24(11): 883-898.

[18] SHENG W H, XI N, SONG M M, et al. Automated CAD-guided robot path planning for spray painting of compound surfaces[C] //IEEE/RSJ International Conference on Intelligent Robots and Systems. Takamatsu, Japan: IEEE, 2002: 1918-1923.

[19] CHEN H P, SHENG W H, XI N, et al. CAD-based automated robot trajectory planning for spray painting of free-form surfaces[J]. Industrial Robot: an International Journal, 2002, 29(5): 426-433.

[20] CHEN H P, SHENG W H, XI N, et al. Automated robot trajectory planning for spray painting of free-form surfaces in automotive manufacturing[C] // IEEE International Conference on Robotics and Automation. Washington DC, USA: IEEE, 2002: 450-455.

[21] CHEN H P, XI N, SHENG W H, et al. A general framework for automatic CAD-guided tool planning for surface manufacturing[C] // 2003 IEEE International Conference on Robotics and Automation.Taipei, Taiwan, China: IEEE, 2003: 3504-3509.

[22] CHEN H P, FUHLBRIGGE T, LI X Z. A review of CAD-based robot path planning for spray painting[J]. Industrial Robot: an International Journal,

2009, 36(1): 45-50.

[23] 冯川, 孙增圻. 机器人喷涂过程中的喷炬建模及仿真研究[J]. 机器人, 2003, 25(4): 353-358.

[24] CHEN Y, CHEN W Z, CHEN K, et al. Trajectory generation for inner V-shaped surface [J]. Applied Mechanics and Materials, 2013, 380-384: 681-685.

[25] 张永贵, 黄玉美, 高峰, 等. 喷漆机器人空气喷枪的新模型[J]. 机械工程学报, 2006, 42(11): 226-233

[26] 陈伟, 赵德安, 李发忠. 复杂曲面的喷涂机器人喷枪轨迹优化与试验[J]. 农业机械学报, 2011, 42(1): 204-208.

[27] 曾勇, 龚俊. 面向自然二次曲面的喷涂机器人喷枪轨迹优化[J]. 中国机械工程, 2011, 22(3): 282-290.

[28] 曾勇, 龚俊, 杨东亚, 等. 圆锥面组合曲面的喷涂机器人喷枪轨迹优化[J]. 西南交通大学学报, 2012, 47(1): 97-103.

[29] 张鹏, 龚俊, 曾勇, 等. 面向直纹组合曲面的喷涂机器人喷枪轨迹优化与算法[J]. 四川大学学报(工程科学版), 2015, 47(5): 172-177.

[30] XIA W, YU S R, LIAO X P. Paint deposition pattern modeling and estimation for robotic air spray painting on free-form surface using the curvature circle method[J]. Industrial Robot, 2010, 37(2): 202-213.

[31] 李喆, 刘樾, 程爽, 等. 曲面零件自动喷涂中的膜厚控制与仿真分析[J]. 航空精密制造技术, 2013, 49(6): 13-16.

[32] 缪东晶, 王国磊, 吴聊, 等. 自由曲面均匀喷涂的机器人轨迹规划方法[J]. 清华大学学报(自然科学版), 2013, 53(10): 1418-1423.

[33] 缪东晶, 吴聊, 徐静, 等. 飞机表面自动喷涂机器人系统与喷涂作业规划[J]. 吉林大学学报(工学版), 2013, 45(2): 547-553.

[34] 王金涛, 徐金亭. 复杂曲面上机器人自动喷涂路径规划方法[J]. 中国机

械工程，2015，26(14)：1916-1919.

[35] ZHOU B，ZHANG X，MENG Z D，et al. Off-line programming system of industrial robot for spraying manufacturing optimization[C]//Proceedings of the 33rd Chinese Control Conference. Nanjing，Chin：IEEE，2014：8495-8500.

[36] SEEGMILLER N A，BAILIFF J A，FRANKS R K. Precision robotic coating application and thickness control optimization for F-35 final finishes[J]. SAE International Journal of Aerospace，2010，2(1)：284-290.

[37] KWOK K C. A fundamental study of air spray painting[D]. Minnesota，USA：University of Minnesota，1991.

[38] MCCARTHY J E. Basic studies on spray coating：drop rebound from a small workpiece with a conventional air applicator[D]. Indiana，USA：Purdue University，1991.

[39] HICKS P G，SENSER D W. Simulation of paint transfer in an air spray process[J]. Journal of Fluids Engineering，1995，117(4)：713-719.

[40] IM K Su. An experimental and numerical study of the spray transfer processes in an electrostatic rotating bell spray[D]. Detroit，MI，USA：Wayne State University，1999.

[41] IM K S，Yu J S T，Lai M C，et al. Simulation of the shaping air and spray transport in electrostatic rotary bell painting process[C]//SAE International Body Engineering Conference and Automotive & Transportation Technology Conference. Paris，France：SAE International，2002.

[42] ELLWOOD K R J，BRASLAW. A finite-element model for an electrostatic bell sprayer[J]. Journal of Electrostatics，1998，45(1)：1-23.

[43] ELLWOOD K R J，TARDIFF J L，ALAIE S M. A simplified analysis method for correlating rotary atomizer performance on droplet size and coating

appearance[J]. Journal of Coatings Technology and Research, 2014, 11(3): 303-309.

[44] GARBERO M, VANNI M, BALDI G. CFD modelling of a spray deposition process of paint[J]. Macromolecular Symposia, 2002, 187(1): 719-730.

[45] FOGLIATI M, FONTANA D, GARBERO M, et al. CFD simulation of paint deposition in an air spray process[J]. Journal of Coatings Technology & Research, 2006, 3(2): 117-125.

[46] COLBERT S A, CAIRNCROSS R A. A computer simulation for predicting electrostatic spray coating patterns[J]. Powder Technology, 2005, 151(1-3): 77-86.

[47] COLBERT S A, CAIRNCROSS R A. A discrete droplet transport model for predicting spray coating patterns of an electrostatic rotary atomizer[J]. Journal of Electrostatics, 2006, 64(3-4): 234-246.

[48] DOMNICK J, SCHEIBE A, YE Q Y. The simulation of the electrostatic spray painting process with high-speed rotary bell atomizers. Part I: Direct charging [J]. Particle & Particle Systems Characterization, 2005, 22(2): 141-150.

[49] DOMNICK J, SCHEIBE A, YE Q Y. The simulation of electrostatic spray painting process with high-speed rotary bell atomizers. Part II: External charging[J]. Particle & Particle Systems Characterization, 2006, 23(5): 408-416.

[50] DOMNICK J, SCHEIBE A, YE Q Y. Unsteady simulation of the painting process with high speed rotary bells[C]//The 11th Triennial International Annual Conference on Liquid Atomization and Spray Systems. California, USA, 2009.

[51] YE Q Y, DOMNICK J, KHALIFA E. Simulation of the spray coating process using a pneumatic atomizer[C]//ILASS-Europe International Conferences.

Zaragoza, Spain: 2002.

[52] YE Q Y, DOMNICK J, SCHEIBE A, et al. Numerical simulation of electrostatic spray-painting processes in the automotive industry[M]//High Performance Computing in Science and Engineering' 04. Berlin, Heidelberg: Springer, 2007: 261-275.

[53] YE Q Y, SCHEIBE A. Unsteady numerical simulation of electrostatic spray-painting processes with moving atomizer[C]//The 13th International Coating Science and Technology Symposium. Denver, Colorado, 2006.

[54] YE Q Y. Using dynamic mesh models to simulate electrostatic spray-painting [M]//High Performance Computing in Science and Engineering' 05. Berlin, Heidelberg: Springer-Verlag, 2006: 173-183.

[55] YE Q Y, SHEN B, TIEDJE O, et al. Numerical and experimental study of spray coating using air-assisted high pressure atomizers[J]. Atomization & Sprays, 2015, 25(8): 643-656.

[56] YE Q Y, DOMNICK J. Analysis of droplet impingement of different atomizers used in spray coating processes[J]. Journal of Coatings Technology and Research, 2017, 14(2): 467-476.

[57] RUNDQVIST R, MARK A, ANDERSSON B, et al. Simulation of spray painting in automotive industry[C]//Numerical Mathematics and Advanced Applications 2009. Berlin, Heidelberg: Springer, 2010: 771-779.

[58] TAFURI S, EKSTEDT F, CARLSON J S, et al. Improved spray paint thickness calculation from simulated droplets using density estimation[C]// ASME 2012 International Design Engineering Technical Conferences and Computers and Information in Engineering Conference. Chicago, Illinois, USA: American Society of Mechanical Engineers, 2012: 339-347.

[59] MARK A, ANDERSSON B, TAFURI S, et al. Simulation of electrostatic

rotary bell spray painting in automotive paint shops[J]. Atomization and Sprays, 2013, 23(1): 25-45.

[60] OSMAN H, ADAMIAK K, PETER CASTLE G S, et al. Comparison between the numerical and experimental deposition patterns for an electrostatic rotary bell sprayer[C]// ASME International Mechanical Engineering Congress & Exposition. Houston, Texas, USA: American Society of Mechanical Engineers, 2015.

[61] OSMAN H, CASTLE P, ADAMIAK K. Numerical study of particle deposition in electrostatic painting near a protrusion or indentation on a planar surface [J]. Journal of Electrostatics, 2015, 77: 58-68.

[62] 刘国雄. 空气雾化涂料喷枪喷涂流场仿真及特性研究[D]. 杭州:浙江大学, 2012.

[63] 陈雁, 何少炜, 张钢, 等. 空气喷涂平面成膜的双流体模型模拟[J]. 后勤工程学院学报, 2015, 31(6): 82-86.

[64] 陈雁, 张钢, 何少炜, 等. 基于欧拉多相流模型的空气喷涂喷雾流场模拟[J]. 后勤工程学院学报, 2016, 32(5): 84-88.

[65] CHEN Y, HE S W, ZHANG G, et al. Numerical simulation of air spray using the eulerian multiphase model[C]// The 4th International Conference on Machinery, Materials and Computing Technology. Paris, France: Atlantis Press, 2016.

[66] 陈雁, 陈文卓, 何少炜, 等. 圆弧面空气喷涂的喷雾流场特性[J]. 中国表面工程, 2017, 30(6): 122-131.

[67] 陈雁, 潘海伟, 陈文卓, 等. 中心雾化孔压力对成膜特性的影响[J]. 重庆理工大学学报(自然科学), 2018, 32(6): 100-107.

[68] CHEN W Z, CHEN Y, PAN H W, et al. The influence of shaping air pressure of pneumatic spray gun[C]// IOP Conference Series: Materials Science and

Engineering. Hong Kong, China, 2018.

[69] 陈文卓, 陈雁, 张伟明, 等. 圆弧面动态空气喷涂数值模拟[J]. 浙江大学学报(工学版), 2018, 52(12): 2406-2413.

[70] TOLJIC N , CASTLE G S P, ADAMIAK K, et al. A 3D numerical model of the electrostatic coating process for moving targets[J]. Journal of Physics: Conference Series, 2011, 301(1): 10-14.

[71] TOLJIC N, ADAMIAK K, CASTLE G S P, et al. 3D numerical model of the electrostatic coating process with moving objects using a moving mesh[J]. Journal of Electrostatics, 2012, 70(6): 499-504.

[72] TOLJIC N, ADAMIAK K, CASTLE G S P, et al. A full 3D numerical model of the industrial electrostatic coating process for moving targets[J]. Journal of Electrostatics, 2013, 71(3): 299-304.

[73] HILTON J E, YING D Y, CLEARY P W. Modelling spray coating using a combined CFD-DEM and spherical harmonic formulation[J]. Chemical Engineering Science, 2013, 99: 141-160.

[74] PARK J H, YOON Y, HWANG S S. Improved TAB model for prediction of spray droplet deformation and breakup[J]. Atomization and Sprays, 2002, 12(4): 387-401.

[75] ANDERSSON B, JAKOBSSON S, MARK A, et al. A modified TAB model for simulation of atomization in rotary bell spray painting[J]. Journal of Mechanical Engineering and Automation, 2013, 3(2): 54-61.

[76] 杜德才. 气液同轴喷嘴的试验与数值模拟[D]. 哈尔滨:哈尔滨工程大学, 2008.

[77] HIRT C W, NICHOLS B D. Volume of fluid(VOF) method for the dynamics of free boundaries[J]. Journal of Computational Physics, 1981, 39(1): 201-225.

[78] NOH W F, WOODWARD P. SLIC(Simple Line Interface Calculation)[J]. Lecture Notes in Physics, 1976, 59: 273-285.

[79] YOUNGS D. Time-dependent multi-material flow with large fluid distortion [M]. New York: Academic Press, 1982.

[80] UBBINK O, ISSA R I. A method for capturing sharp fluid interfaces on arbitrary meshes[J]. Journal of Computational Physics, 1999, 153(1): 26-50.

[81] DENDY E D, PADIAL-COLLINS N T, VANDER HEYDEN W B. A general-purpose finite-volume advection scheme for continuous and discontinuous fields on unstructured grids[J]. Journal of Computational Physics, 2002, 180(2): 559-583.

[82] FONTES D H, VILELA V, DE SOUZA MEIRA L, et al. Improved hybrid model applied to liquid jet in crossflow[J]. International Journal of Multiphase Flow, 2019, 114: 98-114.

[83] CHEKIFI T. Computational study of droplet breakup in a trapped channel configuration using volume of fluid method[J]. Flow Measurement and Instrumentation, 2018, 59: 118-125.

[84] LIU H, ZHANG W L, JIA M, et al. An improved method for coupling the in-nozzle cavitation with Multi-fluid-quasi-VOF model for diesel spray[J]. Computers & Fluids, 2018, 177: 20-32.

[85] KAZIMARDANOV M G, MINGALEV S V, LUBIMOVA T P, et al. Simulation of primary film atomization due to kelvin-helmholtz instability[J]. Journal of Applied Mechanics and Technical Physics, 2018, 59(7): 1251-1260.

[86] BRAVO L, KIM D, HAM F, et al. Computational study of atomization and fuel drop size distributions in high-speed primary breakup[J]. Atomization and

Sprays, 2018, 28(4): 321-344.

[87] 范华, 杨刚, 李冰. 压力旋流喷嘴内流场特性模拟研究[J]. 机电工程, 2018, 35(8): 838-842.

[88] 夏敏, 汪鹏, 张晓虎, 等. 电极感应熔化气雾化制粉技术中非限制式喷嘴雾化过程模拟[J]. 物理学报, 2018, 67(17): 1-12.

[89] SCHILLACI E, LEHMKUHL O, ANTEPARA O, et al. Direct numerical simulation of multiphase flows with unstable interfaces[J]. Journal of Physics: Conference Series, 2016, 745: 032114.

[90] 赵晓龙, 张君安, 董皓, 等. 超声速气体平板绕流的直接数值模拟[J]. 西安工业大学学报, 2018, 38(4): 337-342.

[91] CHENG ZHENGYANG, KOKEN M, CONSTANTINESCU G. Approximate methodology to account for effects of coherent structures on sediment entrainment in RANS simulations with a movable bed and applications to pier scour[J]. Advances in Water Resources, 2018, 120: 65-82.

[92] LÓPEZ I, Rosa-Santos P, Moreira C, et al. RANS-VOF modelling of the hydraulic performance of the LOWREB caisson[J]. Coastal Engineering, 2018, 140: 161-174.

[93] HINDI G, PALADINO E E, DE OLIVIERA A A M. Effect of mesh refinement and model parameters on LES simulation of diesel sprays[J]. International Journal of Heat and Fluid Flow, 2018, 71: 246-259.

[94] YU H J, GOLDSWORTHY L, BRANDNER P A, et al. Development of a compressible multiphase cavitation approach for diesel spray modelling[J]. Applied Mathematical Modelling, 2017, 45: 705-727.

[95] SMAGORINSKY J. General circulation experiments with the primitive equations [J]. Monthly Weather Review, 1963, 91(3): 99-164.

[96] GERMANO M, PIOMELLI U, MOIN P, et al. A dynamic subgrid-scale eddy

viscosity model [J]. Physics of Fluids A: Fluid Dynamics, 1991, 3 (7): 1760-1765.

[97] POMRANING E, RUTLAND C J. Dynamic one-equation nonviscosity large-eddy simulation model[J]. AIAA Journal, 2002, 40(4): 689-701.

[98] LILLY D K. A proposed modification of the Germano subgrid-scale closure method[J]. Physics of Fluids A: Fluid Dynamics, 1992, 4(3): 633-635.

[99] Kim W W, Menon S. Application of the localized dynamic subgrid-scale model to turbulent wall-bounded flows[C]//35th Aerospace Sciences Meeting and Exhibit. Reno, NV, USA. Reston, Virigina: AIAA, 1997.

[100] Piomelli U, Ferziger J, Moin P. New approximate boundary conditions for large eddy simulation of wall-bounded flows[J]. Physics of Fluids A: Fluid Dynamics, 1989, 1(6): 1061-1068.

[101] WADEKAR S, YAMAGUCHI A, OEVERMANN M. Large-eddy simulation on the effects of fuel injection pressure on the gasoline spray characteristics [C]//SAE 2019 International Powertrains, Fuels and Lubricants Meeting. Warrendale, PA, USA: SAE International, 2019.

[102] YU S H, YIN B F, DENG W X, et al. Numerical investigation on effects of elliptical diesel nozzle on primary spray characteristics by large eddy simulation(lES)[J]. Atomization and Sprays, 2018, 28(8): 695-712.

[103] UMEMURA A, SHINJO J. Detailed SGS atomization model and its implementation to two-phase flow LES [J]. Combustion and Flame, 2018, 195: 232-252.

[104] SHINJO J, UMEMURA A. Fluid dynamic and autoignition characteristics of early fuel sprays using hybrid atomization LES[J]. Combustion and Flame, 2019, 203: 313-333.

[105] HINDI G, PALADINO E. Effect of mesh refinement and model parameters on

LES simulation of diesel sprays[J]. International Journal of Heat and Fluid Flow, 2018, 71: 246-259.

[106] 王赓. 基于大涡模拟的圆环旋转粘性液体射流表面波结构及气液相互作用的研究[D]. 北京:北京交通大学, 2018.

[107] 张旭, 周红秀, 赵凯凯. 生物柴油缸内喷雾特性的大涡模拟研究[J]. 内燃机, 2017(3): 1-6.

[108] 曾卓雄. 稠密两相流动湍流模型及其应用[M]. 北京: 机械工业出版社, 2012.

[109] YARIN A L. DROP IMPACT DYNAMICS: Splashing, spreading, receding, bouncing…[J]. Annual Review of Fluid Mechanics, 2006, 38: 159-192.

[110] 王福军. 计算流体动力学分析: CFD 软件原理与应用[M]. 北京: 清华大学出版社, 2004.

[111] 温正. FLUENT 流体计算应用教程[M]. 2 版. 北京: 清华大学出版社, 2013.

[112] ANSYS Inc., Fluent Inc. Fluent user's guide[Z]. 2014.

[113] 范华, 杨刚, 李冰. 压力旋流喷嘴内流场特性模拟研究[J]. 机电工程, 2018, 35(8): 838-842.

[114] PISCAGLIA F, GIUSSANI F, MONTORFANO A, et al. A MultiPhase Dynamic-VoF solver to model primary jet atomization and cavitation inside high-pressure fuel injectors in OpenFOAM[J]. Acta Astronautica, 2019, 158: 375-387.

[115] CHENG N, GUO Y, PENG C H. A numerical simulation of single bubble growth in subcooled boiling water[J]. Annals of Nuclear Energy, 2019, 124: 179-186.

[116] CAI K B, SONG Y C, LI J J, et al. Pressure and velocity fluctuation in the numerical simulation of bubble detachment in a venturi-type bubble generator

[J]. Nuclear Technology, 2019, 205(1-2): 94-103.

[117] 李健，黄红生，林贤坤，等. 基于 VOF 法的近自由面水下爆炸气泡运动数值模拟[J]. 北京理工大学学报，2016，36(2)：122-127.

[118] SUN J, LIU Q, LIANG Y H, et al. Three-dimensional VOF simulation of droplet impacting on a superhydrophobic surface [J]. Bio-Design and Manufacturing, 2019, 2(1): 10-23.

[119] SCHMITT F G. About Boussinesq's turbulent viscosity hypothesis: Historical remarks and a direct evaluation of its validity [J]. Comptes Rendus Mécanique, 2007, 335(9-10): 617-627.

[120] CANUTO V M, CHENG Y J. Determination of the smagorinsky-lilly constant CS[J]. Physics of Fluids, 1997, 9(5): 1368-1378.

[121] Chung W H. Dependence of the Smagorinsky-Lilly's Constant on Inertia, Wind Stress, and Bed Roughness for Large Eddy Simulations[J]. Journal of Mechanics, 2006, 22(2): 125-136.

[122] 槐文信，柳梦阳，杨中华. 基于 LES 的圆柱尾流漩涡特性分析[J]. 华中科技大学学报(自然科学版)，2018，46(5)：95-99.

[123] LILLY D K. The representation of small-scale turbulence in numerical simulation experiments[C]//Proceedings of the IBM Scientific Computings Symposium on Environmental Sciences. Yorktown Heights, New York, USA, 1967.

[124] SMAGORINSKY J. General circulation experiments with the primitive equations [J]. Monthly Weather Review, 1963, 91(3): 99-164.

[125] BOTTS J, SAVIOJA L. Spectral and pseudospectral properties of finite difference models used in audio and room acoustics[J]. IEEE Transactions on Audio, Speech and Language Processing, 2014, 22(9): 1403-1412.

[126] VALLALA V, REDDY J. RETRACTED: Higher-order spectral/hp finite

element technology for shells and flows of viscous incompressible fluids[J]. Mathematical and Computational Applications, 2013, 18(3): 152-175.

[127] VERSTEEG H K, MALALASEKERA W. An introduction to computational fluid dynamics: the finite volume method[M]. 2nd ed. Harlow, England: Pearson Education Ltd., 2007.

[128] SCHILLER L, NAUMANN A. A drag coefficient correlation[J]. Zeitschrift des Vereins Deutscher Ingenieure, 1935, 77: 318-320.

[129] SIMONIN O. Eulerian formulation for particle dispersion in turbulent two-phase flows[C]//Proceedings of the 5th Workshop on Two-Phase Flow Predictions. Erlangen, Germany, 1990.

[130] HINZE J O, UBEROI M S. Turbulence[J]. Journal of Applied Mechanics, 1960, 27(3): 601.

[131] O'ROURKE P J, AMSDEN A A. A particle numerical model for wall film dynamics in port-injected engines[C]//International Fall Fuels and Lubricants Meeting and Exposition. San Antonio, Texas, USA: SAE International, 1996.

[132] MIN S H. A study on analysis of particle size distribution[J]. Archives of Pharmacal Research, 1980, 3(2): 65-74

[133] 董志勇. 射流力学[M]. 北京: 科学出版社, 2005.

[134] RHO B J, KIM J, DWYER H. An experiment study of a turbulent cross jet [C]//26th Aerospace Sciences Meeting. Reston, Virigina: AIAA, 1988.